4G LTE 移动通信技术系列教程

传输网络技术

U0223927

TRANSMISSION NETWORK
TECHNOLOGY

李世银 李晓滨 ◎ 主编

杨福猛 应祥岳 李良 ◎ 副主编

人民邮电出版社

北 京

图书在版编目（CIP）数据

传输网络技术 / 李世银, 李晓滨主编. -- 北京：
人民邮电出版社, 2018.6
4G LTE移动通信技术系列教程
ISBN 978-7-115-47814-6

Ⅰ. ①传… Ⅱ. ①李… ②李… Ⅲ. ①第四代移动通
信系统－教材 Ⅳ. ①TN929.537

中国版本图书馆CIP数据核字(2018)第046015号

内 容 提 要

　　本书较为全面地介绍了传输网络主流技术原理、设备组成和典型组网等内容。全书共 9 章，主要介绍了光纤通信技术原理、网络技术基础、SDH 技术原理、WDM 技术原理、OTN 技术原理、4G LTE 业务接入技术等内容，并设置了综合应用案例和实训。全书通过二维码方式，在相应位置穿插了很多在线视频，可以帮助读者巩固所学的内容。

　　本书可以作为高校通信相关专业的教材，也可以作为华为 HCNA 认证培训教材，并适合作为传输网维护人员、通信设备技术支持人员和广大通信网络爱好者的自学参考书。

◆ 主　　编　李世银　李晓滨
　　副主编　杨福猛　应祥岳　李　良
　　责任编辑　左仲海
　　责任印制　马振武

◆ 人民邮电出版社出版发行　　北京市丰台区成寿寺路 11 号
　　邮编　100164　电子邮件　315@ptpress.com.cn
　　网址　http://www.ptpress.com.cn
　　固安县铭成印刷有限公司印刷

◆ 开本：787×1092　1/16
　　印张：14.75　　　　　　　　　　2018 年 6 月第 1 版
　　字数：416 千字　　　　　　　2025 年 1 月河北第 15 次印刷

定价：49.80 元

读者服务热线：(010)81055256　印装质量热线：(010)81055316
反盗版热线：(010)81055315
广告经营许可证：京东市监广登字20170147号

序　PREFACE

当前，在云计算、大数据、物联网、移动互联网、人工智能等新领域出现人才奇缺状况。习近平总书记指出："我们对高等教育的需要比以往任何时候都更加迫切，对科学知识和卓越人才的渴求比以往任何时候都更加强烈"。国民经济与社会信息化和现代服务业的迅猛发展，对电子信息领域的人才培养提出了更高的要求，而电子信息类专业又是许多高等学校的传统专业、优势专业和主干专业，也是近年来发展最快、在校人数最多的专业之一。

为此，高校必须深化机制体制改革，推进人才培养模式创新，进一步深化产教融合、校企合作、协同育人，促进人才培养与产业需求紧密衔接，有效支撑我国产业结构深度调整、新旧动能接续转换。机制体制改革的关键之一就是深入推进产学合作、产教融合、科教协同，通过校企联合制定培养目标和培养方案、共同建设课程与开发教程、共建实验室和实训实习基地、合作培养培训师资和合作开展研究等，鼓励行业企业参与到教育教学各个环节中，促进人才培养与产业需求紧密结合。要按照工程逻辑构建模块化课程，梳理课程知识点，开展学习成果导向的课程体系重构，建立工作能力和课程体系之间的对应关系，构建遵循工程逻辑和教育规律的课程体系。

由高校教学一线的教育工作者与华为技术有限公司、浙江华为通信技术有限公司的技术专家联合成立编委会，共同编写"4G LTE 移动通信技术系列教程"，将移动通信系统的基础理论与华为技术有限公司相关系列产品深度融合，构建完善的移动通信理论知识和工程技术体系，搭建基础理论到工程实践的知识桥梁，目标是培养具备扎实理论基础的从事工程实践的优秀应用型人才。

"4G LTE 移动通信技术系列教程"包括《移动通信技术》《网络规划与优化技术》《路由与交换技术》和《传输网络技术》四本教材，基本涵盖了通信系统的交换、传输、接入和通信等核心内容。系列教程有效融合华为技能认证课程体系，将理论教学与工程实践融为一体。教材配套华为 ICT 学堂在线视频，加入华为工程现场实际案例，读者既可以学习到前沿知识，又可以掌握相关岗位所需的能力。

我很高兴看到这套教材的出版，希望读者在学习后，能够构建起完备的移动通信知识体系，掌握相关的实用工程技能，成为电子信息领域的优秀应用型人才。

教育部电子信息与电气工程专业认证委员会学术委员会副主任委员

北京交通大学

2017 年 12 月

前言　FOREWORD

4G 网络的全面覆盖，标志着高速移动通信时代的来临。传输网络始终与无线通信技术协同发展，支撑 4G 网络以实现更高的数据速率、更低的时延以及更大的系统容量。

对于通信行业从业者来说，传输网络技术是重要的网络技术之一。目前运营商需要大量传输网络工程建设和维护人员，本书从培养传输网络工程师的角度出发，以理论知识与实际应用相结合的方式，培养传输网络专业人才。

本书以传输网络技术原理为主线，介绍不同传输网络技术的基本概念、网络设备硬件、组网方式和网络应用。光纤通信技术原理、网络技术基础是传输的基础理论，侧重于传输基本概念和基本原理。SDH技术、WDM 技术和 OTN 技术，是传输网络的主流应用技术，相关章节分别介绍了其原理、开销功能、组网和保护、网络应用等内容。4G LTE 业务接入技术是当前主流的承载技术，如 PTN、IP RAN、GPON网络，相关章节从基本概念入手，以业务为载体，简单介绍了不同技术在 4G 业务承载中的应用。综合应用案例章节对传输网络分层次、分场景、分业务的网络应用进行了介绍。实训部分内容针对典型传输网络、典型业务、典型场景配制方法进行了介绍。

本书中穿插了很多在线视频二维码，读者可以通过扫描二维码，在线观看相关技术视频，帮助消化吸收相关知识。完成本书的学习，读者即能够掌握 LTE 产品工程师需要具备的各项技能。

本书的参考学时为 49～65 学时，建议采用理论实践一体化教学模式，各项目的参考学时如学时分配表所示。

学时分配表

项　目	课程内容	学　时
第 1 章	绪论	1～2
第 2 章	光纤通信技术原理	2～4
第 3 章	网络技术基础	4～6
第 4 章	SDH 技术原理	6～8
第 5 章	WDM 技术原理	6～8
第 6 章	OTN 技术原理	6～8
第 7 章	4G LTE 业务接入技术	12～14
第 8 章	综合应用案例	6～8
第 9 章	实训：SDH&OTN 常见业务配置	4～5
	课程考评	2
课时总计		49～65

本书由李世银、李晓滨担任主编，杨福猛、应祥岳、李良担任副主编。由于编者水平和经验有限，书中难免有不妥和疏漏之处，恳请读者批评指正。

编　者
2018 年 2 月

目 录 CONTENTS

Chapter

1

第 1 章
绪论

传输网络是各种业务网络的承载体,是公众电信网络层次中的重要网络。本章主要介绍 4G LTE 移动通信网络架构、传输网络演进以及相关设备。了解传输网络,有助于对 4G LTE 移动通信网络架构的理解。

课堂学习目标

- 了解 4G LTE 移动通信网络架构
- 了解传输网络演进
- 了解各类传输设备

1.1 4G LTE 移动通信网络架构

在过去的一段时间里，世界通信行业发生了巨大的变化，移动电话逐步代替固定电话，从单一的语音通话转为以数据业务、增值业务为主。移动通信网络也从 TDM、ATM 转为全 IP，网络架构也变得更加扁平化。LTE（长期演进）移动通信网络架构如图 1-1 所示，主要可分成下述几部分。

（1）LTE 无线接入网部分，亦称演进型通用陆地无线接入网（Evolved Universal Terrestrial Radio Access Network，E-UTRAN），该部分只包含一种设备，即演进型 LTE 基站（Evolved Node B，eNodeB）。

（2）移动承载网部分，实现无线接入网与核心网的对接，以及跨省漫游通信。移动承载网主要包括分组传送网（Packet Transport Network，PTN）、光传送网（Optical Transport Network，OTN）、用户边缘（Customer Edge，CE）路由器、防火墙（Firewall，FW）等。

（3）核心网部分，包括 2G/3G 核心网和 LTE 核心网。2G/3G 核心网包括电路交换（Circuit Switched，CS）域和分组交换（Packet Switched，PS）域，主要设备包括移动交换中心（Mobile Switching Center，MSC）和通用分组无线系统业务支撑节点（Serving GPRS Support Node，SGSN）。LTE 核心网 SAE 亦称为演进型分组核心网（Evolved Packet Core，EPC），该部分包含了移动性管理实体（Mobility Management Entity，MME）、系统架构演进网关（System Architecture Evolution Gateway，SAE-GW）、策略和计费规则功能（Policy and Charging Rules Function，PCRF）、归属用户服务器（Home Subscriber Server，HSS）等。

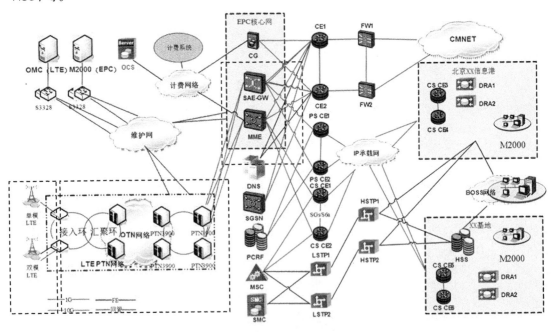

图 1-1 LTE 移动通信网络架构

（4）配套系统部分，包含保证网络正常运行的必不可少的设备和网络，主要包括设备网管系统 M2000 或者操作维护中心（Operation and Maintenance Center，OMC）、在线计费系统（Online Charging System，OCS）、短消息中心（Short Message Center，SMC）、域名服务器（Domain Name Server，DNS）、Diameter 路由代理（Diameter Routing Agent，DRA）、低级信令转接点（Low-level Signaling Transfer Point，

LSTP）、高级信令转接点（High-level Signaling Transfer Point，HSTP）及业务运营支撑系统（Business and Operation Support System，BOSS）等。

本书重点介绍 LTE 移动通信网络传输网络部分，包括光纤通信技术、SDH 技术原理、WDM 技术原理、和 OTN 技术原理等内容。

1.2 传输网络演进

传输网络是各种业务网络的承载体，是公众电信网络层次中的重要网络。传输网络的好坏，必将制约其他业务网络的发展，影响通信业务的开展。

从 1977 年世界第一个光纤通信系统在美国投入商用以来，光纤通信网络技术快速发展，到了 20 世纪 80 年代，准同步数字系列（Plesiochronous Digital Hierarchy，PDH）产品开始规模应用。PDH 产品适用于小容量交换机组网、用户环路网、信息高速公路、移动通信（基站）、专网、DDN 网等。但是由于无法适应网络高速发展的需求，PDH 随着同步数字体系（Synchronous Digital Hierarchy，SDH）的兴起而逐渐衰落。

20 世纪 90 年代，SDH 开始出现，作为一代理想的传输体系，具有路由自动选择的功能，上下电路方便、维护、控制、管理功能强，标准统一，便于传输更高速率的业务，能很好地适应通信网飞速发展的需要，并经过 ITU-T 的规范，在世界范围内快速普及。SDH 网络可以承载 2G/3G 移动业务、IP 业务、ATM 业务、远程控制、视频及固话语音等业务，广泛应用于通信运营商、电力、石油、高速公路、金融、家庭及事业单位等。随着 SDH 接入的业务类型不断丰富，SDH 产品不断更新，最终形成了以 SDH 为内核的基于 SDH 的多业务传送平台（Multi-Service Transfer Platform，MSTP）产品系列。

20 世纪 90 年代后期，可以提供更高速率的密集波分复用（Dense Wavelength-Division Multiplexing，DWDM）技术，并开始规模建设。应用 DWDM 技术时，可以在一根光纤中同时传输多个波长的信息，提高了光纤资源的利用率，降低了建设投资成本。

21 世纪初，为了将传输容量提高到 Tbit/s 甚至十几 Tbit/s 量级，在光层对信号进行处理（如光信号的分插/复用、光波长转换/交换等），采用光传输网络（Optical Transport Network，OTN）技术的产品开始出现并应用。OTN 主要应用在运营商网络，比如省际干线（国干）、省内干线（省干）、城域（本地）传输网。尤其是在 4G 时代，OTN 设备已经下沉到城域接入层网络，承载的业务类型以 GE/10GE/STM-64 为主，还有少量 STM-1/4/16、ATM、FE、DVB、HDTV 及 ANY 业务。同时，一些有实力的大型企业也在自己的网络中引入了 OTN 产品，比如电力、石油、阿里巴巴等。

MS-OTN 是继 NG-WDM 之后的新一代 OTN 产品，其标志性功能是支持 MPLS-TP，满足网络 ALL IP 化的需求。另外，为了增强网络的智能特性，减少人工维护成本，可以基于 OTN 网络实施 ASON/SOM/FD/T-SDN 等技术。

随着数据业务的迅猛发展以及网络 ALL IP 化的需求，功能更强大的支撑数据业务传输的新技术出现并得以应用，如分组传送网络（Packet Transport Network，PTN）、无线接入网 IP 化（IP Radio Access Network，IPRAN），主要用来承载运营商的 3G/4G 基站回传业务、专线租赁业务。

为实现不同场合的业务传输需要，数字微波传输系统无线传输节点（Radio Transmission Node，RTN）在不适合敷设光纤介质的场合得到了广泛应用。微波通信 RTN 网络利用大气的视距传播，克服了光缆线路敷设周期长、建设成本高、土地资源限制等问题，具有建站快、经济效益高、无须协调土地资源等优点，是光纤通信传输技术的有力补充。

1.3 传输设备

按照技术原理，传输设备可以分为 SDH、WDM、PTN 和 RTN 四大类，SDH 演进为 MSTP，WDM 演进为 OTN。

1. MSTP（多业务传送平台）

MSTP 系统是基于 SDH 的多业务传送平台，拥有 SDH 的保护恢复功能和 OAM 功能，支持 PDH、SDH、Ethernet、ATM、PCM 等多种业务的接入与传送，早期广泛用于运营商 2G 无线通信承载，是最大的基础传输网络。随着无线通信技术带宽的快速增长和 3G/4G 技术的发展应用，PTN 或 IPRAN 网络取代了 SDH 网络承载基站回传业务，SDH 逐步开始退网。但随着大集团客户自建传输网络的需求，SDH 网络由于技术成熟、稳定且具有价格优势，依然被广泛应用，例如，石油公司、电网公司、铁道公司等大企业均采用 SDH 传输网络。

2. RTN900 系列新一代分体式 IP 微波传输系统

微波通信采用无线波通信方式，通过大气传播，不需要光电缆等传输介质，具有开通业务速度快、建网成本低等优点，被广泛应用于接入层传输。但由于微波通信容易受到天气影响，质量和速率不稳定，传输带宽偏小，所以微波通信技术在国内主要用于光缆无法到位的地方，如山区、城市高楼等，广泛应用于政府、广电、石油、电力等各个领域。

3. PTN 多业务分组传送平台

PTN（或 IPRAN 网络）即分组网络，随着 3G/4G 无线通信的发展应运而生，是目前国内运营商无线基站业务的承载回传网。

目前，各种新兴的数据业务应用对带宽的需求不断增长，同时对带宽调度的灵活性提出了越来越高的要求。作为一种电路交换网络，传统的基于 SDH 的多业务传输网已难以适应数据业务的突发性和灵活性。而传统的面向非连接的 IP 网络，由于其难以严格保证重要业务的质量和性能，因此不适宜作为电信级承载网络。

PTN 设备利用边缘到边缘的伪线仿真（Pseudo-Wire Emulation Edge to Edge，PWE3）技术实现面向连接的业务承载，采用针对电信承载网优化的多协议标签交换（Multi-Protocol Label Switching，MPLS）转发技术，配以完善的操作维护管理（Operation Administration and Maintenance，OAM）和保护倒换机制，集合了分组传送网和 SDH 传输网的优点，进而实现电信级别的业务。

4. 波分网络设备

波分网络也称为 OTN，即光传送网络。OTN 是由一组通过光纤链路连接在一起的光网元组成的网络，能够提供基于光通道的客户信号的传送、复用、路由、管理、监控以及保护（可生存性）。

早期，波分网络的出现，主要解决了光纤资源不足的问题，提高了光纤传输容量。没有波分技术之前，一芯光缆只能传输一个波长，而通过波分复用技术，可以将多个不同波长复用进一芯光缆中进行传输。目前，波分网络按照系统波数可分为 40 波系统和 80 波系统，按照单波速率又可分为 10Gbit/s 系统、40Gbit/s 系统和 100Gbit/s 系统。依据不同的建网需求，当前运营商在接入层波分，主流建设 40×10Gbit/s 系统，实现 OLT 设备上联；城域波分网络主流建设 80×100Gbit/s 系统，承载大颗粒业务。

OTN 的一个明显特征是任何数字客户信号的传送设置与客户的特定特性无关，即具有客户无关性，支持所有业务承载。可以说，运营商的几乎所有业务都可以承载在波分网络上。

1.4 本书内容与安排

　　本书编者为华为技术支持专家、全球培训中心资深讲师，结合电信运营商、大集团企业客户等现网技术支持实践，收集并总结光纤通信产品最常见且最实用的解决方案（包括新产品知识介绍、新型业务应用介绍）。本书从光纤通信技术原理出发，介绍当前光纤通信领域涉及的 SDH、WDM、PTN、IPRAN 等技术。本书从技术协议原理、设备硬件和 U2000 网管业务配置等方面系统性阐述每一种技术的现网应用情形，同时分析国内三大运营商的传输网解决方案，帮助读者从真实现网案例中了解传输网的整体结构。

Communication

Chapter

2

第 2 章
光纤通信技术原理

光纤通信技术是一门技术成熟、应用广泛的通信技术。光纤通信的基本概念已经深入到传输网的各个方面。本章从光纤传输基础知识入手，介绍了光纤通信的传输介质、无源器件和有源器件。了解光纤通信技术原理，有助于理解传输网的相关知识。

课堂学习目标

- 了解光纤传输的基本概念
- 了解光纤分类和相关参数
- 了解无源器件的分类和功能
- 熟悉光源分类和调制方式
- 熟悉掺铒光纤放大器和拉曼光纤放大器

光纤传输基础知识

　　光纤作为光纤通信的传输介质，始终是制约光纤通信发展的重要因素之一。无源器件，作为光纤通信产业的重要一环，在光纤通信系统中越来越受到重视。光源和光放大器作为光纤通信的重要组成部分，深刻影响着光纤通信的组网和应用。熟悉光纤传输系统的基本组成、相关参数，是掌握光纤通信网络的基础。

2.1.1　折射和反射

1. 折射和折射率

　　光线在不同的介质中以不同的速度传播，也就好像是不同的介质以不同的阻力阻碍光的传播。描述介质的这一特性的参数就是折射率，或者称为折射指数。如果 v 是光在某种介质中的传播速度，c 是光在真空中的传播速度，那么折射率可由下式确定。

$$n=c/v$$

　　在折射率为 n 的介质中，光传播速度变为 c/n，光波长变为 λ_0/n（λ_0 表示光在真空中的波长）。常见介质的折射率如表 2-1 所示。

表 2-1　不同介质的折射率

材料	空气	水	玻璃	石英	钻石
折射率	1.003	1.33	1.52~1.89	1.43	2.42

　　当一条光线从空气中照射到物体表面（如玻璃）时，它在另一种介质中的传播方向也会发生变化。当一条光线照射到两种介质相接的边界时，入射光线会分成反射光线和折射光线，这种现象，称为光的折射，如图 2-1 所示。

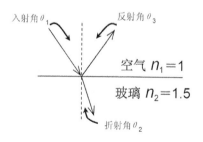

图 2-1　光的折射

　　入射光线、折射光线和反射光线的方向分别用入射角 θ_1、折射角 θ_2 和反射角 θ_3 表示，这些角度由介质的折射率确定。折射定律给出了它们之间的关系，描述如下。

$$\theta_1 = \theta_3$$
$$n_1 \sin\theta_1 = n_2 \sin\theta_2$$

　　所以，折射率可以根据光从一种介质进入另一介质时的弯曲程度来测量。当光从折射率较大的介质（如玻璃）进入折射率较小的介质（如空气）时，会发生什么情况呢？

2. 反射和全反射

　　如图 2-2 所示，入射角 θ（见图中虚线箭头）达到一定值时，折射角（见图中虚线箭头）等于 90°，光不会进入第二种介质（在这个例子中是空气），这时入射角即称为临界角 θ_c。如果继续增大入射角至 $\theta > \theta_c$，所有光将反射回入射介质（见图中实线箭头），这一现象称为全反射现象。

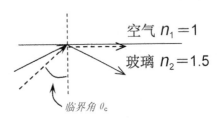

图 2-2　全反射

2.1.2　光的偏振

光属于横波，即光的电磁场振动方向与传播方向垂直。从普通光源发出的光是自然光，它具有一切可能的振动方向，在垂直于传播方向的平面内，任何一个方向的振动都不比其他方向占优势，如图 2-3a 所示。自然光在传播的过程中，由于外界的影响，各个振动方向的光强不相同，如果某一振动方向的光强比其他方向占优势，这种光称为部分偏振光，如图 2-3b 所示。如果光波的振动方向始终不变，只是光波的振幅随相位改变，这样的光称为线偏振光，偏振（垂直）和偏振（水平）如图 2-3c 和图 2-3d 所示。实际上，可以用两个振动方向相互垂直、相位上相互独立的线偏振光来代替自然光，并且这两个线偏振光的光强等于自然光的总光强的一半。

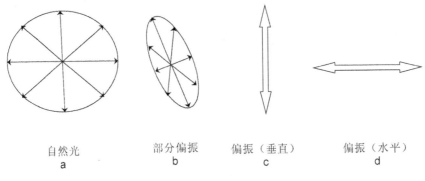

| 自然光 | 部分偏振 | 偏振（垂直） | 偏振（水平） |
| a | b | c | d |

图 2-3　光的偏振

2.1.3　光的色散

光的色散是一种常见的物理现象，例如日光通过棱镜或水雾后会呈现按红、橙、黄、绿、青、蓝、紫的顺序排列的彩色光谱。这是由于棱镜材料（玻璃）或水对不同波长（对应于不同的颜色）的光的折射率 n 不同，使得光的传播速度变得不同，折射角度也变得不同，最终使不同颜色的光在空间上散开。

2.2 光纤基础知识

2.2.1　光纤的结构与折射率分布

光纤是光纤通信网中光信号的传输通道（介质），它由纤芯、包层与涂敷层三部分组成，剖面呈同心圆形，如图 2-4 所示。

光纤的结构、
模式及损耗

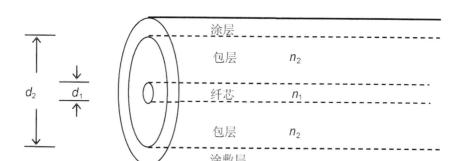

图 2-4 光纤的构造

1. 纤芯

纤芯位于光纤的中心部位（直径 $d_1 = 5 \sim 50\mu m$），其成分主要是高纯度的二氧化硅，此外还掺有极少量的掺杂剂（如二氧化锗、五氧化二磷），其作用是适当提高纤芯对光的折射率（n_1）。

2. 包层

包层位于纤芯的周围（直径 $d_2 = 125\mu m$），其主要成分也是高纯度二氧化硅，其中也掺杂了极少量的掺杂剂（如三氧化二硼），其作用是适当降低包层对光的折射率（n_2），使之略低于纤芯的折射率。

3. 涂敷层

光纤的最外层是由丙烯酸酯、硅橡胶和尼龙组成的涂敷层，其作用是增加光纤的机械强度与可弯曲性。纤芯的粗细以及纤芯材料和包层材料的折射率对光纤的特性有着决定性的影响。

常见的光纤剖面折射率有两种典型的分布：第一种，纤芯和包层折射率沿光纤半径方向的分布都是均匀的，而纤芯和包层交界面上的折射率呈阶梯形突变，这种光纤称为阶跃折射率光纤，如图 2-5a 所示；第二种，纤芯的折射率不是均匀常数，而是随纤芯半径方向坐标的增加而逐渐减少，一直渐变到等于包层折射率的值，这种光纤称为渐变折射率光纤，如图 2-5b 所示。这两种光纤的共同特点是纤芯的折射率 n_1 大于包层折射率 n_2，这也是光信号在光纤中传输的必要条件。

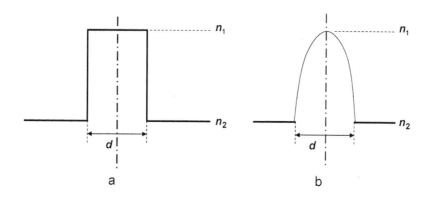

图 2-5 光纤的折射率分布

阶跃折射率光纤可以使光波在纤芯和包层的交界面形成全反射，引导光波沿纤芯向前传播；渐变折射率光纤可以使光波在纤芯中产生连续折射，形成穿过光纤轴线的类似于正弦波的光射线，引导光波沿纤芯向前传播。

2.2.2　光纤的模式

事实上，光在光纤中只能以一组独立的光束的形式传播。如果能够看到光纤的内部，会发现一组光束是以不同的角度传播的，传播的角度从零到临界角 α_c，传播角度大于临界角 α_c 的光线穿过纤芯进入包层（不满足全反射的条件），最终能量被涂敷层吸收，光在阶跃折射率光纤中的传播轨迹如图 2-6 所示。这些不同的光束称为模式。通俗地讲，模式的传播角度越小，模式的级越低。所以，严格按光纤中心轴传播的模式称为零级模式或基模；其他与光纤中心轴成一定角度传播的光束皆称为高次模。

光是一种频率极高的电磁波，根据波动光学和电磁场理论，通过烦琐地求解麦克斯韦方程组之后就会发现，当光在光纤中传播时，如果光纤纤芯的几何尺寸远大于光波波长，光在光纤中会以几十种乃至几百种传播模式进行传播。

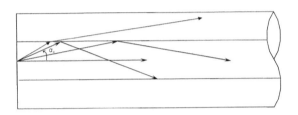

图 2-6　光在阶跃折射率光纤中的传播轨迹

根据纤芯直径的粗细不同，光纤中传输模式的数量多少也不同。因此，阶跃折射率光纤或渐变折射率光纤又都可以按照传输模式的数量多少分为单模光纤和多模光纤。当光纤的几何尺寸（主要指芯径 $d1$）远大于光波波长时（约 $1\mu m$），光纤传输的过程中会存在着几十种乃至几百种传播模式，这样的光纤称为多模光纤。光在阶跃折射率多模光纤中的传播轨迹如图 2-7 所示，光在渐变折射率多模光纤中的传播轨迹如图 2-8 所示。

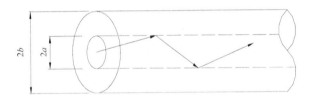

图 2-7　光在阶跃折射率多模光纤中的传播轨迹

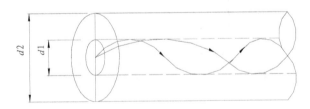

图 2-8　光在渐变折射率多模光纤中的传播轨迹

由于不同的传播模式具有不同的传播速度与相位，因此经过长距离传输之后会产生时延差，导致光脉冲变宽，这种现象称为模式色散。模式色散会使多模光纤的传输带宽变窄，降低其传输容量，因此多模光纤仅适用于低速率、短距离的光纤通信。

当光纤的几何尺寸较小，与光波长在同一数量级时，如芯径 $d1$ 在 $5\sim10\mu m$ 范围内，光纤只允许一种模式（基模）在其中传播，其余高次模全部截止，这样的光纤称为单模光纤。光在单模光纤中以平行于光纤中心轴线的形式直线传播，如图 2-9 所示。

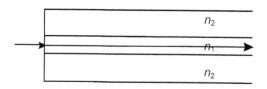

图 2-9　光在单模光纤中的传播轨迹

光在单模光纤中仅以一种模式（基模）进行传播，其余高次模全部截止，从而避免了模式色散的问题，故单模光纤特别适用于大容量、长距离传输。

2.2.3　光纤的损耗

光纤的衰减或损耗是一个非常重要的、对光信号的传播产生制约作用的特性。光纤的损耗主要包括吸收损耗、散射损耗、弯曲损耗 3 种。

1. 吸收损耗

光纤吸收损耗是光纤的制造材料本身造成的，包括紫外吸收、红外吸收和杂质吸收。

（1）红外吸收和紫外吸收损耗

光纤材料中，一些处于低能级状态的电子会吸收光波能量而跃迁到高能级状态，这种吸收的中心波长在红外的 $0.16\mu m$ 处，吸收峰很强，其尾巴延伸到光通信波段。在短波长区，吸收峰值达 1dB/km；在长波长区则小得多，约 0.05dB/km。

在红外波段，光纤基质材料石英玻璃的 Si-O 键因振动吸收能量，这种吸收带损耗在 $9.1\mu m$、$12.5\mu m$ 及 $21\mu m$ 处的峰值可达 10dB/km 以上，因此构成了石英光纤工作波长的上限。红外吸收带的带尾也向光通信波段延伸，但影响小于紫外吸收带。在波长 $\lambda=1.55\mu m$ 时，红外吸收引起的损耗小于 0.01dB/km。

（2）氢氧根离子（OH^-）吸收损耗

在石英光纤中，O-H 键的基本谐振波长为 $2.73\mu m$，与 Si-O 键的谐振波长相互影响，在光纤的传输频带内产生一系列的吸收峰，影响较大的是在 $1.39\mu m$、$1.24\mu m$ 及 $0.95\mu m$ 波长上，在吸收峰之间的低损耗区构成光通信的 3 个传输窗口。

（3）金属离子吸收损耗

光纤材料中的金属杂质，如金属铁离子（Fe^{3+}）、铜离子（Cu^{2+}）、锰离子（Mn^{3+}）、镍离子（Ni^{3+}）、钴离子（Co^{3+}）、铬离子（Cr^{3+}）等，它们的电子结构会产生边带吸收峰（$0.5{\sim}1.1\mu m$），造成损耗。现在由于工艺的改进，这些杂质的含量低于 10^{-9} 以下，影响已很小。

2. 散射损耗

由于材料的不均匀使光散射而引起的损耗称为瑞利散射损耗。瑞利散射损耗是光纤材料二氧化硅的本征损耗。它是由材料折射指数小尺度的随机不均匀性所引起的。在光纤制造过程中，二氧化硅材料处于高温熔融状态，分子进行无规则的热运动，冷却时运动逐渐停息，当凝成固体时，这种随机的分子位置就在材料中"冻结"下来，使物质密度不均匀，从而引起折射指数分布不均匀。这些不均匀像在均匀材料中加了许多小颗粒，其尺寸很小，远小于波长，当光波通过时，有些光子会产生散射，从而造成瑞利散射损耗。这正像大气中的尘粒散射，而使天空变蓝一样。瑞利散射的大小与光波长的四次方成反比，因此对短波长窗口的影响较大。

另外，在制造光纤的过程中，在纤芯和包层交界面上可能会出现某些缺陷，残留一些气泡和气痕等。这些结构上的缺陷的几何尺寸远大于光波，会引起与波长无关的散射损耗，这将增加整个光纤的损耗。

3. 弯曲损耗

光纤弯曲会引起弯曲损耗。实际中，光纤可能出现两种情况的弯曲；一种是曲率半径比光纤直径大得多的弯曲（在敷设光缆时可能出现这种弯曲）；另一种是微弯曲。产生微弯曲的原因很多，在光纤和光缆的生产过程中，限于工艺条件，都可能产生微弯曲，不同曲率半径的微弯曲沿光纤随机分布。大曲率半径的弯曲光纤比直光纤中传输的模式数量要少，有一部分模式会辐射到光纤外，从而引起损耗；随机分布的微弯曲将使得光纤中产生模式耦合，造成能量辐射损耗。光纤的弯曲损耗不可避免，因为不可能保证光纤和光缆在生产过程中或在使用过程中不产生任何形式的弯曲。

4. 衰减系数

损耗是光纤的主要特性之一，描述光纤损耗的主要参数是衰减系数。光纤的衰减系数是指光在单位长度的光纤中传输时的衰减量，单位一般为 dB/km。图 2-10 所示的是光纤在不同波段的衰减特性。

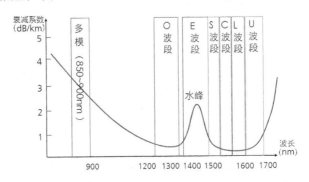

图 2-10　光纤在不同波段的衰减特性

衰减系数在很大程度上决定了光纤通信的传输距离。单模光纤中有两个低损耗区域，分别在 1310nm 和 1550nm 附近，也就是通常说的 1310nm 窗口和 1550nm 窗口。1550nm 窗口可以分为 3 个波段，即 S-band（1500~1525nm）、C-band（1525~1562nm）和 L-band（1565~1610nm）。

弯曲损耗对光纤衰减系数的影响不大，决定光纤衰减系数的损耗主要是吸收损耗和散射损耗。

2.2.4　光纤中的色散

光脉冲中的不同频率成分或不同模式分量在光纤中的传输速率不同，这些频率成分和模式分量到达光纤终端有先有后，使得光脉冲发生展宽，这种现象就是光纤的色散，如图 2-11 所示。色散一般用时延差来描述，时延差即不同频率的信号成分传输同样的距离所需要的时间之差。光波长信号通过单位长度光纤所产生的时延差称为色散系数，用 D 表示，单位是 ps/（nm·km）。

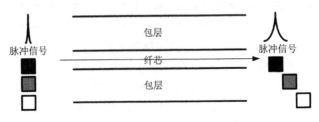

图 2-11　引起的脉冲展宽示意图

光纤中的色散可分为模式色散、色度色散、偏振模色散。

1. 模式色散

多模光纤中，不同模式的光束有不同的传输速率。在传输过程中，因不同模式光束的时间延迟不同而产生的色散称模式色散，也称为模间色散。模式色散主要存在于多模光纤中，一般情况下，单模光纤中不存在模式色散。

光纤的色散

2. 色度色散

光源的不同频率（或波长）成分具有不同的传输速率。在传输过程中，因不同频率光束的时间延迟不同而产生的色散称为色度色散。色度色散也称为模内色散，又可以分为材料色散和波导色散。一般在单模光纤中只考虑材料色散和波导色散。

（1）材料色散：由于材料的折射率不同，使得光信号的不同频率（波长）成分所对应的传输速率不同，由此引起的色散称材料色散。

（2）波导色散：由于光纤波导结构引起的色散称波导色散，它的大小可以和材料色散相比拟。

3. 偏振模色散

由于光信号的两个正交偏振态在光纤中有不同的传播速度，由此而引起的色散称偏振模色散。它也是光纤的重要参数之一。

在实际的光纤中，光纤制造工艺可能造成纤芯截面具有一定程度的椭圆度，材料的热涨系数的不均匀性可能造成光纤截面上各向异性的应力，从而产生光纤折射率的各向异性，这两者均可能造成偏振模传播速度的差异，从而产生群时延的不同，形成偏振模色散，如图 2-12 所示。由于引起偏振模色散的因素是随机的，因而偏振模色散是一个随机量。

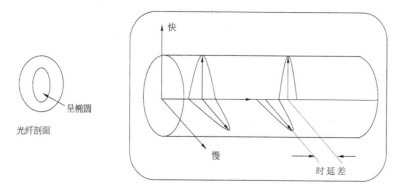

图 2-12　偏振模色散

2.2.5　码间干扰

在光纤通信系统中，色散将导致码间干扰。

光纤通信都采用脉冲编码形式，即传输一系列脉冲宽度为 T 的“1”“0”光脉冲。光源输出的光信号被电脉冲进行强度调制，使光波的强度（指单位面积上的光功率，也称“光强”）与调制信号电流成正比变化，如图 2-13 所示。

光脉冲光谱包含最快波长 λ_1 和最慢波长 λ_3 之间的所有波长，不同波长的光波在光纤中的传输速度不同，经过长距离传输后产生时延差 ΔT，使得光脉冲加宽到 $T+\Delta T$，这叫作脉冲展宽。光脉冲传输的距离越远，脉冲展宽越严重，这种现象称为码间干扰。脉冲展宽到一定程度后，可能导致前后光脉冲发生重叠。

偏振模色散也会导致码间干扰，不过其影响一般在速率达到 10GBit/s 及以上时才表现出来。

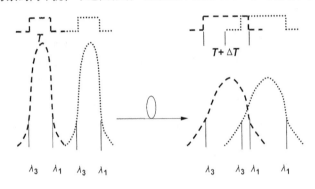

图 2-13   码间干扰

2.2.6   截止波长

理论上的截止波长是单模光纤中光信号以单模方式传播的最小波长。实际上，光波长比截止波长小时会有多个模式在单模光纤中传播，呈现多模特性。为避免噪声和色散，光纤的截止波长应该小于系统的最低工作波长，以保证在最短光缆长度上单模传输，并且可以抑制高阶模的产生或将产生的高阶模式噪声功率减小到完全可以忽略的地步。

目前 ITU-T 定义了 3 种测试条件下的截止波长：短于 2m 长跳线光缆中的一次涂覆光纤的截止波长；22m 长光缆光纤的截止波长；2~20m 长跳线光缆光纤的截止波长。其中，G.652 光纤在 22m 长光缆上的截止波长小于等于 1260nm，在 2~20m 长跳线光缆的截止波长小于等于 1250nm，在短于 2m 长跳线光缆上的截止波长小于等于 1250nm。G.655 光纤在 22m 长光缆上的截止波长小于等于 1480nm，在 2~20m 长跳线光缆上的截止波长小于等于 1480nm，在短于 2m 长跳线光缆上的一次涂敷光纤上的截止波长小于等于 1470nm。

2.2.7   模场直径和有效面积

在光纤中，光能量不完全集中在纤芯中传输，部分能量在包层中传输，纤芯的直径不能完全反映光纤中光能量的分布。模场直径就是描述单模光纤中光能量集中程度的参量。有效面积与模场直径的物理意义相同，通过模场直径可以利用圆面积公式计算出有效面积。图 2-14 所示为模场直径。

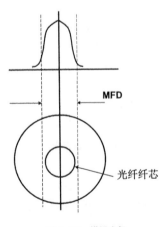

图 2-14   模场直径

模场直径越小,通过光纤横截面的能量密度就越大。当通过光纤的能量密度过大时,会引起光纤的非线性效应,造成系统的光信噪比降低,大大影响系统性能。因此,对于传输光纤而言,模场直径(或有效面积)越大越好。

2.2.8 单模光纤的分类

1. G.652 光纤

G.652 光纤也称标准单模光纤(Single Mode Fiber,SMF),是指色散零点(即色散为零的波长)在1310nm 附近的光纤。

ITU-T 建议规定,G.652 光纤在 1310nm 窗口和 1550nm 窗口的衰减系数应分别小于 0.5dB/km 和0.4dB/km。1310nm 窗口的衰减系数目前一般在 0.3 ~ 0.4dB/km,典型值为 0.35dB/km;1550nm 窗口的衰减系数目前一般在 0.17 ~ 0.25dB/km,典型值为 0.20dB/km。其零色散波长的允许范围是 1300~1324nm。在 1550nm 窗口的色散系数是正的,在波长 1550nm 处,色散系数 D 的典型值是 17ps/(nm·km),最大值一般不超过 20ps/(nm·km)。

ITU-T 建议规定,G.652 光纤的偏振模系数(Polarization Mode Dispersion,PMD)小于 $0.5ps/(km)^{1/2}$,即 400km 光纤的 PMD 是 $10ps/(km)^{1/2}$。由于目前光纤制作工艺的不断发展成熟,实际 PMD 系数一般小于 $0.2ps/(km)^{1/2}$,即 2500km 光纤的 PMD 是 $100ps/(km)^{1/2}$。早期铺设的光纤由于受当时的工艺条件限制,PMD 系数有可能较大。

G.652 光纤在 1310nm 处的模场直径范围是 8.6 ~ 9.5μm,最大偏差不能超过 ± 10%。在 1550nm 处,ITU-T 没有规定模场直径,但一般需大于 10.3μm。

2. G.653 光纤

G.653 光纤是指色散零点在 1550nm 附近的光纤,相对于标准单模光纤(G.652),色散零点发生了移动,所以也叫色散位移光纤(Dispersion Shifted Fiber,DSF)。

G.653 光纤在 1550nm 波段的衰减系数小于 0.35dB/km,目前一般在 0.19 ~ 0.25dB/km。其零色散波长在 1550nm 附近,在 1525 ~ 1575nm 范围内,最大色散系数是 3.5ps/(nm·km)。由于在 1550nm 窗口,特别是在 C-band,色散位移光纤的色散系数太小或可能为零,对于密集波分复用系统很容易引起四波混频效应,因此波分系统尽量不使用色散位移光纤。ITU-T 建议规定,G.653 光纤的 PMD 系数小于 $0.5ps/(km)^{1/2}$,即 400km 光纤的 PMD 是 $10ps/(km)^{1/2}$;其 1550nm 处的模场直径是 7.8 ~ 8.5μm,最大偏差不能超过 ± 10%。

3. G.654 光纤

G.654 光纤是截止波长移位的单模光纤。ITU-T 建议规定,G.654 光纤在 22m 长光缆上的截止波长小于等于 1530nm,在短于 2m 长光缆上的一次涂敷光纤上的截止波长小于等于 1600nm。G.654 光纤的设计重点是降低 1550nm 的衰减,其零色散点仍然在 1310nm 附近,因而 1550nm 窗口的色散较高,可达 18ps/(nm·km)。G.654 光纤主要应用于需要很长再生段距离的海底光纤通信。

ITU-T 要求 G.654 光纤在 1550nm 波段的衰减小于 0.20dB/km,目前一般为 0.15 ~ 0.19dB/km。G.654 光纤的 PMD 系数小于 $0.5ps/(km)^{1/2}$,即 400km 光纤的 PMD 是 $10ps/(km)^{1/2}$;在 1550nm 处的模场直径是 10.5μm,最大偏差不能超过 ± 10%。

4. G.655 光纤

由于色散位移光纤(G.653)的色散零点在 1550nm 附近,DWDM 系统在零色散波长处工作很容易引起四波混频效应,会对系统性能造成严重影响。为了避免该效应,将色散零点的位置从 1550nm 附近移开一定波长数,使色散零点不在 1550nm 附近的 DWDM 系统工作波长范围内,这种光纤就是非零色散位移光纤。

G.655 光纤在 1550nm 波段的衰减小于 0.35dB/km，目前一般在 0.19～0.25dB/km。非零色散位移光纤的色散系数 D 应当满足 0.1ps/（nm·km）<$|D(\lambda)|$<6.0 ps/（nm·km）（1530nm <λ< 1565nn）。G.655 光纤的 PMD 小于 0.5ps/（km）$^{1/2}$，即 400km 光纤的 PMD 是 10ps/（km）$^{1/2}$。由于目前的光纤制作工艺不断发展成熟，实际 PMD 系数一般小于 0.2ps/（km）$^{1/2}$，甚至一些光纤的 PMD 典型值已经达到 0.08ps/（km）$^{1/2}$。它的模场直径是 8～11μm，最大偏差不能超过 ± 10%。

光纤的非线性效应

2.2.9　单模光纤的非线性效应

从本质上讲，所有介质都是非线性的，只是一般情况下非线性特征很小，难以表现出来。当光纤的入纤功率不大时，光纤呈现线性特征；当光放大器和高功率激光器在光纤通信系统中使用后，光纤的非线性特征会愈来愈显著。单模光纤的非线性效应一般可以分为受激非弹性散射、克尔效应和四波混频。

1. 受激非弹性散射

受激非弹性散射是指从入射波到散射波的能量转移。之所以称为非弹性，是因为入射波与散射波的波长（频率）不相同，入射光子的频率高（能量高），波长较短，散射光子的频率低（能量低），波长较长，入射光子与散射光子的能量差以声子的形式释放。受激拉曼散射和受激布里渊散射属于受激非弹性散射。

（1）受激拉曼散射

受激拉曼散射（Stimulated Raman Scattering, SRS）是光纤中很重要的非线性过程，可看作是介质中分子振动对入射光（称为泵浦光）的调制，产生散射作用。设入射光的频率为 ω_1，介质的分子振动频率为 ω_v，则散射光的频率为 $\omega_s=\omega_1-\omega_v$ 和 $\omega_{as}=\omega_1+\omega_v$，这种现象叫受激拉曼散射。所产生的频率为 ω_s 的散射光叫斯托克斯（Stokes）波，频率为 ω_{as} 的散射光叫反斯托克斯波。对斯托克斯波可用物理图像描述：一个入射的光子消失，产生了一个频率下移的光子（即 Stokes 波）和一个有适当能量和动量的光子，使能量和动量守恒。

受激拉曼散射对多信道光纤通信的影响是，当一定强度的光入射到光纤中时，会引起光纤材料的分子振动，调制入射光强产生了间隔，恰好为分子振动频率的边带。低频边带的斯托克斯线强于高频边带的反斯托克斯线，当两个频率间隔恰好为斯托克斯频率的光波同时入射到光纤时，低频波（长波长）将获得光增益，高频波（短波长）将衰减，其能量转移到低频波上去了，其结果将导致系统中短波长光信号（即高频波）产生信号衰减，长波长光信号（即低频波）产生信号增强。

在多信道系统中，受激拉曼散射效应使短波长的信道充当泵浦源而将能量转移给长波长的信道，从而引起系统中各信道之间的串话，对通信性能带来不良影响。另一方面，利用受激拉曼散射效应可以制作拉曼光纤激光器和拉曼光纤放大器等。

对于单信道光纤系统，进入光纤的光功率远小于光纤中受激拉曼效应的阈值功率，因而受激拉曼效应不会对系统的性能产生严重影响。

（2）受激布里渊散射

受激布里渊散射与受激拉曼散射在物理过程上十分相似，入射频率为 ω_p 的泵浦波将一部分能量转移给频率为 ω_s 的斯托克斯波，并发出频率为 Ω 的声子，三者关系如下。

$$\Omega=\omega_p-\omega_s$$

受激布里渊散射的频移（10～13GHz）和增益带宽（20～100MHz）远小于受激拉曼散射的相应值。受激布里渊散射增益远远大于受激拉曼散射增益。另外，光纤中的受激拉曼散射发生在前向，斯托克斯光波和泵浦光波传播方向相同；受激布里渊散射发生在后向，斯托克斯波和泵浦波传播方向相反。光纤中的受激布里渊散射的阈值功率比受激拉曼散射的低得多。在光纤中，一旦达到受激布里渊散射阈值，将产生大量的后向传输的斯托克斯波，这将对光纤通信系统产生不良影响；另一方面，它又可用来构成布里渊放大器和激光器等光纤元件。在连续波工作的情况下，受激布里渊散射更易于产生，因为它的阈值相对较低；在脉冲波工作情况下有所不同，如果脉冲宽度 T_0 小于 10ns，受激布里渊散射将会减弱或被抑制，几乎不会发生。

2. 克尔效应

介质的折射率随光强变化而变化的现象称为克尔效应。在单模光纤中，克尔效应表现为自相位调制（Self-Phase Modulation，SPM）、交叉相位调制（Cross-Phase Modulation，XPM）。

由于存在克尔效应，光脉冲信号强度的瞬时变化会引起光脉冲自身的相位变化，这种效应叫作自相位调制。在单波长系统中，当强度变化导致相位变化时，自相位调制效应将逐渐展宽信号的频谱，如图 2-15 所示。在光纤的正常色散区中，由于存在色度色散效应，一旦自相位调制效应引起频谱展宽，沿着光纤传输较远时，光脉冲将出现较大的展宽；同时，在正常色散区中，光纤的色度色散效应和自相位调制效应可能会互相补偿，信号的展宽也会小一些。图 2-15 说明了在 G.652 光纤中的自相位调制引起传输脉冲的压缩和频谱展宽。

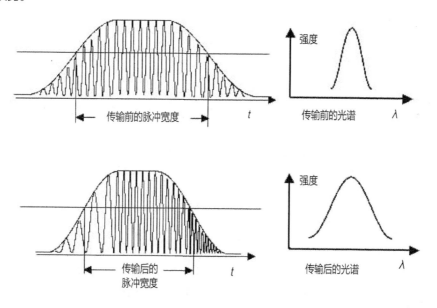

图 2-15 自相位调制引起的传输脉冲压缩和谱展宽

一般情况下，自相位调制效应在高累积色散或超长系统中比较明显，色散受限系统可能不能容忍自相位调制效应。在信道间隔很窄的多通道系统中，由自相位调制引起的频谱展宽可能在相邻信道间产生干扰。

在多信道系统中，当光强度的变化导致相位变化时，由于相邻信道间的相互作用，相位调制一般会展宽信号频谱，这种现象称为交叉相位调制。一旦交叉相位调制引起频谱展宽，信号在沿光纤传播时就会因色度色散效应而经受一次较大的瞬时展宽。交叉相位调制可通过选择适当的信道间隔加以控制。研究表明，交叉相位调制引起的多信道系统信号失真只发生于相邻信道。多信道系统中心信道的信噪比（Signal-Noise Ratio，SNR）将接近于单信道的信噪比，这是因为信道间隔增大了的缘故，因此，由于信号因信道之间有适当的间隔，所以此时交叉相位调制的影响可忽略不计。

3. 四波混频

不同波长的 3 个光波同时在光纤中传播时，通过石英介质的相互作用后会产生新的波长，新波长的频率是三者的组合，公式如下，这种现象称为四波混频（Four-Wave Mixing，FWM）。

$$F_{lnm} = F_l \pm F_n \pm F_m$$

四波混频会导致光能量从一个波长信道转移到另一个波长信道，这个现象对多信道系统的性能主要有两个方面的不利影响：一是原有波长的光能量因转移而损失，影响系统的误码率（BER）、信噪比等性能；另一方面，如果产生的新波长与原有某波长相同或交叠，将会产生严重的串扰，如图 2-16 所示。理论研究表明，四波混频的产生要求各信号光的相位匹配，当各信号光在光纤的零色散附近传输时，不同波长的光信号的传输速度几乎相同，因而较容易满足相位匹配条件，容易产生四波混频效应；而适当的色散可以抑制四波混频产生。

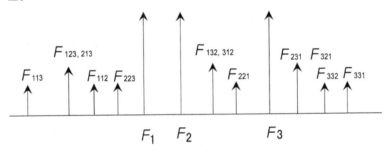

图 2-16　三光波相互作用产生的混频产物

实验表明，在 G.653 光纤上，四波混频比在 G.652 和 G.655 光纤上严重得多，带来的传输损耗也大。另外，四波混频对信道间隔也是敏感的，可采取不均匀信道间隔和较大信道间隔等手段减少四波混频产生的影响，这样即使在 G.653 光纤中也能运行 DWDM 系统。采取不均匀信道间隔，可保证由 3 个或更多个信道产生的混频产物不至于恰巧跌落在其他信道波长上，然而由信号向混频产物的功率传递（即信号功率损耗）却仍然存在，误码率和信噪比也依然受影响。

2.3　无源光器件

无源光器件

在光网络中，有一类元器件需要电源才能工作，如激光器、接收器、调制器和光放大器，称有源光器件；另一类元器件不需要外部电源，这就是无源光器件。本节将介绍常见的无源光器件。

2.3.1　介质薄膜滤波器

介质薄膜滤波器是由几十层不同材料、不同折射率和不同厚度的介质膜按照设计要求组合起来形成的，具体结构如图 2-17 所示。每层介质膜的厚度与折射率的乘积（称为光程）为 1/4 波长，一层为高折射率（n_1），一层为低折射率（n_2），交替叠合。为了叙述简明，这里假设入射角 θ 为零（入射角不为零时，公式复杂一些，但原理相同）。当光入射到高折射层（n_1）时，反射光没有相移；当光从高折射层入射到低折射层时，反射光经历 180° 相移。由于光程为 $2 \times 1/4$ 波长（产生 $2 \times 90°$ 相移），因而经低折射率层反射的光经历 360° 相移后与经高折射率层的反射光同相叠加，这样在中心波长附近各层反射光叠加，即可在滤波器前端面形成很强的反射光。在高反射区之外，反射光会突然降低，大部分光成为透射光，使薄膜干涉型滤波器对一定波长范围呈通带，而对另外的波长范围呈阻带，形成所要求的滤波特性。其作用就像一个宽带滤波器，通过特定波长的光信号，把其他波长的光信号反射回去。设计采用多层薄膜结构，是为了加强干涉效果，让底部变窄，滤波效果比较理想。

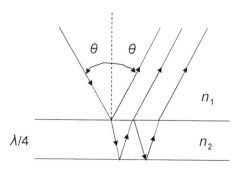

图 2-17　介质薄膜滤波器

　　介质薄膜滤波器的主要特点是，在设计上可以实现结构稳定的小型化器件，信号通带平坦且与偏振无关，插入损耗低，通路间隔度好，温度稳定性优于 0.0005nm/℃。

2.3.2　光纤光栅

　　光纤光栅是通过在一段光纤上沿其长度方向人为地进行某种周期性的折射率变化而形成的。光纤光栅是利用光纤材料的光敏性（外界入射光子与纤芯离子相互作用引起的折射率的永久性变化）在纤芯内形成的空间相位光栅。

　　根据折射率在光纤轴向分布的形式，可将光纤光栅分为均匀光栅和非均匀光栅。均匀光栅的光学周期（光栅有效折射率与折射率调制深度的乘积）沿光纤轴向保持不变，如布喇格光栅和长周期光栅。而非均匀光栅是指光栅的光学周期沿光纤轴向变化的一类光栅，如啁啾光栅。

　　均匀光栅可以根据光栅周期分为功能和作用完全不同的两种类型，即短周期光栅和长周期光栅。在单模光纤中，短周期光栅主要实现特定波长上正向传输基模与反向传输基模之间的耦合。因此短周期光栅的基本特征表现为一个反射式光学滤波器，其反射波长、带宽和反射率取决于光栅的具体结构。根据需要，光纤光栅既可以做成带宽小于 0.1nm 的窄带型滤波器，也可以实现数十纳米的宽带滤波器。由于短周期光栅对光的反射作用属于布喇格反射类型，因此短周期光栅通常称为光纤布喇格光栅（Fiber Bragg Grating，FBG），其反射中心波长称为布喇格波长。对于普通单模光纤，布喇格波长为 1550nm 的光栅所对应的光栅周期约为 530nm。

　　长周期光栅与上述光纤布喇格光栅不同，其光栅周期一般为数百微米。在单模光纤中，长周期光栅可以实现正向传输基模到正向包层模的耦合。由于光纤对包层模不能形成有效的约束，在传输过程中，包层模所携带的能量将很快损失掉。因此在单模光纤中，长周期光栅表现为一个带阻光学滤波器，其阻带宽度一般为十几到数十纳米。长周期光栅是作为增益平坦滤波器的较佳方案。不论是光纤布喇格光栅（FBG），还是长周期光栅，光栅的中心波长都将随着光栅周期的增加而向长波长方向移动。

　　光纤布喇格光栅实质上是在纤芯内形成一个窄带的滤波器或反射镜，利用这种特性可以构成许多性能独特的光纤无源器件。由光纤光栅提供选择性反馈的光纤激光器和半导体激光器已可实现线宽只有 kHz 量级的单纵模激光输出；在掺铒光纤放大器中使用光纤光栅，可以在整个放大器带宽内实现平坦的增益，并有效地抑制放大器的自发辐射噪声，同时极大地提高泵浦效率，从而对光信号实现接近理想水平的低噪声放大；采用光纤光栅可以制成结构简单、性能优良的全光纤波分复用器，用单个器件即可同时实现上下话路的功能；适当设计的啁啾光栅在理论和实验上均被证实具有很强的色散补偿能力，它可以在很大程度上消除光纤色散对系统通信速度的限制。

除了独特的光谱特征外，光纤光栅还具有体积小、插入损耗低以及可与普通通信光纤良好匹配的优点。利用光纤光栅对波长的良好选择性以及上述基于光纤光栅的各种器件和技术，人们可以很方便地在光纤线路上实现超高速数据的波分复用和全光解复用。因此，光纤光栅将是下一代超高速光纤通信系统中不可缺少的重要光纤器件。

2.3.3 阵列波导光栅

阵列波导光栅（Arrayed Waveguide Grating，AWG）是以光集成技术为基础的平面波导型器件，典型的制造工艺是在硅片上沉积一层薄薄的二氧化硅玻璃，并利用光刻技术形成所需要的图案并腐蚀成形。阵列波导光栅自 20 世纪 90 年代初开始研究，短短的几年时间后就从实验室进入了实用化阶段，如今，128 通道以上的复用/解复用器已经成功研制出来。

图 2-18 所示为由 N 个输入波导、N 个输出波导、两个平面耦合波导和阵列波导组成的 $N \times N$ 波导阵列复用器示意图，波导都集成在同一衬底上。当多波长信号被激发进某一输入波导时，信号将在第一个平面波导中发生衍射而耦合进波导阵列。波导阵列由一系列长度依次递增的光通道构成，光经过不同的波导路径到达第二个平面耦合波导时，会产生不同的相位延迟，在第二个耦合波导中相干叠加。阵列波导中相邻波导间的长度差为常数，阵列波导存在光程差，可以对入射光进行周期性的调制，这种阵列波导长度差所起的作用和光栅沟槽平面所起的作用相同，从而表现出光栅的功能和特性，这就是阵列波导光栅名称的来源。阵列波导光栅工作在高阶衍射区，对波长的分辨率可达纳米以上量级，且它是传输型光栅，输入波导及输出波导可以共用。

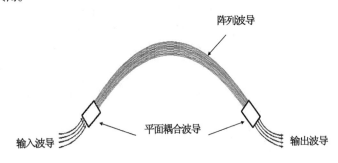

图 2-18 $N \times N$ 波导阵列复用器示意图

阵列波导光栅型光合波分波器具有波长间隔小，信道数多，通带平坦等优点，非常适合于超高速、大容量 DWDM 系统使用。

2.3.4 梳状滤波器

为实现 50GHz 间隔的密集波分系统，同时避免器件技术的过分复杂和成本太高，并且又能使用已有的 100GHz 和 200GHz 间隔的梳状滤波器（Comb Filter），在 2000 年 3 月的 OFC（光纤通信展览会及研讨会）上，多家公司纷纷提出一种群组滤波器，Chroum 公司称为 Slicer，Wave Splitter、JDS Uniphase 等公司称为 Interleaver。

这种器件的基本工作原理如图 2-19 所示。用一个 50GHz 间隔的滤波器把输入的间隔为 50GHz 的光分成奇偶两组，每组的间隔为 100GHz，然后用两个间隔为 100GHz 的滤波器把输入光分成 4 组，其间隔为 200GHz，最后用普通的 200GHz 间隔的解复用器把输入光解复用。也可以在第二阶段直接用 100GHz 间隔的 AWG 或薄膜滤波器把输入光解复用成单波长的光信号。

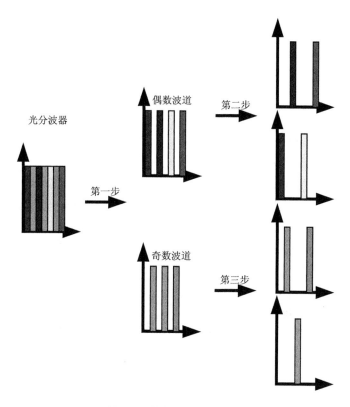

图 2-19 梳状滤波器原理示意图

利用此器件，长途干线就可以很方便地升级到 50GHz 间隔的 DWDM 系统，并且不浪费已有的 100GHz 间隔的复用器和解复用器，节约成本。同样，对于正在新建的城域网，考虑到成本，可以只用 Interleaver 的其中一个输出端口的波长，而等到将来业务需要时再使用另几端。

这类器件的基本技术指标是插入损耗、带宽和串扰。插入损耗越小越好，顶部带通的平坦化有利于最小化信道功率变化，并且带通平坦化和插入损耗是两个相关的指标，两者必须互相妥协，以达到所需的性能指标。这类器件的串扰必须要小，因为其用在解复用的最前面，决定整个系统的串扰。此外，器件的波长还必须满足 ITU-T 要求，并且假如是无源的，则器件的温度漂移必须要小。由于这类器件用来解复用所有波长，因而信道的准确性和一致性也是必须要考虑到的因素。

2.3.5　耦合器和分光器

耦合器是从不同光纤中合光的器件，分光器是将光信号分配到几根光纤中的器件。耦合器是光纤通信中最常用的器件，例如一个 2×2 的耦合器，包括两个输入端口和两个输出端口，具体结构如图 2-20 所示。通常所用的耦合器在一定的带宽范围内跟波长无关，也称为无波长选择性。耦合器可以被用作分功率器，通过适当调整耦合长度，可以实现输出的两臂具有相同的功率，即 3dB 耦合器。例如一个 $n×n$ 的星形耦合器是用 2×2 的 3dB 耦合器集成的，它有 n 个输入端口和 n 个输出端口，每个输入端口的能量在 n 个输出端口中均分输出。耦合器也可用来从信号源中分离出少量的能量作为监控信号。这种耦合器叫作 Tap。

耦合器的作用在本质上是将不同光纤中的光信号的能量传递或转移，即光能量从一根光纤传递到另一根光纤中。分光器在本质上与耦合器相同，也是实现光能量传递的。

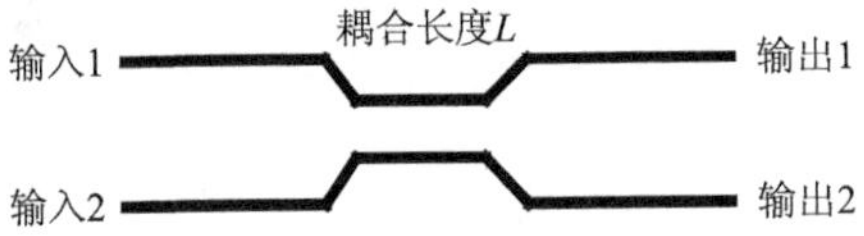

输入1　　　　耦合长度L　　　　输出1

输入2　　　　　　　　　　　　输出2

图 2-20　耦合器示意图

2.3.6　隔离器和环行器

1. 隔离器

在光纤通信的链路中，光信号会在任何器件（如连接器、无源器件和接收器等）处反射，如果反射光进入激光器和光放大器，则这些器件的性能将会下降。使用隔离器可以隔离反射光，以免其传到激光器、光放大器和其他装置，这就是隔离器的作用，功能如图 2-21 所示。当然，隔离器必须允许前向光以最小损耗通过（理想值为零），同时以最大的损耗（理想值为无限）阻止回射光通过。现代隔离器产品的插入损耗能够低到 0.15dB，而隔离度能够高到 70dB。

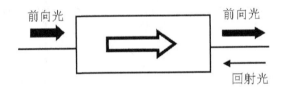

前向光　　　　　　　　　　　前向光

回射光

图 2-21　隔离器的功能

在工作原理上，隔离器利用了偏振光性质，如图 2-22 所示。在前向方向上，一个输入偏振器转换非偏振光为垂直偏振光，这个偏振光通过一个法拉第旋转器旋转偏振平面 45°，输出偏振器（分析器）允许 45° 偏振光通过，光以最小的损耗通过这个单元。在反方向上，一个输出偏振器转换非偏振回射光成 45° 偏振光，法拉第旋转器旋转偏振平面 45°，因此回射光变成水平偏振，因为输入偏振器只允许垂直偏振光通过，所以水平偏振回射光被拒绝。

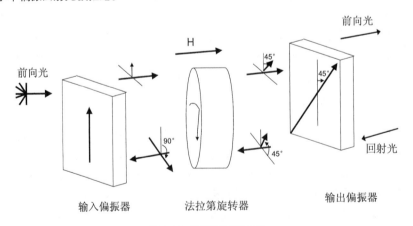

前向光

H

45°

45°

前向光

90°

45°

回射光

输入偏振器　　　　　法拉第旋转器　　　　　　　　输出偏振器

图 2-22　隔离器的工作原理

输入偏振器在什么程度上拒绝水平偏振回射光，依赖于装置的消光比。这两个相互垂直的偏振光束的强度比可大于 100000，结果隔离大于 50dB。

2. 环行器

环行器是一种非可逆元件，它引导光信号从一个端口到另一个端口单向传输。如图 2-23 所示，端口 1 的输入光只能从端口 2 输出（端口 2 到端口 1 隔离），端口 2 的输入光只能从端口 3 输出，端口 3 的输入光只能从端口 1 输出。

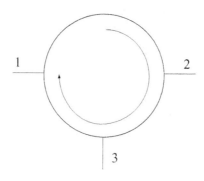

图 2-23　环行器的功能

2.3.7　光开关

光开关具有一个或多个可选择的传输端口，是一种可以对光传输线路或集成光路中的信号进行相互转换或逻辑操作的器件。这里的传输端口是指连接于光器件中的输入和输出的光纤连接器。

作为光纤通信的基本器件，光开关有很多应用，主要有自动保护倒换，即在发生断线或者发送装置失效的情况时，信号通过开关倒换到备用的保护光纤或者发送器，实现保护倒换。这是光开关最基本的应用，一般用 1×2 或 1×N 开关来实现。动态光分插复用器（Optical Add-DropMultiplexer，OADM）可以不需要进行光电光转换而直接从多路波长里上下一个波长。动态 OADM 在长途干线和城域网中都有应用，尤其是在城域网中，多用 OADM 来构建环行网。在 OADM 中，可以通过软件来选择所要下载的波长。光交叉连接（Optical Cross Connect，OXC）是网络中的一种新的核心技术，OXC 意味着高密度的网络和任何端到端的光交换连接，并且能完成从简单的网络保护到动态光路管理等很多功能。

2.4　有源光器件

有源光器件的显著特点是其内部元件需要电源才能工作，主要为光源、光放大器等。它们收发光信号，延长光信号的传输距离，在波分系统中占据重要位置。

2.4.1　光源

1. 光源分类

光源技术

光源的作用是产生激光或荧光，它是组成光纤通信系统的重要器件。目前应用于光纤通信的光源半导体激光器（Laser Diode，LD）和半导体发光二极管（Light Emitting Diode，LED），都属于半导体器件，共同特点是体积小、重量轻、耗电量小。

LD 和 LED 的主要区别在于，前者发出的是激光，后者发出的是荧光。LED 的谱线宽度较宽，调制效率低，与光纤的耦合效率也低，但它的输出特性曲线线性好，使用寿命长，成本低，适用于短距离、小容量的传输系统。而 LD 一般适用于长距离、大容量的传输系统，尤其在高速率的 PDH 和 SDH 设备上被广泛采用。

高速光纤通信系统中使用的光源分为多纵模（MLM）激光器和单纵模（SLM）激光器两类。从性能上讲，这两类半导体激光器的主要区别在于它们发射频谱的差异。MLM 激光器的发射频谱线宽较宽，为纳米量级，而且可以观察到多个谐振峰的存在。SLM 激光器比 MLM 激光器的单色性更好，SLM 激光器发射频谱的线宽为 0.1nm 量级，而且只能观察到单个谐振峰。

DWDM 系统的工作波长较为密集，一般波长间隔为几个纳米到零点几个纳米，这就要求激光器工作在一个标准波长上，并且具有很好的稳定性。另一方面，DWDM 系统的无电再生中继长度从单个 SDH 系统传输 50~60km 增加到 500~600km，在延长传输系统的色散受限距离的同时，为了克服光纤的非线性效应（如受激布里渊散射效应、受激拉曼散射效应、自相位调制效应、交叉相位调制效应、调制的不稳定性及四波混频等），要求光源使用技术更为先进、性能更为优越的激光器。

总之，DWDM 系统光源的两个突出的特点是有较大的色散容纳值和能够输出标准而稳定的波长。

2. 光源调制

目前广泛使用的光通信系统采用强度调制方式，即直接检波系统。对光源进行强度调制的方法有两类，即直接调制和间接调制。

（1）直接调制

直接调制又称为内调制，即直接对光源进行调制，通过控制半导体激光的注入电流大小来改变激光器输出光波的强弱。直接调制方式的特点是输出功率正比于调制电流，具有结构简单、损耗小、成本低的特点。调制电流的变化将会使激光器发光谐振腔的长度发生变化，使得发射激光的波长随着调制电流线性变化，这种变化被称作调制啁啾，它实际上是一种直接调制光源无法克服的波长（频率）抖动。啁啾的存在展宽了激光器发射光谱的带宽，使光源的光谱特性变坏，限制了系统的传输速率和距离。一般情况下，在常规 G.652 光纤上使用时，传输距离小于等于 100km，传输速率小于等于 2.5Gbit/s。

（2）间接调制

间接调制又称为外调制，即不直接调制光源，而是在恒定光源的输出通路上外加调制器对光波进行调制，实际上起到一个开关的作用。恒定光源是一个连续发送固定波长和功率的高稳定光源，在发光的过程中，不受电调制信号的影响，因此不会产生调制啁啾，光谱的谱线宽度维持在最小。光调制器对恒定光源发出的高稳定激光根据电调制信号以"允许"或者"禁止"通过的方式进行处理，而在调制的过程中对光波的频谱特性不会产生任何影响，保证了光谱的质量。间接调制方式的激光器比较复杂，损耗大，而且造价也高，但调制啁啾很小，可以应用于传输速率大于等于 2.5Gbit/s、传输距离超过 300km 的系统。因此，一般来说，在使用光纤放大器的 DWDM 系统中，发射部分的激光器均为间接调制方式的激光器。

常用的外调制器有光电调制器、声光调制器和波导调制器等。光电调制器的基本工作原理应用的是晶体的线性电光效应，电光效应是指电场引起晶体折射率变化的现象，能够产生电光效应的晶体称为电光晶体。声光调制器是利用介质的声光效应制成的。所谓声光效应，是声波在介质中传播时，介质受声波压强的作用而产生变化，这种变化使得介质的折射率发生变化，从而影响光波传输特性。波导调制器是将钛（Ti）扩散到铌酸锂（LInBO$_2$）基底材料上，再用光刻法制出波导的具体尺寸。它具有体积小、重量轻、有利于光集成等优点。

3. 其他分类方式

根据光源与外调制器的集成和分离情况，外调制器又可以分为集成式外调制激光器和分离式外调制激光器两种。集成式外调制技术日益成熟，是 DWDM 光源的发展方向。常见的是更加紧凑小巧，与光源集成在一起，性能上也满足绝大多数应用要求的电吸收调制器。

电吸收调制器是一种损耗调制器，它工作在调制器材料吸收区边界波长处。当调制器无偏压时，光源发送的波长在调制器材料的吸收范围之外，该波长的输出功率最大，调制器为导通状态；当调制器有偏压时，调制器材料的吸收区边界波长移动，光源发送的波长在调制器材料的吸收范围内，输出功率最小，调制器为断开状态，如图 2-24 所示。电吸收调制器可以利用与半导体激光器相同的工艺过程制造，因此光源和调制器容易集成在一起，适合批量生产，发展速度很快。例如铟镓砷磷（InGaAsP）光电集成电路就是将激光器和电吸收调制器集成在一块芯片上，再将该芯片置于热电制冷器(Thermo electric Cooler, TEC)上。这种典型的光电集成电路称为电吸收调制激光器（Electro-absorption Modulator Laser-Cooled, EML），可以支持 2.5Gbit/s 信号传输 600km 以上的距离，远远超过直接调制激光器所能传输的距离，其可靠性也与标准外部光反馈激光器（OFB）类似，平均寿命达 20 年。

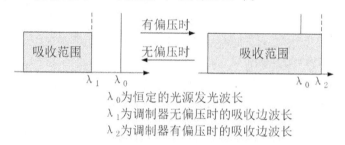

图 2-24　电吸收调制器的吸收波长改变示意图

分离式外调制激光器常用的是恒定光输出激光器（CW+LiNbO$_3$）马赫–策恩德（Mach-Zehnder）外调制器，如图 2-25 所示。

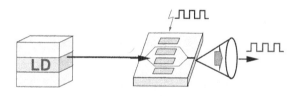

图 2-25　马赫–策恩德外调制器示意图

该调制器将输入光分成两路相等的信号，分别进入调制器的两个光支路，这两个光支路采用的材料是电光材料，即其折射率会随着外部施加的电信号大小而变化，由于光支路的折射率变化将导致信号相位变化，故两个支路的信号在调制器的输出端再次结合时，合成的光信号是一个强度大小变化后的干涉信号，通过这种办法将电信号的信息转换到光信号上，实现光强度调制。分离式外调制激光器的调制啁啾可以等于零，而且相对于集成式外调制激光器，其成本较高。

在 DWDM 系统中，激光器波长是否稳定是一个十分关键的问题，根据 ITU-T G.692 建议，中心波长的偏差不超过光信道间隔的±1/5，即光信道间隔为 0.8 nm 的系统，其频率偏移不超过 0.08 nm。

在 DWDM 系统中，由于各个光通路的间隔很小（可低达 0.8nm），因而对光源的波长稳定性有严格的要求，波长间隔越小，要求越高，所以激光器需要采用严格的波长稳定技术。

集成式调制激光器的波长微调主要是靠改变温度来实现的，芯片温度调节靠改变制冷器的驱动电流，再用热敏电阻做反馈，使芯片温度稳定在一个基本恒定的温度上；分布反馈式激光器（DFB）的波长稳定利用了波长和管芯温度对应的特性，通过控制激光器管芯处的温度来控制波长。

除了温度外，激光器的驱动电流也能影响波长，其灵敏度为 0.008nm/mA，比温度的影响约小一个数量级，所以在有些情况下可以忽略其影响。

2.4.2　光放大器

光放大器是用来提高光信号强度的器件。光放大器不需要转换光信号到电信号，然后转换回光信号。这个特性决定了光放大器与再生器相比有两大优势。

第一，光放大器支持任何比特率和信号格式，因为光放大器简单地放大所收到的信号，这种属性通常被描述为光放大器对任何比特率以及信号格式是透明的；第二，光放大器不仅支持单个信号波长放大，如再生器，而且支持一定波长范围的光信号放大。

光放大器的作用是补偿光信号传输和处理过程中的功率衰减。光放大器的特性参数有增益、工作带宽、噪声指数和饱和输出功率。掺铒光纤放大器（EDFA）运用受激辐射的原理增强光信号的功率，其有效放大波长范围在 1550nm 的 C-band。掺铒光纤放大器具有增益高、输出功率大、工作光学带宽较宽、噪声指数较低等特点。拉曼光纤放大器是利用光纤的拉曼效应放大光信号。拉曼光纤放大器增益范围由泵浦波长决定，且结构较简单，噪声指数非常小。

正是光放大器，特别是掺铒光纤放大器的出现，波分复用技术才得到迅速发展，并且使波分复用成为大容量光纤通信系统的主力。这两类光放大器的相关细节，将在第 5 章介绍。

2.5　本章小结

本章主要介绍了光纤传输系统的基础知识。首先介绍了光纤传输系统的相关概念，包括折射、全反射、衰减、色散和偏振等概念，以及色度色散和偏振模色散对光纤通信的影响。读者掌握这些概念，能够理解光纤通信网络。

接下来介绍了光纤的分类（如 G.652 光纤、G.653 光纤、G.654 光纤、G.655 光纤）、光纤相关参数（模场直径、有效面积等）、场景应用以及单模光纤和相关特性。读者掌握光纤通信信道的相关知识，是理解光纤通信网络的前提。

之后重点介绍了无源光器件和有源光器件，这两类器件种类繁多，应用广泛，需要重点掌握光源的种类、光源的调制方式和特性、掺铒光纤放大器的特点和应用场景等内容。然后对比了光纤放大器间的特性差异，如掺铒光纤放大器和拉曼光纤放大器。掌握它们的相关参数，读者能帮助更好地理解光网络。

2.6　练习题

1. 满足全反射的条件是什么？
2. G.652 光纤的主要特点是什么？
3. 光纤的衰减对光纤通信系统的影响是什么？如何解决衰减带来的问题？
4. 阵列波导光栅（AWG）的主要功能是什么？
5. 色度色散对光纤通信的影响是什么？
6. 简述电吸收调制的工作原理。
7. EDFA 结构中的泵浦源的中心波长有哪些？
8. EDFA 的主要优点和缺点是什么？

Chapter

3

第 3 章
网络技术基础

网络技术近年来获得了飞速的发展，被应用于不同的行业领域中，已成为社会结构的一个基本组成部分。

在通信领域中，网络技术作为通信网络的传输管道，起着承上启下的作用。本章主要介绍了以太网技术原理、VLAN 技术、IP、QinQ 技术、以太网 QoS 原理。在介绍关键技术的时候，对其中的具体技术细节进行了场景化描述，有助于读者加深对网络传输技术工作原理的理解。

课堂学习目标

● 掌握以太网技术原理

● 掌握 VLAN 技术

● 理解 IP

● 掌握 QinQ 技术

● 理解以太网 QoS 原理

Communication

3.1 局域网简介

局域网简介

在介绍局域网之前，先来了解计算机网络。计算机网络是通过通信线路将分布在不同地理区域的计算机以及专门的外部设备互联成一个规模大、功能强的网络系统，从而使众多的计算机可以方便地互相传递信息，共享信息资源。

所谓的局域网（Local Area Network，LAN），就是将小区域内的各种通信设备互联所形成的计算机网络，覆盖范围一般局限在房间、大楼或园区内。多个局域网连接起来会形成广域网（Wide Area Network，WAN）。广域网连接的地理范围较大，常常是一个国家或是一个洲。广域网的主要作用是互联局域网，从而在大范围区域内提供数据通信服务。

在通信领域中，小型局域网常用的设备有 Hub、路由器、交换机，较大的局域网会用到 SDH、PTN、OTN 等传输设备，示例如图 3-1 所示。

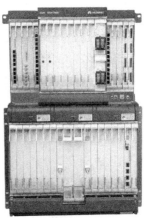

图 3-1　华为设备 CX600、OSN7500 和 OSN8800（从左到右）

3.2 以太网技术原理

3.2.1　以太网技术简介

以太网这个术语起源于 1982 年数字设备公司（Digital Equipment Corp）、英特尔公司和 Xerox 公司联合公布的一个标准，是当今 TCP/IP 采用的主要的局域网技术。它采用一种称作 CSMA/CD 的媒体接入方法，其意思是带冲突检测的载波侦听多路接入。

以太网分为几种类型，如表 3-1 所示。

表 3-1　以太网分类

层次类型	接入层	汇聚层	核心层
10Mbit/s	用户和接入层交换机（或 Hub）之间的连接	不使用	不使用
100Mbit/s	为高性能的计算机和工作站提供接入	接入层和汇聚层及汇聚层到核心层的连接	交换设备间的连接

续表

层次类型	接入层	汇聚层	核心层
1000M（Gbit/s）	不使用	接入层和汇聚层设备间的高速连接	汇聚层和高速服务器的高速连接，核心设备间的高速互联
10Gbit/s	不使用	汇聚层和高速服务器的高速连接	核心设备间的高速互联
40Gbit/s	不使用	不使用	核心设备间的高速互联
100Gbit/s	不使用	不使用	核心设备间的高速互联

随着 Internet 的不断发展，一些传统的网络设备，比如路由器，其间的带宽已经不能满足要求，需要更高、更有效率的互联技术来连接这些网络设备来构成 Internet 的骨干，吉以太网成了首选的技术。传统的百兆以太网也可以应用在这些场合，因为这些 100Mbit/s 的快速以太网链路可以经过聚合形成快速以太网通道，速度可以达到 100M ~ 1000Mbit/s 的范围。

3.2.2　以太网的物理介质

以太网的物理介质通常有网线和光纤两种类型。根据使用的介质不同，传输距离和带宽也有所不同。百兆以太网、吉以太网和万兆以太网的物理介质类型如表 3-2、表 3-3、表 3-4 所示。

表 3-2　百兆以太网的物理介质类型

类　型	描　述	传输距离
100Base-T4	4 对三类或五类非屏蔽双绞线	100m
100Base-TX	两对五类非屏蔽双绞线	100m
100Base-FX	多模光纤	550m ~ 2km
	单模光纤	2 ~ 15km

表 3-3　吉以太网的物理介质类型

类　型	描　述	传输距离
1000BaseT	4 对五类非屏蔽双绞线	100m
1000BaseCX	平衡式屏蔽铜缆	25m
1000BaseSX	50μm 多模光纤，使用 850nm 短波长激光器	550m
1000BaseLX	9μm 单模光纤，使用 1310nm 长波长激光器	10 ~ 40km
1000BaseZX	单模光纤，使用 1310nm/1550nm 长波长激光器	80km

表 3-4　万兆以太网的物理介质类型

类　型	描　述	传输距离
10GBase-SR	850nm 波长，多模光纤	65m
10GBase-LR	1310nm 波长，单模光纤	10km
10GBase-ER	1550nm 波长，单模光纤	40km
10GBase-SW	850nm 波长，多模光纤	65m
10GBase-LW	1310nm 波长，单模光纤	10km
10GBase-EW	1550nm 长，单模光纤	40 ~ 80km
10GBase-LX4	1310nm 波长，多模/单模光纤	300m ~ 10km

100Base-T4 采用三类非屏蔽双缆线时，信号频率是 25MHz，只比标准以太网信号 20 MHz 的频率快 25%。为了达到 100Mbit/s 的速率，100Base-T4 必须使用 4 对双绞线。

对于采用五类双绞线的 100Base-TX，其时钟频率高达 125MHz，只需使用两对双绞线。100Base-TX 和 100Base-T4 可以统称为 100Base-T。

100Base-FX 采用两根光纤，一收一发，两个方向都是 100Mbit/s 的速率，传输距离可达 2km（多模光纤）和 15km（单模光纤）。

3.2.3 以太网工作机理

以太网的工作机理为带冲突检测的载波监听多路访问（Carrier Sense Multiple Access with Collision Detection，CSMA/CD），如图 3-2 所示。

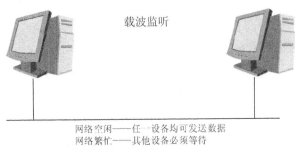

图 3-2　CSMA/CD

CSMA/CD 是以太网中使用的介质访问协议。其中，"多路访问"的意思是多个设备都可以访问同一网络。"载波监听"实际上是指以太网采用基带传输，并没有载波信号。以太网中的载波只是表示网络中的业务信号，以太网卡可以感知共享介质中是否有信号在传输，如果网络中有设备正在发送数据，其他设备必须等待一段时间，直至共享介质空闲时才可发送数据。

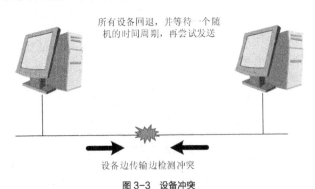

图 3-3　设备冲突

当两个设备都检测到共享介质空闲而同时决定发送数据时，则为图 3-3 所示的场景，此时双方数据包碰撞，导致冲突，并使双方数据包都受到损坏。发送设备检测到冲突后，发生冲突的发送设备都知道它们需要重新传送数据。重新传送数据的等待时间是由一种随机算法得出的，基于 CSMA/CD 算法的限制，标准以太网帧帧长不应小于 64 个字节，这是由最大传输距离和冲突检测的工作机制所决定的。

3.2.4 以太网端口技术

以华为传输设备为例，以太网端口可分为外部端口和内部端口两种类型，如图 3-4 所示。外部端口就是物理端口，与物理介质连接，类型可以分为 10\100M、GE、10GE 等。内部端口为逻辑端口，称为 VC Trunk，相当于以太网单板内部的带宽通道。一个物理端口可以对应多个 VC Trunk，一个 VC Trunk 也可以对应多个物理端口，如图 3-4 所示。

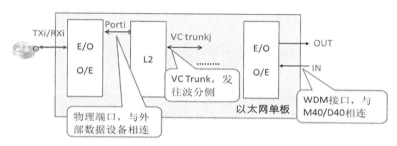

- i 表示第 i 个 Port 或 TX/RX 端口；
- j 表示第 j 个 VC Trunk。

图 3-4　以太网端口

以太网端口可以被设置为不同的属性，不同属性设置对于处理客户侧信号的结果影响是不同的。一般端口的属性有 3 种，分别是 Tag aware、Access、Hybrid，各自对信号的处理结果如表 3-5 所示。

以太网端口技术

表 3-5　以太网端口属性

数据包 端口	带 VLAN	不带 VLAN
Tag aware （入）	透传	丢弃
Tag aware （出）	透传	–
Access （入）	丢弃	添加默认 VLAN ID
Access （出）	剥离 VLAN ID	–
Hybrid （入）	透传	添加默认 VLAN ID
Hybrid （出）	如果 VLAN ID 相同，剥离 VLAN ID，反之则透传	–

Tag aware：端口设置成 Tag aware 后，该端口可对带有 VLAN ID 的信号包进行透传；如果信号不带 VLAN ID，则被丢弃。

Access：端口设置成 Access 后，该端口会把 PV ID 加到不带 VLAN ID 的信号包上；如果信号本身带有 VLAN ID，则被丢弃。

Hybrid：端口设置成 Hybrid 后，该端口会把默认的 VLAN ID 加到不带 VLAN ID 的信号包上；如果该信号包带有 VLAN ID，则透传。

3.2.5　以太网协议

客户信号在传输过程中，会被传输设备进行再封装，封装之后的以太网帧帧类型取决于具体的应用场景。目前，传输设备主要使用的封装协议以 GFP 为主，分为 GFP-F（Frame-mapped GFP）和 GFP-T（Transparent GFP）两种。

GFP-F 把客户帧映射成为自己的 GFP 格式的 GFP 类型，应用于以太网业务封装。

GFP-T 对客户代码块解码，然后映射成为固定长度的 GFP 格式，在没有接收完帧信号时，就可以立即把数据传输出去，应用于 SAN（存储类）业务或 GE 业务。

3.2.6 二层交换工作原理

二层交换相当于在以太网单板内部实现交换机的功能，可以让用户通过虚拟线路并行通信，并使网络段处于无冲突的环境。交换机的工作过程分为 3 个步骤：接收数据并缓冲→缓冲发送的数据→利用总线完成接口交换。

交换机的工作过程如下所述。

1. 基于端口的学习

每一台交换机都有一个 MAC 表，这个表决定交换机的转发过程。在最初的时候，交换机的 MAC 表是空的，当交换机接收到第一个数据帧的时候，查找 MAC 表失败，于是向所有端口（不包括源端口）转发该数据帧。在转发数据帧的同时，交换机把接收到的数据帧的源 MAC 地址和接收端口进行关联，形成一项记录填写到 MAC 表中，这个过程就是学习的过程。图 3-5 中的交换机通过基于端口的学习，将 A、B、C、D 这 4 台计算机的 MAC 地址和交换机的 4 个端口进行绑定，并记录在交换机内部的 MAC 地址表中。

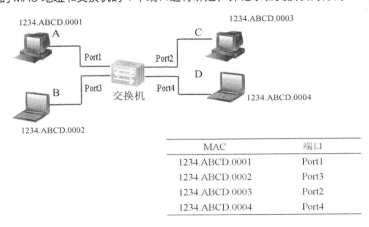

MAC	端口
1234.ABCD.0001	Port1
1234.ABCD.0002	Port3
1234.ABCD.0003	Port2
1234.ABCD.0004	Port4

图 3-5　交换机基于端口的学习

2. 基于宿端口的转发

交换机转发以太网报文的方式为基于宿端口的转发，如图 3-6 所示，交换机接收到数据帧后，根据目的地址查询 MAC 地址表，找到出口后，把数据包从该出口整体发送出去。

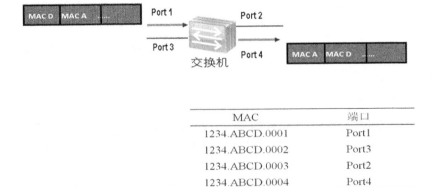

MAC	端口
1234.ABCD.0001	Port1
1234.ABCD.0002	Port3
1234.ABCD.0003	Port2
1234.ABCD.0004	Port4

图 3-6　交换机端口的转发

3.3　VLAN 技术

3.3.1　VLAN 的基本概念

虚拟局域网（Virtual Local Area Network，VLAN）是一种在交换局域网的基础上，采用网络管理软件构建的可跨越不同网段、不同网络的端到端的逻辑网络，逻辑上把网络资源和网络用户按照一定的原则进行划分，把一个物理的 LAN 在逻辑上划分成多个广播域（即多个 VLAN）。VLAN 内的主机间可以直接通信，而 VLAN 间不能直接互通，可以有效地控制广播报文。

VLAN 基础

由于 VLAN 是从逻辑上划分的，而不是从物理上划分的，所以同一个 VLAN 内的各个工作站没有限制在同一个物理范围中，即这些工作站可以在不同的物理 LAN 网段。由 VLAN 的特点可知，一个 VLAN 内部的广播和单播流量都不会转发到其他 VLAN 中，从而有助于控制流量，减少设备投资，简化网络管理，提高网络的安全性。

如图 3-7 所示，一个公司内不同部门的服务器接入不同的 VLAN，形成了多个广播域，各个部门的广播报文只能在同一个域里面进行广播，节约了网络资源，提高了网络的安全性。

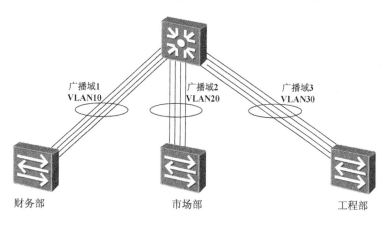

图 3-7　VLAN 的应用

3.3.2　VLAN 帧格式

为实现 VLAN 功能，IEEE 802.1q 协议定义了包含 VLAN 信息的以太网帧格式。VLAN 帧比普通以太网帧增加了 4 个字节的 802.1q 帧头，如图 3-8 所示。

DA 和 SA 分别表示目的地址（Destination Address）和源地址（Source Address）。Type/Length 表示该以太网帧的类型，当该段帧长大于 1500 字节时，该以太网类型为以太网 II 型，当该段帧长小于等于 1500 字节时，该以太网类型为 IEEE 802.3。Data 表示净荷，长度为 46~1500 字节。FCS 表示帧检测序列。

4 字节的 802.1q 帧头被分成 TPID（Tag Protocol Identifier）和 TCI（Tag Control Information），TCI 又分为 Pri（Priority）、CFI（Canonical Format Indicator）和 VLAN ID（VLAN Identifier）。TPID 是一个两字节的字段，用来标识以太网帧是 Tagged Frame。TPID 字段值固定为 0×8100。无法识别 VLAN 帧的网络设备收到该帧后，就会直接丢弃该帧。Pri 用来标识以太网帧的优先级，利用该字段，可以提供一定的服

务质量要求，其优先级范围为 0~7。CFI 是一个一位的字段，用在一些环形结构的物理介质网络中。在以太网中，该字段不做处理。VLAN ID 是一个 12 位的字段，表示该数据帧所属的 VLAN，由于受字段长度限制，VLAN ID 取值范围为 1 ~ 4095。

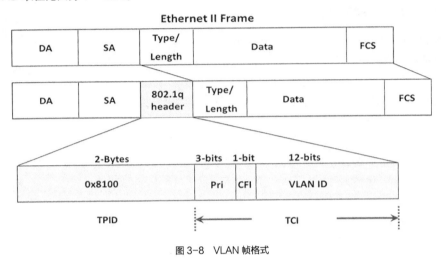

图 3-8　VLAN 帧格式

3.3.3　VLAN 的划分

1. 基于端口划分

基于端口的 VLAN 划分如图 3-9 所示。

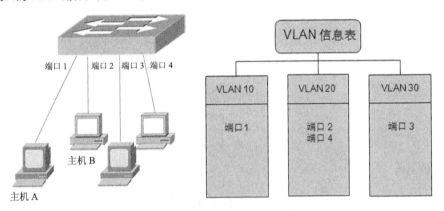

图 3-9　基于端口的 VLAN 划分

　　基于端口的划分方式为最常用的划分方式，顾名思义，该方式是根据以太网交换机的端口来划分的。这种划分方法的优点是定义 VLAN 成员时非常简单，只需要对所有端口指定 VLAN 即可。它的缺点也很明显，如果用户离开了原来的端口，到了一个新的交换机的某个端口，那么就必须重新定义新端口的 VLAN ID。

2. 基于 MAC 地址划分

　　基于 MAC 地址的 VLAN 划分如图 3-10 所示。

　　基于 MAC 地址的划分方法是根据每个主机的 MAC 地址来划分的，即对每个 MAC 地址的主机都配置它属于哪个 VLAN 域。这种划分 VLAN 的方法的最大优点就是当用户物理位置移动时，即从一个交换机换到其他交换机时，不需要重新配置 VLAN。但是这种方法也存在缺点，例如初始化设备时，所有用户都必须重新进行配置，如果有几百个甚至上千个用户，配置量是很大的；而且这种划分的方法也可能导致交换机执行效率的降低，因为在每一个交换机的端口都可能存在很多个 VLAN 组的成员，这样就无法限制广播包了。

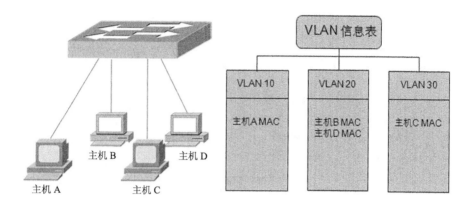

图 3-10   基于 MAC 地址的 VLAN 划分

3. 基于协议划分

基于协议的 VLAN 划分如图 3-11 所示。

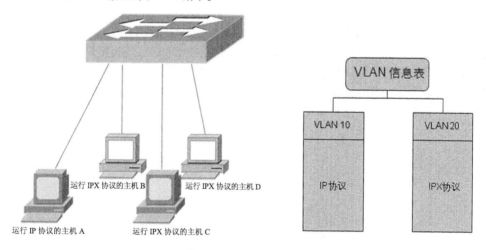

图 3-11   基于协议的 VLAN 划分

基于三层协议的划分方法是基于协议的 VLAN 通过识别报文的协议类型和封装格式进行 VLAN 划分的，如 IP、IPX、AppleTalk 协议族，Ethernet II、802.3、802.3/802.2 LLC、802.3/802.2 SNAP 等封装格式。这种实现方式的优缺点与上述实现方式类似，但是效率不高。

4. 基于子网划分

基于子网的 VLAN 划分如图 3-12 所示。

这种划分 VLAN 的方法是根据每个主机的网络层地址划分的，比如 IP 地址，与网络层的路由毫无关系。这种方法的优点是，如果用户的物理位置改变了，不需要重新配置所属的 VLAN；还有，它不需要附加的帧标签来识别 VLAN，这样可以减少网络的通信量。这种方法的缺点是效率低，因为检查每一个数据包的网络层地址是需要消耗处理时间的，一般的交换机芯片都可以自动检查网络上数据包的以太网帧头，但要让芯片能检查 IP 帧头需要更高的技术，同时更费时。

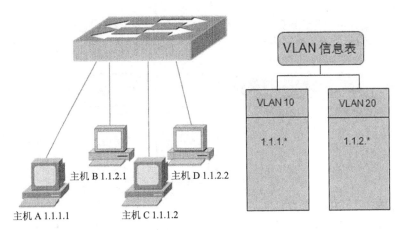

图 3-12 基于子网的 VLAN 划分

3.3.4 VLAN 的应用

VLAN 的应用场景主要有 3 种，分别是基于点到点透明传输的专线业务、基于 VLAN 的专线业务以及点到多点的基于 802.1q 网桥的专网业务。

1. 基于点到点透明传输的专线业务

点到点透明传输是专线业务最基本的传输方式，它不需要进行业务带宽共享，也不对传输的业务进行隔离和区分，而是直接对两个业务接入点间的所有以太网业务进行透明传送，应用示例如图 3-13 所示。

公司 A 和公司 B 位于同一个城市，它们之间需要进行相互通信，未携带 VLAN ID 或携带未知 VLAN ID 的以太网业务 1 通过端口 1 接入设备，端口 1 直接将业务 1 透明传送到端口 2，端口 2 再将业务 1 传输到公司 B。

图 3-13 基于点到点透明传输的专线业务

2. 基于 VLAN 的专线业务

在专线业务中，可以通过 VLAN 进行业务隔离，从而实现多条 E-Line 业务共享物理通道。这样的业务称为基于 VLAN 的专线业务，应用举例如图 3-14 所示。

图 3-14 所示示例将实现机关总部分别与其下的部门 A 和部门 B 进行通信，携带不同 VLAN ID 的以太网业务业务 1（VLAN ID:100）和业务 2（VLAN ID:200）接入设备 A 到设备 B 的传输过程中共享传输通道，并通过 VLAN 进行业务隔离。设备 B 收到业务之后分别将业务传送到对应的端口（端口 2 的 VLAN ID 为

100，端口 3 的 VLAN ID 为 200)。

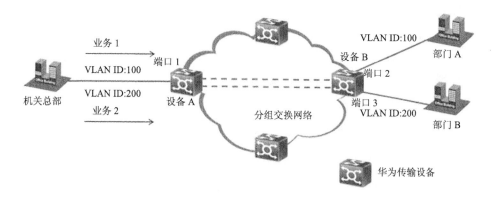

图 3-14　基于 VLAN 的专线业务

3. 基于 802.1q 网桥的专网业务

在专网业务中，通过 VLAN 进行业务隔离，可以将一个网桥划分成若干个相互隔离的子交换域，这样的业务就是基于 802.1q 网桥的专网业务。

如图 3-15 所示，用户 G1 分别与用户 G2 和用户 G3 进行通信，用户 H1 分别和用户 H2 和用户 H3 进行通信。传输网络需要承载由网元 2 和网元 3 接入的 G 和 H 两种业务，两种业务在节点网元 1 实现汇聚和交互。G 和 H 两种业务采用了不同的 VLAN 规划，因此在各网元采用 802.1q 网桥，按 VLAN 划分子交换域，对两种业务实现区分和隔离。

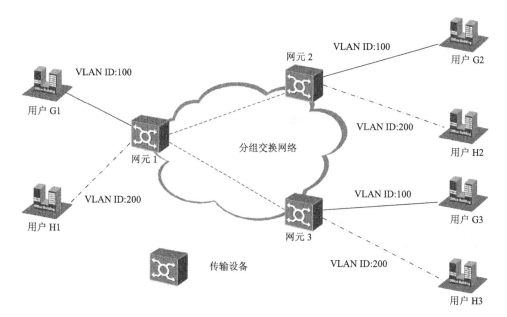

图 3-15　基于 802.1q 网桥的专网业务

3.4 IP 协议

3.4.1 数据网络和 Internet 简介

1. 数据网络

数据网络指的是允许设备在该网络中进行数据交换的网络。最常见的数据网络有互联网、移动数据网络等。

2. Internet

Internet 又称为互联网，它始于 1969 年的美国，是美军在 ARPA（阿帕网，美国国防部研究计划署）制定的协定下，首先用于军事连接，后将美国西南部的加利福尼亚大学洛杉矶分校、斯坦福大学研究学院、UCSB（加利福尼亚大学）和犹他州大学的 4 台主要的计算机连接起来。这个协定由剑桥大学的 BBN 和 MA 执行，1969 年 12 月开始联机。

当今的 Internet 不再是简单的层次结构，而是由连接设备和交换设备连接起来的众多广域网和局域网组成，如图 3-16 所示。终端用户使用互联网服务提供商（Internet Service Provider，ISP）提供的服务连接到 Internet。ISP 可分为国际 ISP、国家 ISP、区域性 ISP 和本地 ISP。

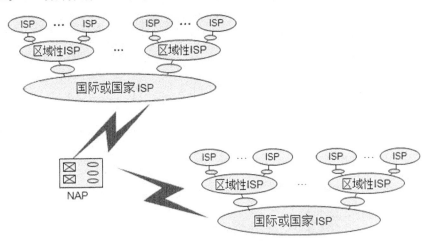

图 3-16　Internet 的现状

ISP：负责将不同国家的网络连接起来。

国家 ISP：是由专门公司创建和维护的主干网络。为了提供终端用户之间的连接，这些主干网络通过复杂的交换设备（通常由第三方运营）连接。这些交换设备称为网络访问点（Network Access Point，NAP）。国家 ISP 通常运行在很高的数据速率。

区域性 ISP（Regional ISP）：是一个连接到一个或者多个国家 ISP 的小型 ISP。区域性 ISP 运行在较低的数据速率。

本地 ISP（Local ISP）：提供到终端用户的直接服务。本地 ISP 可以连接到区域性 ISP 或直接连接到国家 ISP，大多数终端用户连接到本地 ISP。

NAP：提供主干网络之间的连接，连接设备是复杂的交换工作站，通常由第三方运营。

3.4.2 协议和标准

网络协议是为了使计算机网络中的不同设备能进行数据通信而预先制定的一整套通信双方相互了解和共同遵守的格式和约定,是一系列规则和约定的规范性描述,定义了网络设备之间如何进行信息交换。网络协议是计算机网络的基础,只有遵从相应的协议,网络设备之间才能够通信。网络协议即各种网络互联终端设备的法律)。如果任何一台设备不支持用于网络互联的协议,它就不能与其他设备通信。

1. 协议

与电报进行对比,在拍电报时,必须首先规定好报文的传输格式,如什么表示启动、什么表示结束、出了错误怎么办、怎样表示发报人的名字和地址等,这种预先定好的格式及约定就类似于网络协议。网络协议多种多样,主要有 TCP/IP(Transfer Control Protocol/Internet Protocol)、Novell IPX/SPX(Internetwork Packet eXchange/Sequenced Packet eXchange)、IBM SNA (System Network Architecture) 等。目前最为流行的是 TCP/IP,它已经成为 Internet 的标准协议。

2. 标准

标准是广泛使用的或者由官方规定的一套规则和程序,描述了协议的规定,设定了保障网络通信的最简性能集。

数据通信标准分为事实的和法定的两类,未经组织团体承认但已在应用中被广泛使用和接受的就是事实标准;由官方认可的团体制定的标准称为法定标准。

(1)标准化组织有哪些

国际标准化组织 (International Organization for Standardization,ISO) 负责制定大型网络的标准,包括与 Internet 相关的标准。ISO 提出了 OSI 参考模型,描述了网络的工作机理,为计算机网络构建了一个易于理解的、清晰的层次模型。

电子电器工程师协会 (Institute of Electrical and Electronics Engineers,IEEE) 提供了网络硬件上的标准,使各种不同网络硬件厂商生产的硬件设备可以相互联通。IEEE LAN 标准是当今居于主导地位的 LAN 标准,主要定义了 802.X 协议族,其中,802.3 为以太网标准协议族,802.4 为令牌总线网 (Toking Bus) 标准,802.5 为令牌环网 (Toking Ring) 标准,802.11 为无线局域网 (WLAN) 标准。

美国国家标准局 (American National Standards Institute,ANSI) 是由公司、政府和其他组织成员组成的自愿组织,主要定义了光纤分布式数据接口 (FDDI) 的标准。

电子工业协会 (Electronic Industries Association/Telecomm Industries Association,EIA/TIA) 在电信方面主要定义了调制解调器与计算机之间的串行接口,在物理层规范了连接器及相关电缆、电气方面的特性。

国际电信联盟(International Telecomm Union,ITU)定义了作为广域连接的电信网络的标准,如 X.25、Frame Relay 等。

Internet 工程任务委员会 (Internet Engineering Task Force,IETF) 成立于 1985 年底,其主要任务是负责互联网相关技术规范的研发和制定,已成为全球互联网界最具权威的大型技术研究组织。

(2)标准的种类

IETF 研究和制定相关规范的过程中会产生两种文件:一个叫作 Internet Draft,即"互联网草案";第二个为 RFC。

对于 Internet Draft,任何人都可以提交,没有任何特殊限制,而且其他成员也可以对它采取一个无所谓的态度,而 IETF 的一些很多重要的文件都是从这个 Draft 开始。

RFC 更为正式，而且它历史上都是存档的。一般来讲，被批准出台以后，它的内容不做改变。标准的 RFC 分为如下几种。

① 提议性的，就是说建议采用这个作为一个方案而列出。

② 完全被认可的标准，这种大家都在用，而且是不应该改变的。

③ 现在的最佳实践法，它相当于一种介绍。

RFC，是 IETF 发布的一系列文件。RFC 过去常常代表 "请求给予评论"（Request for Comments），现在只是一个名字，不再有特殊的含义。

3.4.3 TCP/IP 协议栈以及各层功能

1. TCP/IP 模型

TCP/IP 模型如图 3-17 所示。

图 3-17 TCP/IP 模型

TCP/IP 模型采用分层结构，层与层之间相互独立，但也具备非常密切的协作关系。TCP/IP 模型由下至上依次为物理层、数据链路层、网络层、传输层和应用层 5 个层次。

2. TCP/IP 协议栈

TCP/IP 协议栈示意如图 3-18 所示。

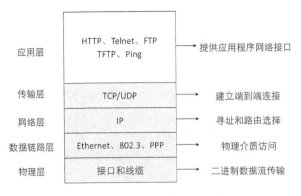

图 3-18 TCP/IP 协议栈

TCP/IP 协议栈是数据通信协议的集合，包含许多协议。其协议栈名字来源于其中最主要的两个协议 TCP（传输控制协议）和 IP（网际协议）。TCP/IP 协议栈，是一组规则，规定了信息如何在网络中传输，负责确保网络设备之间能够通信。

3. TCP/IP 模型的层间通信

TCP/IP 模型各个层次分别对应不同的协议，模型的层之间使用 PDU（协议数据单元）彼此交换信息，确保网络设备之间能够通信。不同层的 PDU 中包含不同的信息，因此 PDU 在不同层被赋予不同的名称，如传输层在上层数据中加入 TCP 报头而得到的 PDU 称为 Segment（数据段）；数据段被传递给网络层，网络层添加 IP 报头而得到的 PDU 称为 Packet（数据包）；数据包被传递到数据链路层，封装数据链路层报头而得到的 PDU 称为 Frame（数据帧）；最后，帧被转换为比特，通过网络介质传输。这种协议栈向下传递数据，并添加报头和报尾的过程称为封装。

数据被封装并通过网络传输，接收设备将删除添加的信息，并根据报头中的信息决定如何将数据沿协议栈上传给合适的应用程序，这个过程称为解封装。不同设备的对等层之间依靠封装和解封装来实现相互间的通信。

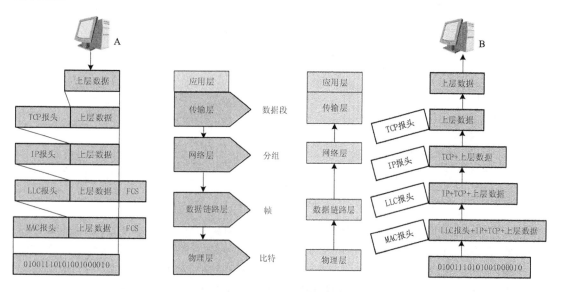

图 3-19　封装与解封装过程

例如图 3-19 所示示例，主机 A 与主机 B 通信，主机 A 将某项应用通过上层协议转换上层数据后交给传输层，传输层将上层数据作为自己的数据部分，在其之前封装传输层报头，然后传递给网络层；网络层将从传输层收到的数据作为本层的数据部分，在其之前加上网络层的报头传递给数据链路层；数据链路层封装数据链路层的报头后传给物理层；物理层将数据转换为比特流通过物理线路传送给主机 B。主机 B 在物理层接收到比特流之后交给数据链路层处理，数据链路层收到报文后，从中剥离出数据链路层报文头，并将数据传递给网络层；网络层收到报文后，从中剥离出 IP 报文头后将其交给传输层处理，传输层剥离传输头部后将其交给应用层。

4. TCP/IP 模型各层的功能

物理层用来规定介质类型、接口类型、信令类型，规范在终端系统之间激活、维护和关闭物理链路的电气、机械、流程和功能等方面的要求，规范电平、数据速率、最大传输距离和物理接头等特征。

数据链路层是第一个逻辑层。数据链路层对终端进行物理编址，帮助网络设备确定是否将消息沿协议栈向上传递，同时还使用一些字段告诉设备应将数据传递给哪个协议栈（如 IP、IPX 等），并提供排序和流量控制等功能。数据链路层分为介质访问控制子层（Media Access Control Sub-Layer，MAC Sub-layer）和逻辑链路控制子层（Logic Link Control Sub-layer，LLC Sub-layer）。介质访问控制子层主要是指定数据如何通过物理线路进行传输并与物理层通信。逻辑链路控制子层主要是识别协议类型，对数据进行封装并通过网络进行传输。

网络层负责在不同的网络之间将数据包从源转发到目的地。数据链路层保证报文能够在同一网络（即同一链路）上的设备之间转发，网络层则保证报文能够跨越网络（即跨越链路）从源转发到目的地。网络层的功能可以总结为两条；一是提供逻辑地址，如果数据跨网络（即跨链路）传递，则需要使用逻辑地址用来寻址；二是路由，将数据报文从一个网络转发到另外一个网络。常见的网络层设备有路由器，其主要功能是实现报文在不同网络之间进行转发。

如图 3-20 所示示例描述了位于不同网络（即不同链路）上的 Host A 和 Host B 之间如何相互通信。与Host A 在同一网络（即同一链路）上的路由器接口接收到 Host A 发出的数据帧，路由器的数据链路层分析帧头并确定为发给自己的帧之后，将其发送给网络层处理，网络层根据网络层报文头决定目的地址所在网段，然后通过查表从相应的接口转发给下一跳，直到到达报文的目的地 Host B。

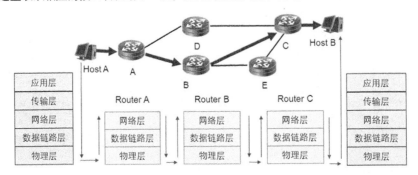

图 3-20　报文转发过程

传输层为上层应用屏蔽了网络的复杂性，并定义了主机应用程序间端到端的联通性，主要实现的基本功能为将应用层发往网络层的数据分段或将网络层发往应用层的数据段合并（即封装和解封装）、建立端到端的连接（主要是建立逻辑连接以传送数据流）和将数据段从一台主机发往另一台主机。在传送过程中，传输层通过计算校验以及流控制的方式保证数据的正确性，并通过流控制避免缓冲区溢出。传输层主要协议如图 3-21 所示。

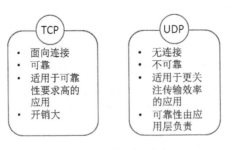

图 3-21　传输层主要协议

TCP 提供了面向连接的、可靠的字节流服务。面向连接意味着使用 TCP 作为传输层协议的两个应用之间在相互交换数据之前必须建立一个 TCP 连接，TCP 通过确认、校验、重组等机制为上层应用提供可靠的传输服务。但是 TCP 连接的建立以及确认、校验等机制都需要耗费大量的工作，并且会带来大量的开销。UDP 提供了简单的、面向数据报的服务，不保证可靠性，即不保证报文能够到达目的地。UDP 适用于更关注传输效率的应用，如 SNMP、Radius 等。例如，SNMP 需要监控网络并断续发送告警等消息，如果每次发送少量信息都需要建立 TCP 连接，无疑会降低传输效率。另外，UDP 还适用于本身具备可靠性机制的应用层协议。

应用层的主要功能包括为用户提供接口、处理特定的应用、数据加密、数据解密、数据压缩及解压缩、定义数据表示的标准。

5. TCP/IP 协议栈的封装过程

了解完 TCP/IP 协议栈各层的功能之后，以传输层采用 TCP、网络层采用 IP、数据链路层采用 Ethernet 为例，TCP/IP 协议栈的封装过程如图 3-22 所示。

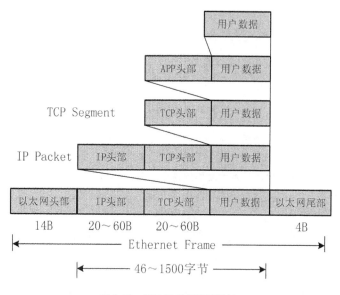

图 3-22　TCP/IP 协议栈封装过程

用户数据经过应用层协议封装后传递给传输层，传输层封装 TCP 头部后将其交给网络层，网络层封装 IP 头部后再将其交给数据链路层，数据链路层封装 Ethernet 帧头和帧尾后将其交给物理层，最后物理层以比特流的形式将数据发送到物理线路上。

3.4.4　IP 地址介绍

IP 地址用来标识一台网络设备，由 32 个二进制位组成。网络设备的 IP 地址是唯一的，采用点分十进制格式显示，分为网络地址部分和主机地址部分两部分。

IP 地址的网络地址，部分用于唯一标识一个网段或者若干网段的聚合，同一网段中的网络设备有同样的网络地址。IP 地址的主机地址部分用于唯一标识同一网段内的网络设备。如 A 类 IP 地址 10.110.192.111，网络地址部分为 10，主机地址部分为 110.192.111。

1. IP 地址分类

现如今主要有 5 类 IP 地址，如图 3-23 所示。

A 类 IP 地址的网络地址部分为第一个 8 位数组（octet），第一个字节以"0"开始，因此 A 类网络地址部分的有效位数为 8-1=7 位。A 类地址的第一个字节在 1 ~ 126 之间（127 留作他用），例如，10.1.1.1、126.2.4.78 等为 A 类地址。A 类地址的主机地址部分的位数为后面的 3 个字节，即 24 位。A 类地址的范围为 1.0.0.0 ~ 126.255.255.255，每一个 A 类网络共有 2^{24} 个 A 类 IP 地址。

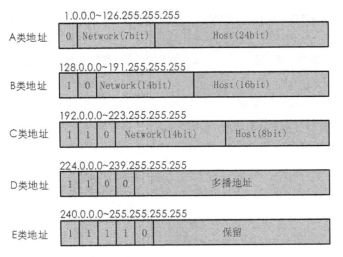

图 3-23 IP 地址分类

B 类 IP 地址的网络地址部分为前两个 8 位数组，第一个字节以"10"开始，因此 B 类网络地址部分的有效位数为 16-2=14 位。B 类地址的第一个字节在 128～191 之间，例如，128.1.1.1、168.2.4.78 等为 B 类地址。B 类地址的主机地址部分的位数为后面的两个字节，即 16 位。B 类地址的范围为 128.0.0.0～191.255.255.255，每一个 B 类网络共有 2^{16} 个 B 类 IP 地址。

C 类 IP 地址的网络地址部分为前 3 个 8 位数组，第一个字节以"110"开始，因此 C 类网络地址部分的有效位数为 24-3=21 位。C 类地址的第一个字节在 192～223 之间，例如，192.1.1.1、220.2.4.78 等为 C 类地址。C 类地址的主机地址部分为后面的一个字节，即 8 位。C 类地址的范围为 192.0.0.0～223.255.255.255，每一个 C 类网络共有 2^8=256 个 C 类 IP 地址。

D 类地址第一个 8 位数组以"1110"开始，因此，D 类地址的第一个字节在 224～239 之间。D 类地址通常作为多播地址。

E 类地址第一个字节在 240～255 之间，保留用于科学研究。

A、B、C 是常用到的 3 类地址。IP 地址由国际网络信息中心组织（International Network Information Center，InterNIC）根据公司大小进行分配，过去通常把 A 类地址保留给政府机构，将 B 类地址分配给中等规模的公司，将 C 类地址分配给小单位。然而，随着互联网络的飞速发展，再加上 IP 地址资源的浪费，IP 地址已经非常紧张。

2. 特殊 IP 地址

IP 地址可以唯一标识一台网络设备，但并不是每一个 IP 地址都是可用的，有一些特殊的 IP 地址用于各种各样的特殊用途，不能用于标识网络设备。特殊 IP 地址如表 3-6 所示。

表 3-6　特殊 IP 地址

网络部分	主机部分	地址类型	用　　途
Any	全"0"	网络地址	代表一个网段
Any	全"1"	广播地址	特定网段的所有节点
127	Any	环回地址	环回测试
全"0"	—	所有网络	华为 VRP 路由器用于指定默认路由器
全"1"	—	广播地址	本网段所有节点

3. 私有 IP 地址

私有地址是 InterNIC 预留的由各个企业内部网自由支配的 IP 地址。使用私有 IP 地址不能直接访问 Internet，因为私有 IP 地址不能在公网上使用，公网上没有针对私有地址的路由，会产生地址冲突问题。当访问 Internet 时，需要利用网络地址转换（Network Address Translation，NAT）技术把私有 IP 地址转换为 Internet 可识别的公有 IP 地址。InterNIC 预留了以下网段作为私有 IP 地址。

● 10.0.0.0~10.255.255.255。
● 172.16.0.0~172.31.255.255。
● 192.168.0.0~192.168.255.255。

4. 掩码

掩码用于区分 IP 地址的网络部分和主机部分。掩码与 IP 地址的表示法相同，用 1 表示该位为网络位，0 表示主机部分。默认状态下，A 类网络的网络掩码为 255.0.0.0，B 类网络的网络掩码为 255.255.0.0，C 类网络掩码为 255.255.255.0。例如，如果 IP 地址为 192.168.1.100，子网掩码为 255.255.255.0，那么该设备的网络地址为 192.168.1.0。

3.5　QinQ

3.5.1　QinQ 简介

QinQ 是一种基于 802.1q 封装的二层隧道协议，它将用户私网 VLAN 标签封装在公网 VLAN 标签中，报文带着两层 VLAN 标签穿越服务商的骨干网络，从而为用户提供二层 VPN（Virtual Private Network）隧道。图 3-24 所示为 QinQ 在专线业务中的应用。

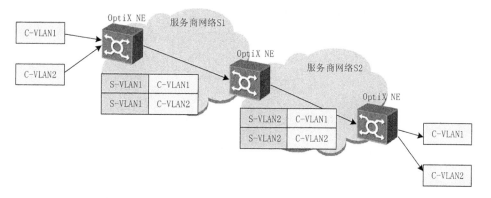

图 3-24　QinQ 在专线业务中的应用

QinQ 提供了一种比 MPLS（Multi-Protocol Label Switch）成本更低、更简单的二层 VPN 解决方案，利用 VLAN 堆叠嵌套技术，数据报文通过携带两层不同的 VLAN 标签，标识不同的报文业务，改变了原来仅靠一层 VLAN 标签标记数据报文的局限，达到了扩展 VLAN ID 的目的。内层 VLAN 标签称为 C-VLAN，表示用户 VLAN；外层 VLAN 标签称为 S-VLAN，表示服务商 VLAN。

QinQ 技术

QinQ 的主要作用如下。

（1）利用 QinQ，VLAN ID 数目可增加到 4094×4094 个，有效缓减了 VLAN ID 资源紧张的问题。

（2）用户和运营商网络可以各自独立灵活地规划 VLAN 资源，简化了网络配置和维护工作。

（3）替代 MPLS，提供成本更低、更简单的二层 VPN 解决方案。

（4）使以太网业务规模由 LAN 扩展到 WAN。

3.5.2　QinQ 技术原理

图 3-25 所示为 VLAN 帧格式和 QinQ 帧格式对比。

DA	SA	TPID(8100)	C-VLAN	Ethernet data
6	6	2	2	N

VLAN 帧格式

DA	SA	TPID(88A8)	S-VLAN	TPID(8100)	C-VLAN	Ethernet data
6	6	2	2	2	2	N

QinQ 帧格式

图 3-25　VLAN 帧格式和 QinQ 帧格式

QinQ 的技术原理基于一种 VLAN 堆叠的技术。相比于 VLAN 帧，QinQ 帧多了 TPID(88A8)和 S-LVAN 两部分，即多了 S-TAG。从帧结构中可以看到有两个 VLAN，因此说，QinQ 帧 VLAN ID 的数量是 4096 × 4096。

QinQ 的实现原理与具体的业务类型密切相关，本书将在第 4 章详细介绍。

3.5.3　QinQ 应用

1. QinQ 在以太网专线业务的功能实现

以图 3-26 所示的以太网专线（QinQ）业务为例，数据帧在 QinQ 网络中的 NE→NE1→NE4 的处理过程如下。

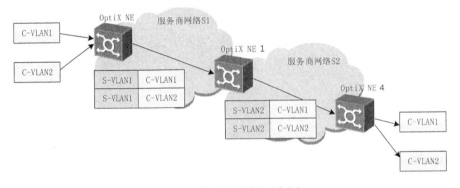

图 3-26　以太网专线（QinQ）业务

（1）用户侧分别带 C-VLAN1 和 C-VLAN2 标签的两份业务报文通过 OptiX 网元设备进入服务商网络 S1 时，S-Aware 端口为报文添加上服务商定义的 S-VLAN1 标签，业务报文同时携带着两层 VLAN 标签在网络中传输。

（2）报文从服务商网络 S1 进入 S2 的过程中，S2 网络的接入端口 S-Aware 用新的服务商网络标签 S-VLAN2 替换之前的 S-VLAN1 标签，报文继续在新的服务商网络中传输。

（3）当业务报文完成了在服务商网络中的传输，到达目的用户侧网络时，用户侧 C-Aware 端口将服务商 S-VLAN2 剥离，并根据不同的用户 VLAN 标记将业务转发给对应的目的用户。

2. QinQ 在以太网专网业务的功能实现

以图 3-27 描述的专网（802.1ad 网桥）业务为例，传输网络需要承载 VoIP（Voice over IP，IP 承载语音）和 HSI（High Speed Internet，高速上网）业务，分别接入 NE1、NE2 的 NodeB 1 与 NodeB 2 的 VoIP 及 HSI 业务都使用了不同的 C-VLAN 规划，为了在汇聚节点 NE3 对 VoIP 和 HSI 业务进行统一标记和调度，传输网络侧对用户侧接入的两种业务叠加了规划的 S-VLAN 标签。数据帧在 802.1ad 网桥 NE3 中的处理过程，如图 3-27 所示。

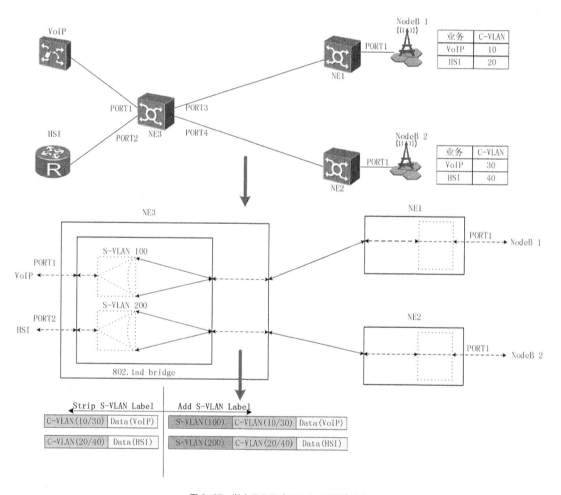

图 3-27　以太网专网（802.1ad 网桥）业务

（1）NodeB 1 和 NodeB 2 的 VoIP 及 HSI 业务分别通过 NE1 和 NE2 透明传输到 NE3。

（2）NE3 分别对 NodeB 1、NodeB 2、VoIP 服务器的 VoIP 业务统一添加 S-VLAN 为 100 的标签，NodeB 1 和 NodeB 2 的 C-ULAN 分别为 10 和 30。

（3）NE3 分别对 NodeB 1、NodeB 2、HSI 服务器的 HSI 业务统一添加 S-VLAN 为 200 的标签，NodeB 1 和 NodeB 2 的 C-VLAN 分别为 20 和 40。

（4）这些添加了对应 S-VLAN 标签的数据帧进入 802.1ad 网桥后进行相应的二层交换，当携带 S-VLAN

标签的数据帧从相应的端口转发离开网桥时，剥离 S-VLAN 标签。

3.6 QoS

3.6.1 QoS 基本概念

QoS（Quality of Service）描述通信网络在不同需求下能保证提供不同的可预期的带宽、时延、抖动、丢包率等方面的服务水平，以便使用户或应用的请求和响应满足可预知的服务级别。

QoS 简介

通常，用于衡量 QoS 的主要指标有带宽、时延、抖动和丢包率。带宽为网络必须为特定业务流量提供的承载速率；时延为业务在两个参考点间从发送到接收的时间间隔；抖动为经同一路由发送的一组报文，用户在接收侧收到该组报文的时间间隔差异；丢包率为传输数据包时被丢弃数据包占该数据包总量的最大比率。数据包丢弃一般由网络拥塞引起。

以典型的 3G 以太网业务为例，各业务类型对应的 QoS 要求如表 3-7 所示。

表 3-7　各业务类型对应的 QoS 要求

业务类型		典型业务	时延	抖动	丢包
控制信息	业务优先级由高到低	以太网协议报文 以太网 OAM 报文	敏感	敏感	敏感
会话类、信令		VoIP 可视电话 交互游戏	敏感	敏感	敏感
流媒体类		VOD	不敏感	敏感	不敏感
交互类		网页浏览	不敏感	不敏感	敏感
背景类		E-mail/电影/MP3 下载 FTP 业务	不敏感	不敏感	敏感

DiffServ（DS）是一种实现端到端的 QoS 控制模型，具有实现简单、易于扩展的特点。图 3-28 为 DS 模型组网示例图。

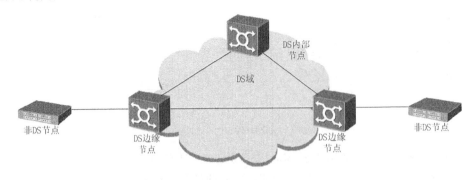

图 3-28　DS 模型组网图

DS 域，由一组提供相同服务策略，实现相同 PHB（Per-Hop Behavior）的网络节点（DS 节点）组成。DS 节点可分为 DS 边缘节点和 DS 内部节点。DS 边缘节点需要对进入 DS 域的流量进行分类，对不同类型的业务流量标记不同的 PHB 服务等级；DS 内部节点则基于 PHB 服务等级进行流量控制。

DS 的基本功能如下。

（1）流量管理机制。

（2）DS 是粗颗粒的、基于"类"的流量管理机制。

（3）DS 的运作基于业务分类的原则。

（4）报文将放入有限个业务类别中，而不是基于各个"流"的需求来区分业务。

（5）网络中的设备配置为基于类别区分业务。

（6）各业务类别可独立管理，以确保高优先级的业务得到优先待遇。

（7）DS 只是提供一个允许分类和区别对待的架构。

（8）DS 依赖于分类和标记的机制。

（9）DS 可实现基于 PHB 服务等级的流量控制。表 3-8 所示为 PHB 服务级别与服务质量。

表 3-8　PHB 服务级别与服务质量

PHB 服务级别	优先级	PHB 服务质量
BE	由上至下，优先级由低到高	只关注可达性，对转发的服务质量不做任何要求。BE 是默认的 PHB，所有 DS 节点都必须支持 BE PHB
AF1		允许业务流量超过预定的规格。对不超过规格的流量确保转发质量，对超出规格的流量降低转发服务规格，并不是简单地丢弃
AF2		适用于多媒体业务的传输
AF3		每类 AF 级别又细分成 3 种不同的丢弃优先级（颜色）；如 AF1 类可分为 AF11、AF12、AF13
AF4		● AF11 对应于绿色优先级，可以保证该级别的流量正常通过 ● AF12 对应于黄色优先级，发生拥塞时将按要求丢弃该级别的报文 ● AF13 对应于红色优先级，该级别的报文将最先丢弃
EF		要求从任何 DS 节点发出的流量在任何情况下都必须获得等于或大于设定值的速率
CS6		
CS7		模拟虚拟租用专线的转发效果，提供低丢包率、低延迟、高带宽的转发服务，适用于视频业务、VoIP 业务

3.6.2　QoS 实现技术

QoS 技术提供了下述功能。

● 流分类。流分类的目的是实现差异化服务，根据用户指定的规则匹配报文，实施不同的策略。流分类包括简单流分类和复杂流分类。简单流分类将接入报文所具有的优先级直接映射到指定的 PHB 服务等级上，使得报文穿越 DS 域中各节点时能得到统一的 PHB 服务。复杂流分类以报文的多个特征信息（如源 IP、目的 IP、源端口、目的端口、协议类型等）作为匹配规则查找映射表，得到报文对应的服务等级，为用户提供更细致、更灵活的流量划分。

流分类

● 承诺访问速率（Committed Access Rate，CAR）。CAR 是流量监管技术中的一种，它对流分类后的流量在一定时段（包括长期和短期）的速率进行评估，将未超出速率限制的报文设置为高优先级，将超过速率限制的报文进行丢弃或降级处理，从而限制进入传送网络的流量。

● 队列调度。当拥塞发生时，网络设备（如华为 OptiX OSN）通过采用不同的队列调度策略为高级别服务类型的业务提供保证，设备支持 SP（Strict-Priority Queue）、WFQ（Weighted Fair Queuing）和 SP+WFQ 这 3 种队列调度方式。

● 拥塞避免（Congestion Avoidance）。拥塞避免是指通过监视网络资源（如队列或内存缓冲区）的使用情况，在拥塞发生或有加剧的趋势时主动丢弃报文，通过调整网络的流量来解除网络过载的一种流控机制，主要有尾丢弃(Tail Drop)、RED(Random Early Detection)和WRED(Weighted Random Early Detection) 这3种拥塞避免算法。

1. 简单流分类

配置简单流分类就是配置 DS 域中的优先级映射表，之后将 DS 域与信任的端口绑定。图 3-29 所示为 QoS 优先级映射示例。当报文进入设备时，将报文携带的 QoS 优先级(CVLAN 优先级/SVLAN 优先级/DSCP 值/MPLS EXP 值)映射到设备内部的 PHB 服务等级，让匹配的报文能够直接进入指定 PHB 服务等级的队列；同时标记报文在设备内部的丢弃优先级（染色）。染色的目的是在一个队列拥塞时，根据队列中的报文丢弃优先级以实施拥塞避免。

当报文出设备时，需要将内部的 PHB 服务等级映射为报文携带的 QoS 优先级，以便后续的网络设备能够根据 QoS 优先级提供相应的服务质量。

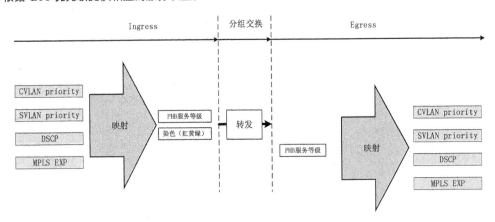

图 3-29　QoS 优先级映射

华为设备中存在默认的 DS 域，在未配置时，所有以太网端口都属于该域。默认的 DS 域入方向报文优先级与 PHB 服务等级的默认映射关系和出方向报文优先级与 PHB 服务等级的默认映射关系如表 3-9 和表 3-10 所示。

表 3-9　DS 域入方向报文优先级与 PHB 服务等级的默认映射关系

CVLAN 优先级	SVLAN 优先级	DSCP 值（十进制）	MPLS EXP 值	PHB 服务等级
7	7	56	7	CS7
6	6	48	6	CS6
5	5	40，46	5	EF
4	4	32，34，36，38	4	AF4
3	3	24，26，28，30	3	AF3
2	2	16，18，20，22	2	AF2
1	1	8，10，12，14	1	AF1
0	0	0F1，9，11，13，15，17，19，21，23，25，27，29，31，33，35，37，39，411 4，47，491 4，57-63	0	BE

表 3-10　出方向报文优先级与 PHB 服务等级的默认映射关系

PHB 服务等级	CVLAN 优先级	SVLAN 优先级	DSCP 值（十进制）	MPLS EXP 值
CS7	7	7	56	7
CS6	6	6	48	6
EF	5	5	40	5
AF4	4	4	32，36，38	4
AF3	3	3	24，28，30	3
AF2	2	2	16，20，22	2
AF1	1	1	8，12，14	1
BE	0	0	0	0

2．复杂流分类

复杂流分类通常作用于 DS 域的边缘节点，对流入网络的流量做精细化控制，标记报文所携带的优先级信息，作为 DS 域内部节点进行简单流分类的依据。

复杂流分类划分出的流可以进行如下一种或几种 QoS 处理。

（1）根据 ACL（Access Contrl List）的设置允许通过/丢弃流。

（2）将流映射到对应的 PHB 服务等级。

（3）在入方向对流通过 CAR（Committed Access Rate）进行限速。

3．承诺访问速率

华为 OptiX OSN 设备支持在入方向对复杂流分类划分出的流进行承诺访问速率处理，处理方式如下。

（1）当报文速率小于等于设置的承诺信息速率（Committed Information Rate，CIR）时，报文被标记为"绿色"，直接通过承诺访问速率监管，并在网络拥塞时优先保证报文被转发。

（2）当报文速率大于设置的最高信息速率（Peak Information Rate，PIR）时，超出速率限制的报文被标记为"红色"，直接丢弃。

（3）当报文速率大于 CIR 但小于等于 PIR 时，超出 CIR 速率限制的报文将通过 CAR 的限制，并将报文标记为"黄色"，处理方式可设置为丢弃、通过和再标记。再标记处理方式是将报文映射到重新指定的 PHB 服务等级后再转发出去。

（4）当一段时间内传送的报文速率小于等于 CIR 时，则可以突发一部分报文，这些报文在网络拥塞时优先保证被转发。突发报文的最大流量由承诺突发尺寸（Committed Burst Size，CBS）决定。

（5）当一段时间内传送的报文的速率大于 CIR 但小于等于 PIR 时，则可以突发一部分报文，这些报文将被标记为"黄色"。突发报文的最大流量由峰值突发尺寸（Peak Burst Size，PBS）决定。

图 3-30 反映了经过承诺访问速率处理后的一个流量变化，标记为"PBS（红色）"的报文直接被丢弃，标记为"黄色"和"绿色"的报文均通过了承诺访问速率的监管，其中标记为"黄色"的报文还会根据设置的"黄色"报文的处理方式进行处理。

4．拥塞管理

当网络拥塞发生或加剧时，通过采用特定的报文丢弃策略，可以确保高优先级的业务的 QoS。

常用的报文丢弃策略有如下 3 种。

（1）尾丢弃

尾丢弃即在队列满时直接丢弃后面到达的报文。

（2）随机早期检测

随机早期检测（Random Early Detection，RED）是在队列到达一定长度时开始随机丢弃报文。这种丢弃策略可以避免由于 TCP 慢启动机制导致的全局同步现象。

（3）加权随机早期检测

加权随机早期检测（Weighted Random Early Detection，WRED）在丢弃报文时需要同时考虑队列的长度和报文的优先级（颜色）。用户可以配置丢弃优先级高的报文，是通过随机丢弃报文来避免 TCP 全局同步的。该技术生成的随机丢弃参数是基于优先级的，它通过报文的不同颜色来区别丢弃策略，考虑了高优先级报文的利益，并使其被丢弃的概率相对较小。

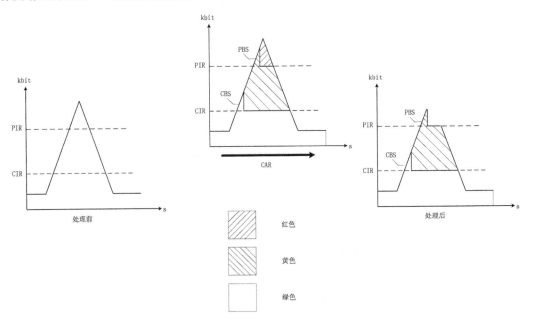

图 3-30　承诺访问速率处理示意图

5. 队列调度

（1）严格优先级（Strict Priority，SP）调度算法示意图如图 3-31 所示。

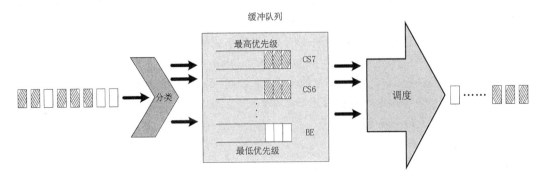

图 3-31　SP 调度算法示意图

在队列调度时，SP 调度算法严格按照优先级从高到低的次序优先发送较高优先级队列中的报文，当较高优先级队列为空时，再发送较低优先级队列中的报文。将关键业务（如以太网 OAM）的报文放入较高优先级的队列，将非关键业务（如 E-Mail）的报文放入较低优先级的队列，保证关键业务的报文被优先传送，非关键业务的报文在处理关键业务数据的空闲间隙被传送。

　　SP 调度算法使用全部的资源来保护高优先级业务的服务质量，但如果高优先级队列中长时间有报文存在，则低优先级队列中的报文将始终得不到服务。对于提供 CS7、CS6、EF 服务的高优级队列，采用 SP 方式进行调度。

　　（2）加权公平排队（Weighted Fair Queuing，WFQ）调度算法示意图如图 3-32 所示。

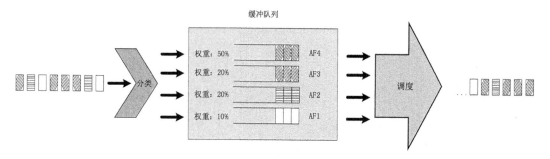

图 3-32　WFQ 调度算法示意图

　　在队列调度时，WFQ 调度算法为每个队列分配一个权重值，并按照权重值为每个队列分配带宽，这样就保证了在链路拥塞情况下，各队列按权重值分配资源；在队列不拥塞的情况下，带宽能够被充分利用。以一个有 4 个队列的 FE 端口为例，如果 4 个队列的权重分别为 5：3：1：1，则在所有队列都拥塞的情况下，各个队列分配到的带宽依次为 50Mbit/s、30Mbit/s、10Mbit/s 和 10Mbit/s。如果第一个队列没有任何报文，而其他 3 个队列拥塞，则后 3 个队列分配到的带宽为 60Mbit/s、20Mbit/s 和 20Mbit/s。

　　与 SP 调度算法相比，WFQ 调度算法中不会出现低优先级队列中的报文始终得不到服务的情况；但当高优先级业务拥塞时，会无法利用端口的全部资源。对于提供 AF4、AF3、AF2、AF1 服务的较高优先级队列，采用 WFQ 调度方式。

　　（3）SP+WFQ 调度算法示意图如图 3-33 所示。

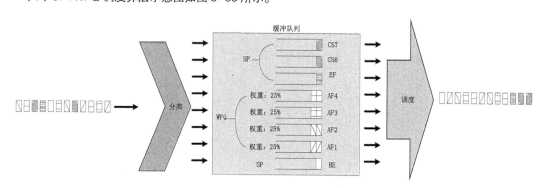

图 3-33　SP+WFQ 调度算法示意图

　　① 当比 WFQ 队列优先级高的队列中有报文时，按照 SP 调度算法发送这些报文，WFQ 队列中的报文不被发送。

　　② 当比 WFQ 队列优先级高的队列中没有报文时，按照 WFQ 调度算法发送 WFQ 队列中的报文。

　　③ 当 WFQ 队列以及比 WFQ 队列优先级高的队列中都没有报文时，按照 SP 调度算法发送比 WFQ 队列优先级低的队列中的报文。

3.7　本章小结

　　本章主要重点介绍了以太网技术及其应用场景，简单讲解了 IP 协议的基本概念。以太网在通信领域有着极为重要的地位，尤其是在传输层面。VLAN 技术为以太网提供了更为广阔的场景应用，基于 VLAN 的专线、专网业务是当今主流的以太网业务。QinQ 作为 VLAN 技术的延伸，很好地解决了 VLAN 资源不足的问题，在企业网中用得较为广泛。QoS 是极为重要的技术，常用于移动网络的数据层，也就是路由器上，在传输层面配置较为简单。一个好的 QoS 方案可以很好地提高网络质量，使高优先级的业务得到保证，降低网络的时延，避免网络拥塞、丢包。

3.8　练习题

1. 简述 3 种以太网端口属性及应用场景。
2. 简述 QinQ 的应用场景。
3. 简述 QoS 机制，同时思考 QoS 在网络中的意义。

Chapter

4

第 4 章
SDH 技术原理

SDH 网络从诞生到今天，经历了几十年的发展和演进，技术非常成熟，应用十分广泛。本章从 SDH 技术的发展入手，重点介绍其关键技术、帧结构和开销功能等，最后列举 SDH 常见产品和基本配置方法。SDH 技术原理已成为传输网络的基础性常识，对学习其他传输网络具有重要的借鉴意义。

课堂学习目标

- 了解光纤传输网络的发展历史
- 了解光纤传输网络的关键技术
- 掌握 SDH 帧结构、开销等基本原理
- 了解 SDH 产品硬件
- 熟练 SDH 业务配置

SDH 介绍

SDH 作为一代理想的传输体系，具有路由自动选择，上下电路方便，维护、控制、管理功能强，标准统一，便于传输更高速率的业务等优点，能很好地适应通信网飞速发展的需要，并经过 ITU-T 的规范，在世界范围内快速普及。

4.1.1　SDH 网络的发展

传输网络是各种业务网络的承载体，是公众电信网络层次中的重要基础网络。传输网的好坏，必将影响其他业务网络的发展，影响业务的开展。伴随不断增加的容量需求和业务多样化需求，光纤传输网技术得到快速发展，如图 4-1 所示。

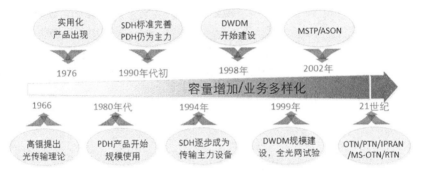

图 4-1　光纤传输网关键技术的发展

20 世纪 90 年代，SDH 技术始出现。SDH 网络承载了 2G/3G 移动业务、IP 业务、ATM 业务、远程控制、视频、固话语音等业务，广泛应用于通信运营商、电力、石油、高速公路、金融、家庭、事业单位等。随着 SDH 接入的业务类型不断丰富，SDH 产品也不断更新，最终形成了以 SDH 为内核的 MSTP 产品系列。

4.1.2　PDH 及其缺陷

脉冲编码调制（Pulse Code Modulation，PCM）通信方式的传输容量由一次群（PCM30/32 路或 PCM24 路）扩大到二次群、三次群、四次群以及五次群，甚至更高的多路系统，PCM 各次群构成了 PDH。

国际上主要有两大系列的 PDH，都被 ITU-T 推荐，即 PCM24 路系列和 PCM30/32 路两种数字复接系列（一路话音信号是 64kbit/s）。北美的一些国家和日本采用 1.544Mbit/s 作为第一级速率（即一次群）的 PCM24 路数字系列，且略有不同；欧洲各国和我国则采用 2.048Mbit/s（64 kbit/s×32=2048kbit/s）作为第一级速率（即一次群）的 PCM30/32 路数字系列，如表 4-1 所示。

表 4-1　数字复接系列（准同步数字系列）

	一次群（基群）	二次群	三次群	四次群
北美的一些国家	24 路 1.544Mbit/s	96 路 （24×4） 6.312Mbit/s	672 路 （96×7） 44.736Mbit/s	4032 路 （672×6） 274.176Mbit/s
日本	24 路 1.544Mbit/s	96 路 （24×4） 6.312Mbit/s	480 路 （96×5） 32.064Mbit/s	1440 路 （480×3） 97.728Mbit/s

续表

	一次群（基群）	二次群	三次群	四次群
欧洲 中国	30 路 2.048Mbit/s	120 路 （30×4） 8.448Mbit/s	480 路 （120×4） 34.368Mbit/s	1920 路 （480×4） 139.264Mbit/s

数字通信系统除了可以传输电话和数据外，也可传输其他宽带信号，例如可视电话、频分制载波信号以及电视等。为了提高通信质量，这些信号可以单独变成数字信号传输，也可以和相应的 PCM 高次群一起复接成更高一级的高次群进行传输。图 4-2 所示为基于 PCM30/32 路系列的数字复接体制的结构。

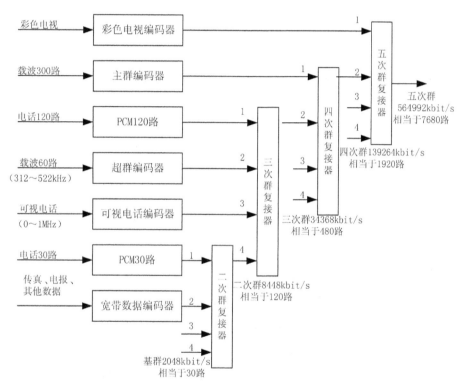

图 4-2　基于 PCM30/32 路系列的数字复接体制的结构

PDH 传输体制的缺陷体现在以下几个方面。

1. 接口方面

（1）PDH 传输体制只有地区性的电接口规范，不存在世界性标准。现有的 PDH 数字信号系列有 3 种信号速率等级，分别为欧洲系列、北美系列和日本系列。3 种信号系列的电接口速率等级如图 4-3 所示。

（2）PDH 传输体制没有世界性标准的光接口规范，所以不同厂家同一速率等级的光接口码型和速率也不一样，致使不同厂家的设备无法实现横向兼容。这样在同一传输路线两端必须采用同一厂家的设备，给组网、管理及网络互通带来困难。

2. 复用方式

PDH 采用异步复用方式，导致当低速信号复用到高速信号时，其在高速信号的帧结构中的位置没有规律性和固定性。

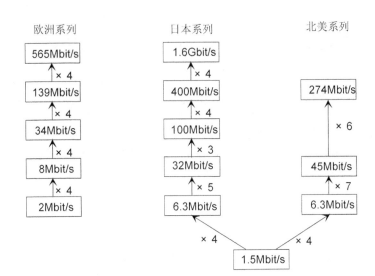

图 4-3　PDH 信号复用

（1）从高速信号中分插出低速信号要一级一级地进行，例如从 140Mbit/s 的信号中分/插出 2Mbit/s 低速信号要经过如下过程，如图 4-4 所示。

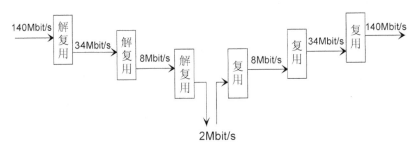

图 4-4　140Mbit/s 信号分插出 2Mbit/s 信号示意图

从图 4-4 中可以看出，在将 140Mbit/s 信号分插出 2Mbit/s 信号的过程中使用了大量"背靠背"设备。这样不仅增加了设备的体积、成本、功耗，还增加了设备的复杂性，降低了设备的可靠性。

（2）低速信号分插到高速信号要通过层层的复用和解复用过程，这样就会使信号在复用/解复用过程中产生的损伤加大，使传输性能劣化，在大容量传输时，此种缺点是不能容忍的。

3. 运行维护

PDH 信号的帧结构里用于运行维护工作的开销字节不多，因此对完成传输网的分层管理、性能监控、业务的实时调度、传输带宽的控制以及告警的分析定位是很不利的。

4. 没有统一的网管接口

PDH 传输体制没有统一的网管接口，如果买了一套某厂家的设备，就需买一套该厂家的网管系统。其实这个问题一直存在，没有很好地解决。

由于以上种种缺陷，在通信网向大容量、标准化发展的今天，PDH 的传输体制已经愈来愈成为现代通信网的瓶颈，制约了传输网向更高的速率发展，于是美国贝尔通信研究所首先提出了采用一整套分等级的标准数字传递结构组成的同步网络（SONET）体制。CCITT（现为 ITU-T）于 1988 年接受了 SONET 概念，并重命名为同步数字体系（SDH），使其成为不仅适用于光传输，也适用于微波和卫星传输的通用技术体制。本章主要介绍 SDH 体制在光传输网上的应用。

4.1.3　SDH 的工作方式

SDH 是一套可进行同步信息传输、复用、分插和交叉连接的标准化数字信号结构等级，可实现在传输介质（如光纤、微波等）上同步信号的传送。

任意速率的信号均可以通过打包后在 SDH 传输体制中传送：在发送端，将 PDH/ATM/IP 等客户侧信号打包封装成信息包，然后将低速信息包复用成高速信息包，最后加入开销以形成完整的 STM-N 信号在 SDH 网络中传送；在接收端，进行与发送端相反的信号处理，即开销处理，解复用为低速信息包，解封装还原为客户侧信号。由此可见，整个 SDH 网络起到了端到端的透明传送作用，如图 4-5 所示。

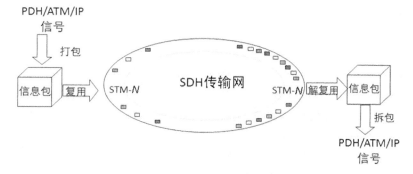

图 4-5　SDH 传输网工作方式

在 SDH 传输网中，SDH 信号实际上发挥着运货车的功能，它将各种不同体制的信号（这里主要是指 PDH 信号）像货物一样打成不同大小（速率级别）的包，然后装入货车（装入 STM-N 帧中），在 SDH 的主干道上（光纤上）传输。在收端从货车上卸下打成包的货物（其他体制的信号），然后拆包，恢复出原来体制的信号。这也就形象地说明了不同体制的低速信号复用进 SDH 信号（STM-N），在 SDH 网上传输和最后拆分出原体制信号的全过程。

4.1.4　SDH 的特点

SDH 传输体制是由 PDH 传输体制进化而来的，与 PDH 相比在技术体制上进行了根本性的变革，因此它具有 PDH 传输体制所无法比拟的优点。

1. 接口

（1）电接口

接口是否规范化是决定不同厂家的设备能否互联的关键。SDH 传输体制对网络节点接口（Network to Network Interface，NNI）做了统一的规范，规范的内容有数字信号速率等级、帧结构、复接方法、线路接口、监控管理等。这就使 SDH 设备容易实现多厂家产品互联，也就是说在同一传输线路上可以安装不同厂家的设备，体现了横向兼容性。

SDH 传输体制有一套标准的信息结构等级，即有一套标准的速率等级。基本的信号传输结构是同步传输模块——STM-1，相应的速率是 155Mbit/s。高等级的数字信号系列，如 622Mbit/s（STM-4）、2.5Gbit/s（STM-16）等，是将低速率等级的信息模块（例如 STM-1）通过字节间插同步复接而成的，复接的个数是 4 的倍数，例如 STM-4 = 4 × STM-1，STM-16 = 4 × STM-4。

（2）光接口

SDH 传输体制的线路接口（这里指光接口）采用世界性统一标准规范，SDH 信号的线路编码仅对信号进行扰码，不再进行冗余码的插入。

扰码的标准是世界统一的，这样对端设备仅需通过标准的解码器就可与不同厂家的 SDH 设备进行光接口互联。扰码的目的是抑制线路码中的长连"0"和长连"1"，便于从线路信号中提取时钟信号。由于线路信号仅进行扰码，所以 SDH 的线路信号速率与 SDH 电接口标准信号速率一致，这样就不会增加发端激光器的光功率代价。

（3）光接口和电接口的区别

在 SDH 设备内部处理的都是电脉冲信号，在生产了完整的 STM-N 帧结构后，才在边界处进行光电转换，转换成基于光脉冲的 STM-N 帧结构，然后发送到光纤里传输。

2. 复用方式

（1）低速 SDH 信号复用进高速 SDH 信号

低速 SDH 信号以字节间插方式复用进高速 SDH 信号的帧结构中，这样就使低速 SDH 信号在高速 SDH 信号的帧中的位置是固定的、有规律的，也就是说是可预见的。这样就能从高速 SDH 信号，例如 2.5Gbit/s（STM-16）中，直接分插出低速 SDH 信号，例如 155Mbit/s（STM-1），从而简化了信号的复接和分接，使 SDH 体制特别适合于高速大容量的光通信系统。

（2）PDH 低速支路信号复用进 SDH 帧（STM-N）

SDH 传输体制采用了同步复用方式和灵活的映射结构，可将 PDH 低速支路信号（例如 2Mbit/s）复用进 SDH 信号的帧中去（STM-N），使低速支路信号在 STM-N 帧中的位置也是可预见的，于是可以从 STM-N 信号中直接分插出低速支路信号。不同于从高速 SDH 信号中直接分插出低速 SDH 信号，这里是从 SDH 信号中直接分插出低速支路信号，例如 2Mbit/s、34Mbit/s 与 140Mbit/s 等低速信号。

那么什么是字节间插复用方式呢？这里以一个例子来说明，有 3 个信号，帧结构各为每帧 3 字节，如下所示。

A			B			C		
A1	A2	A3	B1	B2	B3	C1	C2	C3

若将这 3 个信号通过字节间插复用方式复用成信号 D，那么 D 就应该是这样一种帧结构，帧中有 9 字节，且这 9 字节的排放次序如下。

D								
A1	B1	C1	A2	B2	C2	A3	B3	C3

这样的复用方式就是字节间插复用方式。

3. 运行维护

SDH 信号的帧结构中安排了丰富的用于运行维护功能的开销字节，占用整个帧所有位的 1/20，大大加强了运行维护功能。这样就大大降低了系统的维护费用。在通信设备的综合成本中，维护费用占相当大的一部分，于是 SDH 系统的综合成本要比 PDH 系统的综合成本低，据估算仅为 PDH 系统综合成本的 65.8%。鉴于开销字节在 SDH 网络中的成功运用，OTN 网络定义了一套适合 OTN 网络运行维护的开销字节。

4. 兼容性

SDH 传输体制有很强的兼容性，这也就意味着当组建 SDH 传输网时，原有的 PDH 传输网不会作废，两种传输网可以共同存在。

4.1.5　SDH 传输体制的缺点

SDH 传输体制的优点是以牺牲如下方面为代价的。

1.　较低的频带利用率

有效性和可靠性是一对矛盾，增加有效性必将降低可靠性，增加可靠性也会相应地使有效性降低。SDH 信号 STM-*N* 帧中加入了大量的用于 OAM 功能的开销字节，在传输同样多有效信息的情况下，这样必然会使 SDH 信号频带利用率降低。

2.　复杂的指针调整机理

SDH 传输体制可从高速信号（例如 STM-1）中直接分出低速信号（例如 2Mbit/s），省去了多级复用/解复用过程，这种功能的实现是通过指针机理来完成的，但是指针功能的实现增加了系统的复杂性。

3.　软件的大量使用对系统安全性的影响

SDH 的一大特点是 OAM 的自动化程度高，这也意味着软件在系统中占有相当大的比重，这就使系统很容易受到计算机病毒的侵害，特别是在计算机病毒无处不在的今天。另外，在网络层上，人为的错误操作、软件故障对系统的影响也是致命的。

4.2　SDH 原理

通过对 SDH 帧结构和开销字节进行定义，使 SDH 系统的运行维护实现了标准化，降低了对维护技能的要求，提升了网络维护的效率。SDH 模块的标准化，降低了研发的难度；SDH 网络组网和保护的定义，使网络具备可靠性和可恢复性。

4.2.1　SDH 帧结构

STM-*N* 信号帧结构的安排应尽可能使支路低速信号在一帧内均匀、有规律地排列，以便于实现支路低速信号的分插、复用和交换，即方便地从高速 SDH 信号中直接上/下低速支路信号。鉴于此，ITU-T 规定了 STM-*N* 的帧是以字节（8bit）为单位的矩形块状帧结构，如图 4-6 所示。

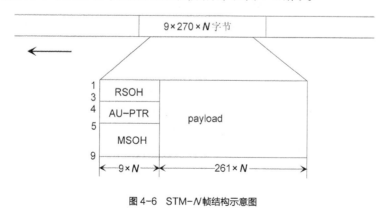

图 4-6　STM-*N* 帧结构示意图

📖 诀窍：

块状帧是什么呢？

为了便于对信号进行分析，往往将信号的帧结构等效为块状帧结构，这不是 SDH 信号所特有的。PDH

信号、ATM 信号、分组交换的数据包，它们的帧结构都是块状帧。例如，E1 信号的帧是由 32 字节组成的 1 行×32 列的块状帧，ATM 信号是由 53 字节构成的块状帧。将信号的帧结构等效为块状，仅仅是为了便于分析。

从图 4-6 可以看出，STM-*N* 信号是 9 行×270×*N* 列的帧结构。此处的 *N* 与 STM-*N* 的 *N* 一致，取值为 1、4、16、64 等，表示此信号由 *N* 个 STM-1 信号通过字节间插复用而成。由此可知，STM-1 信号的帧结构是 9 行×270 列的块状帧，当 *N* 个 STM-1 信号字节间插复用成 STM-*N* 信号时，仅仅是将 STM-1 信号的列按字节间插复用，行数恒定为 9。

信号在线路上传输时是逐位进行传输的，那么这个块状帧是怎样在线路上进行传输的呢？SDH 信号帧传输的原则是帧结构中的字节（8bit）从左到右、从上到下逐个字节（逐个位）传输，传完一行再传下一行，传完一帧再传下一帧。

STM-*N* 信号的帧频（也就是每秒传送的帧数）是多少呢？ITU-T 规定，对于任何级别的 STM-*N* 帧，帧频是 8000 帧/秒，也就是帧长或帧周期为恒定的 125μs。另外，PDH 传输体制的 E1 信号也是 8000 帧/秒。

SDH 帧结构

这里需要注意到的是，帧周期的恒定是 SDH 信号的一大特点，任何级别的 STM-*N* 帧的帧频都是 8000 帧/秒。由于帧周期恒定，STM-*N* 信号的速率自有其规律。例如 STM-4 的传输速率恒定为 STM-1 信号传输速率的 4 倍；STM-16 的传输速率恒定等于 STM-4 的 4 倍，等于 STM-1 的 16 倍。而 PDH 传输体制的 E2 信号速率不等于 E1 信号速率的 4 倍。SDH 信号的这种规律性使高速 SDH 信号直接分插出低速 SDH 信号成为可能，特别适用于大容量数据的传输情况。

◇ 想一想：

STM-*N* 帧中单独一个字节的位传输速率是多少？

STM-*N* 的帧频为 8000 帧/秒，这就是说信号帧中某一特定字节每秒被传送 8000 次，那么该字节的位传输速率是 8000×8bit/s＝64kbit/s。同时，64kbit/s 是一路数字电话的传输速率。

从图 4-6 中可以看出，STM-*N* 的帧结构由 3 部分组成，分别为信息净负荷（payload）、段开销〔包括再生段开销（RSOH）和复用段开销（MSOH）〕、管理单元指针（AU-PTR）。各部分的功能介绍如下。

1. 信息净负荷

信息净负荷（payload）是将在 STM-*N* 帧结构中存放的由 STM-*N* 传送的各种信息码块。信息净负荷区相当于 STM-*N* 这辆运货车的车厢内装载的待运输货物，即经过打包的低速信号。为了实时监测货物（打包的低速信号）在传输过程中是否有损坏，在将低速信号打包的过程中加入监控开销字节——通道开销（POH）字节。POH 字节负责对打包的货物（低速信号）进行通道性能监视、管理和控制（类似于传感器），并作为净负荷的一部分与信息码块一起装载在 STM-*N* 这辆货车上在 SDH 传输网中传输，如图 4-7 所示。

📖 技术细节：

何谓通道？

举例说明，STM-1 信号可复用进 63×2Mbit/s 的信号，换一种说法就是可将 STM-1 信号看成一条传输大路，这条大路又分成了 63 条小路，每条小路都通过相应速率的低速信号，那么每一条小路就相当于一个低速信号通道，通道开销的作用就是监控这些小路的传输状况。这 63 个 2Mbit/s 通道复合成了 STM-1

信号这条大路——此处可称为"段"。所谓通道，就是指相应的低速支路信号，POH 字节的功能就是监控这些低速支路信号在由 STM-N 这辆货车承载时在 SDH 传输网上运输时的性能。

⚠ 注意：

信息净负荷并不等于有效负荷，因为信息净负荷中存放的是经过打包的低速信号，即将低速信号加上了相应的 POH 字节。

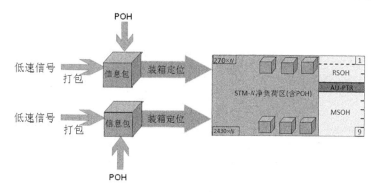

图 4-7　信息净负荷装载

2. 段开销

段开销（SOH）字段是为了保证信息净负荷正常、灵活传送所必须附加的供网络运行、管理和维护使用的字段。

段开销又分为再生段开销（RSOH）和复用段开销（MSOH），分别对相应的段层进行监控。如果将 STM-1 信号看作一条大的传输通道，RSOH 和 MSOH 的作用就是对这一条大的传输通道进行监控。

那么，RSOH 和 MSOH 的区别是什么呢？二者的区别在于监管的范围不同。举例说明，若光纤上传输的是 2.5Gbit/s 信号，那么，RSOH 监控的是 STM-16 整体的传输性能，而 MSOH 则是监控 STM-16 信号中每一个 STM-1 的性能情况。

3. 管理单元指针

管理单元指针（AU-PTR）位于 STM-N 帧中第 4 行的 $9 \times N$ 列，共 $9 \times N$ 字节，是用来指示信息净负荷的第一个字节在 STM-N 帧内的准确位置的指示符。接收端能根据这个位置指示符的值（指针值）正确分离信息净负荷。

如图 4-8 所示，仓库中以堆为单位存放了很多货物，每堆货物中的各件货物（低速支路信号）的摆放是有规律的（字节间插复用），只要知道其所在堆货物的第一件货物放在哪儿，然后通过本堆货物摆放位置的规律性，就可以直接定位出本堆货物中任一件货物的准确位置，从而就可以直接从仓库中搬运（直接分/插）某一件特定货物（低速支路信号）。管理单元指针的作用就是指示这堆货物中第一件货物的位置。

指针有高、低阶之分，高阶指针是 AU-PTR，低阶指针是 TU-PTR（支路单元指针）。TU-PTR 的作用类似于 AU-PTR，只不过所指示的货物堆更小而已。

4.2.2　复用

SDH 信号的复用包括两种情况：一种是低阶的 SDH 信号复用成高阶 SDH 信号；另一种是低速支路信号（例如 2Mbit/s、34Mbit/s、140Mbit/s）复用成 SDH 信号 STM-N。

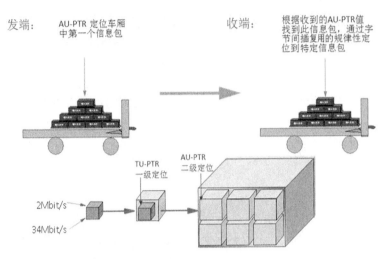

图 4-8　指针定位

第一种情况在前文中已有所提及，复用主要通过字节间插复用方式来完成，复用的过程是四合一，即 4×STM-1→STM-4，4×STM-4→STM-16 等。复用过程中保持帧频不变（8000 帧/秒），这就意味着高一级的 STM-N 信号速率是低一级的 STM-N 信号速率的 4 倍。在进行字节间插复用的过程中，各帧的信息净负荷和管理单元指针字节按原值进行间插复用，而段开销则会有些取舍。在复用成的 STM-N 帧中，段开销并不是由所有低阶 SDH 帧中的段开销间插复用而成的，而是舍弃了一些低阶帧中的段开销。

第二种情况用得最多的就是将 PDH 信号复用进 STM-N 信号中去。

1.　复用方法

传统的将低速信号复用成高速信号的方法有如下两种。

（1）比特塞入法

PDH 信号异步复用时，4 个一次群虽然标称数码率都是 2048kbit/s，但由于 4 个一次群各有自己的时钟源，并且这些时钟都允许有 ±100bit/s 的偏差，因此 4 个一次群的瞬时数码率各不相等，需要插入一些码元将各一次群的速率由 2048kbit/s 左右统一调整成 2112kbit/s。所以要实现对异源一次群信号的复接，首先要解决的问题就是使被复接的各一次群信号在复接前有相同的数码率，这一过程叫比特塞入（又叫码速调整）。

这种方法利用固定位置的比特塞入指示来显示塞入的比特是否载有信号数据，允许被复用的净负荷有较大的频率差异（异步复用）。它的缺点是因为存在一个比特塞入和去塞入的过程（码速调整），而不能将支路信号直接接入高速复用信号或从高速信号中直接分出低速支路信号，也就是说，不能直接从高速信号中上/下低速支路信号，要一级一级地进行。这种比特塞入法是 PDH 传输体制的复用方式。

（2）固定位置映射法

固定位置映射法利用低速信号在高速信号中的相对固定的位置来携带低速同步信号，要求低速信号与高速信号同步，也就是说帧频一致。它的特点在于可方便地从高速信号中直接上/下低速支路信号，但当高速信号和低速信号间出现频差和相差（不同步）时，要用 125μs（8000 帧/秒）缓存器来进行频率校正和相位对准，导致信号较大的延时和滑动损伤。

上述两种复用方式都有一些缺陷，比特塞入法无法直接从高速信号中上/下低速支路信号；固定位置映射法引入的信号时延过大，因此这两种方法都不适合 SDH 传输网。

2. 复用结构

SDH 传输网的兼容性要求 SDH 信号的复用方式既能满足异步复用（例如将 PDH 信号复用进 STM-N），又能满足同步复用（例如 STM-1→STM-4），而且能方便地由高速 STM-N 信号分插出低速信号，同时不造成较大的信号时延和滑动损伤，这就要求 SDH 传输体制采用自己独特的一套复用结构。在这种复用结构中，通过指针调整定位技术来取代 125μs 缓存器以校正支路信号频差和实现相位对准，各种业务信号复用进 STM-N 帧的过程都要经历映射（相当于信号打包）、定位（相当于指针调整）、复用（相当于字节间插复用）3 个步骤。

ITU-T 规定了一整套完整的复用结构，也就是复用路线，通过这些路线可将 PDH 传输体制的 3 个系列的数字信号以多种方法复用成 STM-N 信号。ITU-T 规定的 G.709 复用路线示例如图 4-9 所示。

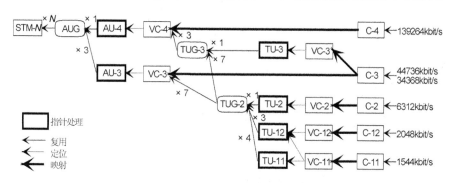

图 4-9　G.709 复用路线示例

从图 4-9 可以看到，此复用结构包括了一些基本的复用单元，其中 C 为容器，VC 为虚容器，TU 为支路单元，TUG 为支路单元组，AU 为管理单元，AUG 为管理单元组，这些复用单元后面的数字表示与此复用单元相应的信号级别。从一个有效负荷到 STM-N 的复用路线不是唯一的，而是有多条路线（也就是说有多种复用方法），例如 2Mbit/s 的信号有两条复用路线，也就是说可用两种方法复用成 STM-N 信号。需要注意的是，8Mbit/s 的 PDH 信号是无法复用成 STM-N 信号的。

尽管一种信号复用成 SDH 的 STM-N 信号的路线有多种，但是对于一个国家或地区来说，则必须使复用路线唯一化。我国的光同步传输网技术体制规定以 2Mbit/s 信号为基础的 PDH 系列为 SDH 的有效负荷，并选用 AU-4 的复用路线，其结构如图 4-10 所示。

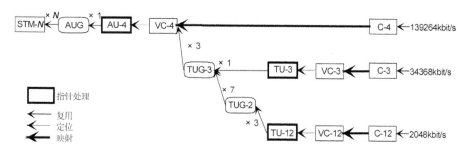

图 4-10　我国的 SDH 基本复用结构

3. 复用步骤

我国采用的标准是欧洲标准，世界上绝大部分国家采用的都是这种复用结构。下面分别介绍 2Mbit/s、34Mbit/s、140Mbit/s 的 PDH 信号是如何复用进 STM-N 信号中的。由于 2Mbit/s 信号的复用应用最广泛，因此这里就以 2Mbit/s 信号的复用为例进行详细说明。

（1）复帧

先来看一下复帧的概念，4 个 C-12 基帧组成一个复帧，如图 4-11 所示。C-12 基帧帧频也是 8000 帧/秒，那么复帧的帧频就是 2000 帧/秒。

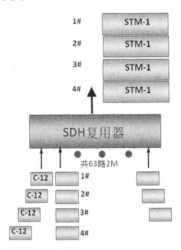

图 4-11　C-12 复帧结构

为什么要使用复帧呢？采用复帧是为了方便码速适配，当 E1 信号适配进 C-12 时，只要 E1 信号的速率在 2.046Mbit/s ~ 2.050Mbit/s 的范围内，就可以将其装载进标准的 C-12 容器中，实质上就是经过码速调整将其速率调整成标准的 C-12 速率——2.176Mbit/s。一个复帧的 4 个 C-12 基帧是并行的，这 4 个基帧在复用成 STM-1 信号时，不是复用在同一帧 STM-1 信号中，而是复用在连续的 4 帧 STM-1 中。为正确分离 2Mbit/s 的信号，就必须知道每个基帧在复帧中的位置，即在复帧中的第几个基帧。

（2）2Mbit/s 信号复用进 STM-N 信号

当前运用得最多的复用方式是将 2Mbit/s 信号复用进 STM-N 信号中，它也是 PDH 信号复用进 SDH 信号最复杂的一种复用方式。

2Mbit/s 信号复用进 STM-N 信号如图 4-12 所示。

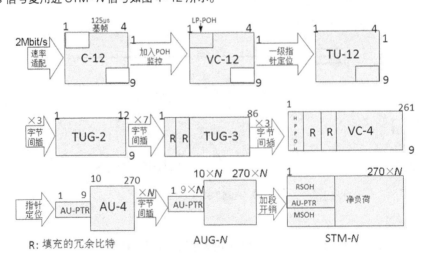

图 4-12　2Mbit/s 信号复用进 STM-N 信号

① 将 2Mbit/s 的 PDH 信号经过速率适配装载到对应的标准容器 C-12 中。

② 为了在 SDH 传输网的传输中能实时监测任一个 2Mbit/s 通道信号的性能，需将 C-12 再打包——加入相应的通道开销（低阶通道开销），使其成为 VC-12 的信息结构。此处，LP-POH（低阶通道开销）是加在每个基帧左上角的缺口上的，一个复帧有一组低阶通道开销，共 4 字节 V5、J2、N2、K4。此引入开销的过程定义为映射。

③ 为了使收端能正确定位 VC-12 的帧，在 VC-12 复帧的 4 个缺口上再加上 4 字节的 TU-PTR，这时，信号的信息结构就变成了 TU-12（9 行×4 列）。TU-PTR 指示复帧中第一个 VC-12 的起点在 TU-12 复帧中的具体位置。此引入指针的过程定义为定位。

④ 3 个 TU-12 经过字节间插复用合成 TUG-2，此时的帧结构是 9 行×12 列。此过程被定义为复用。

⑤ 7 个 TUG-2 经过字节间插复用合成 TUG-3 的信息结构。请注意，7 个 TUG-2 合成的信息结构是 9 行×84 列，为满足 TUG-3 的信息结构 9 行×86 列，需在 7 个 TUG-2 合成的信息结构前加入两列固定塞入比特。

⑥ 3 个 TUG-3 通过字节间插复用方式复合成 C-4 信息结构。将 C-4 打包成 VC-4 时，先加入两列固定塞入比特，再于 VC-4 帧的第一列加入 HP-POH（9 个开销字），这时 VC-4 的帧结构就成了 9 行×261 列。

⑦ 在 VC-4 前附加一个管理单元指针 AU-PTR。此时信号由 VC-4 变成了管理单元 AU-4 的信息结构。

⑧ 一个或多个在 STM 帧中占用固定位置的 AU 组成 AUG——管理单元组。

⑨ 将 AUG 加上相应的 SOH 合成为 STM-1 信号，将 N 个 STM-1 信号通过字节间插复用成 STM-N 信号。

（3）34Mbit/s 信号复用进 STM-N 信号

类似于 2Mbit/s 信号复用的过程，34Mbit/s 复用进 STM-N 的过程如下。

34Mbit/s→C-3→VC-3→TU-3→TUG-3→C-4→VC-4→AU-4→AUG→STM-N

（4）140Mbit/s 信号复用进 STM-N 信号

类似于 2Mbit/s 信号的复用过程，140Mbit/s 信号复用进 STM-N 信号的过程如下。

140Mbit/s→C-4→VC-4→AU-4→AUG→STM-N。

SDH 的复用步骤

📖 技术细节：

从 140Mbit/s 信号复用进 STM-N 信号的过程可以看出，一个 STM-N 最多可承载 N 个 140Mbit/s，一个 STM-1 信号只可以复用进一个 140Mbit/s 信号，此时 STM-1 信号的容量为 64 个 2Mbit/s 信号。

同样，从 34Mbit/s 信号复用进 STM-N 信号的过程可以看出，STM-1 可容纳 3 个 34Mbit/s 信号，此时 STM-1 信号的容量为 48 个 2Mbit/s 信号。

从 2Mbit/s 信号复用进 STM-1 信号的过程可以看出，STM-1 可容纳 $3×7×3=63$ 个 2Mbit/s 信号。

从上可看出，140Mbit/s 和从 2Mbit/s 信号复用进 STM-N 信号时时信号利用率较高，34Mbit/s 信号复用进 STM-N 信号，一个 STM-1 只能容纳 48 个 2Mbit/s 信号，信号利用率较低。

（5）编码策略

从 2Mbit/s 信号复用进 STM-N 信号的复用步骤可以看出，3 个 TU-12 复用成一个 TUG-2，7 个 TUG-2 复用成一个 TUG-3，3 个 TUG-3 复用进一个 VC-4，一个 VC-4 复用进一个 STM-1，也就是说 2Mbit/s 信号的复用结构是 3-7-3 结构。由于复用的方式是字节间插复用方式，所以一个 VC-4 中的 63 个 VC-12 不是顺序排列的，头一个 TU-12 的序号和紧跟其后的 TU-12 的序号相差 21，VC-12 时隙对应表如图 4-13 所示。

G.707（华为模式）	3-7-3结构	G.709（中兴模式）	G.707（华为模式）	3-7-3结构	G.709（中兴模式）	G.707（华为模式）	3-7-3结构	G.709（中兴模式）
1	1-1-1	1	22	1-1-2	2	43	1-1-3	3
2	2-1-1	22	23	2-1-2	23	44	2-1-3	24
3	3-1-1	43	24	3-1-2	44	45	3-1-3	45
4	1-2-1	4	25	1-2-2	5	46	1-2-3	6
5	2-2-1	25	26	2-2-2	26	47	2-2-3	27
6	3-2-1	46	27	3-2-2	47	48	3-2-3	48
7	1-3-1	7	28	1-3-2	8	49	1-3-3	9
8	2-3-1	28	29	2-3-2	29	50	2-3-3	30
9	3-3-1	49	30	3-3-2	50	51	3-3-3	51
10	1-4-1	10	31	1-4-2	11	52	1-4-3	12
11	2-4-1	31	32	2-4-2	32	53	2-4-3	33
12	3-4-1	52	33	3-4-2	53	54	3-4-3	54
13	1-5-1	13	34	1-5-2	14	55	1-5-3	15
14	2-5-1	34	35	2-5-2	35	56	2-5-3	36
15	3-5-1	55	36	3-5-2	56	57	3-5-3	57
16	1-6-1	16	37	1-6-2	17	58	1-6-3	18
17	2-6-1	37	38	2-6-2	38	59	2-6-3	39
18	3-6-1	58	39	3-6-2	59	60	3-6-3	60
19	1-7-1	19	40	1-7-2	20	61	1-7-3	21
20	2-7-1	40	41	2-7-2	41	62	2-7-3	42
21	3-7-1	61	42	3-7-2	62	63	3-7-3	63

图 4-13　VC-12 时隙对应表

图 4-13 中，3-7-3 结构指的是 TUG-3-TUG-2-TU-12 在 VC-4 中的编号，表示 VC-12 经过时隙间插复用后，在 VC-4 中的实际排列位置。

选择实际的编码策略时，不同厂商选择的编码顺序不同，于是就出现了 G.707 和 G.709 两种标准。

G.707 时隙模式采用顺序编号，也称为华为模式。VC-12 编码计算公式如下。

VC-12 编号 = TUG-3 编号 +（TUG-2 编号 - 1）× 3 +（TU-12 编号 - 1）× 21

G.709 时隙模式采用间插编号，也称为 Lucent 模式，比如中兴采用的就是这种编码策略。VC-12 编号计算公式如下。

VC-12 编号 =（TUG-3 编号 - 1）× 21 +（TUG-2 编号 - 1）× 3 + TU-12 编号

不同厂家的设备或者网络互联时，时隙模式配置不一致会导致部分业务中断。但是在 G.707 和 G.709 时隙模式下，VC-12 时隙 1、4、7、10、13、16 和 19 的顺序是相同的，不会引起业务中断。

4.2.3　开销

开销的功能是对 SDH 信号提供层层细化的监控管理功能，开销的分类如图 4-14 所示。

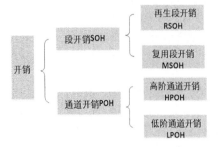

图 4-14　开销的分类

例如对 2.5Gbit/s 系统的监控,这些监控功能是由不同的开销字节来实现的。再生段开销对整个STM-16信号监控,复用段开销细化到其中 16 个 STM-1 的任一个进行监控,高阶通道开销再将其细化成对每个STM-1 中 VC-4 的监控,低阶通道开销又将对 VC-4 的监控细化为对其中 63 个 VC-12 的任一个 VC-12进行监控,由此实现了从 2.5Gbit/s 级别到 2Mbit/s 级别的多级监控手段。

1. STM-1 的段开销

STM-N帧的段开销位于帧结构的(1~9)行×(1~9N)列。注意,第 4 行为 AU-PTR 除外。以 STM-1信号为例,对于 STM-1 信号,段开销包括位于帧中的(1~3)行×(1~9)列的再生段开销和位于(5~9)行×(1~9)列的复用段开销,如图 4-15 所示。

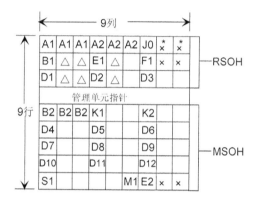

△ 为与传输介质有关的特征字节（暂用）;
× 为国内使用保留字节;
$*\times$ 为不扰码字节;
所有未标记字节待将来国际标准确定（与介质有关的应用,会附加国内使用和其他用途）。

图 4-15　STM-1 帧的段开销字节示意图

SDH 开销——段开销

图 4-15 展示了再生段开销和复用段开销在 STM-1 帧中的位置。它们的区别在于监控的范围不同,再生段开销对应一个大的范围——STM-N,复用段开销对应这个大的范围中的一个小的范围——STM-1。

（1）定帧字节 A1 和 A2

定帧字节的作用有点类似于指针,起定位的作用。SDH 传输体制可从高速信号中直接分插出低速支路信号,为什么能这样呢? 原因就是收端能通过指针——AU-PTR、TU-PTR 在高速信号中定位低速信号的位置。实现该功能的前提是收端必须在收到的信号流中正确地选择分离出各个 STM-N 帧,也就是先要定位每个 STM-N 帧的起始位置在哪里,再在各帧中定位相应的低速信号的位置,就像在长长的队列中定位一个人,要先定位到某一个方队,然后在本方队中通过这个人所处的行列数定位。A1、A2 字节就是起到定位一个方队的作用,通过它,收端可从信息流中定位、分离出 STM-N 帧,再通过指针定位到帧中的某一个低速信号。

收端是怎样通过 A1、A2 字节定位帧的呢? A1、A2 有固定的值,也就是有固定的比特图案,A1=11110110(f6H)、A2=00101000(28H)。收端检测信号流中的各个字节,当发现连续出现 3N 个 f6H,又紧跟着出现 3N 个 28H 字节时（在 STM-1 帧中,A1 和 A2 字节各有 3 个）,就可以确定现在开始收到一个 STM-N 帧,收端通过定位每个 STM-N 帧的起点区分不同的 STM-N 帧,以达到分离不同帧的目的,当 N=1 时,区分的是 STM-1 帧。

如图 4-16 所示，当连续 5 帧以上（625μs）收不到正确的 A1、A2 字节时，即连续 5 帧以上无法判别帧头（区分出不同的帧），那么收端将进入帧失步状态，产生帧失步告警——OOF。若 OOF 持续了 3ms，则进入帧丢失状态，设备产生帧丢失告警——LOF，下插 AIS 信号，整个业务中断。在 LOF 状态下，若收端连续 1ms 以上又处于定帧状态，那么设备将回到正常状态。

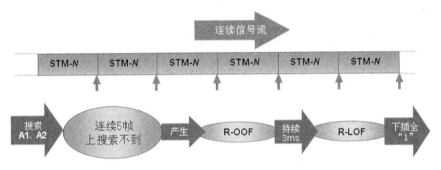

图 4-16　定帧字节的作用

📖 技术细节：
　　STM-N 信号在线路上传输要经过扰码，主要是为了便于收端能提取线路定时信号，但要在收端能正确定位帧头 A1、A2，又不能将 A1、A2 扰码。为兼顾这两种需求，STM-N 信号对段开销第一行的所有字节（1 行 × 9N 列，不仅包括 A1、A2 字节）不扰码，而进行透明传输，其余字节进行扰码后再上线路传输。这样既便于提取 STM-N 信号的定时，又便于收端分离 STM-N 信号。

（2）再生段踪迹字节 J0
　　J0 字节用来重复发送接入点标识符，以便使接收端能据此确认与指定的发送端处于持续连接状态。在同一个运营商的网络内，J0 字节可为任意字符。在两个不同运营商的网络边界处应使设备收、发两端的 J0 字节相同——匹配，如果不匹配，会出现 J0_MM 告警（低级别告警，不会中断业务）。
　　J0 字节还有一个用法，在 STM-N 帧中，每一个 STM-1 帧的 J0 字节定义为 STM 的标识符 C1，用来指示每个 STM-1 在 STM-N 中的位置——指示该 STM-1 是 STM-N 中的第几个 STM-1（间插层数）和该 C1 在该 STM-1 帧中的第几列（复列数），可帮助 A1、A2 字节进行帧识别。
　　例如在华为网管上创建逻辑光缆时，可以进行光缆搜索自动创建逻辑光纤，此时就是通过改变 J0 字节的值进行搜索的。

（3）数据通信通道字节 D1～D12
　　SDH 传输网的一大特点就是操作维护管理功能的自动化程度很高，可通过网管终端对网元进行命令的下发、数据的查询，完成 PDH 系统所无法完成的业务实时调配、告警故障定位、性能在线测试等功能。那么这些用于操作维护管理的数据是放在哪儿传输的呢？用于操作维护管理功能的数据信息，如下发的命令、查询得到的告警性能数据等，是通过 STM-N 帧中的 D1～D12 字节传送的。即用于操作维护管理功能的相关数据放在 STM-N 帧中的 D1～D12 字节处，由 STM-N 信号在 SDH 传输网上传输。D1～D12 字节提供了所有 SDH 网元都可接入的通用数据通信通道，作为嵌入式控制通道的物理层，在网元之间传输操作、管理、维护信息，构成 SDH 管理网（SMN）的传送通道，如图 4-17 所示。
　　其中，D1～D3 是再生段数据通信通道字节，速率为 $3 × 64$kbit/s $= 192$kbit/s，用于再生段终端间传送操作、维护、管理信息，现网中绝大部分场景都采用 D1～D3 字节作为网关网元和非网关之间的数据通信通道；D4 ~ D12 是复用段数据通信通道字节，速率为 9×64kbit/s=576kbit/s，一般预留给智能光网络（ASON），作为控制通道。

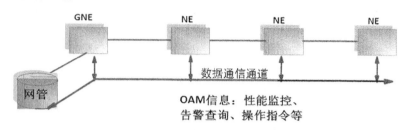

图 4-17　数据通信通道

（4）公务联络字节 E1 和 E2

段开销提供了通道公务联络字节 E1 和 E2，用于进行语音公务联络。E1 属于 RSOH，提供 64kbit/s 的语音通道，用于再生段的公务联络；E2 属于 MSOH，提供 64kbit/s 的语音通道，用于复用段终端间直达公务联络。由于现在手机通信非常方便，E1 和 E2 字节在现网中已基本不用。

（5）使用者通道字节 F1

F1 字节提供速率为 64kbit/s 的数据/语音通路，保留给使用者（通常指网络提供者），用于特定维护目的的临时公务联络。

（6）比特间插奇偶校验 8 位字节（BIP-8）B1

这个字节用于再生段层误码监测，位于再生段开销中的第 2 行第 1 列。

若某信号帧有 4 个字节，即 A1=00110011、A2=11001100、A3=10101010、A4=00001111，那么将这个帧进行 BIP-8 奇偶校验的方法是以 8bit 为一个校验单位（1 字节）将此帧分成 4 块（每字节为一块，因为 1 字节为 8bit，正好是一个校验单元），再按图 4-18 所示的方式摆放整齐。BIP-8 奇偶校验依次计算每一列中 1 的个数，若为奇数，则在得数（B）的相应位填"1"，否则填"0"。也就是通过选择 B 的相应位的不同取值，以保证使 A1、A2、A3、A4 摆放的块的相应列的"1"的个数为偶数，实际上是偶校验。B 的值就是将 A1、A2、A3、A4 进行 BIP-8 校验所得的结果，B1 字节用于存放校验结果。

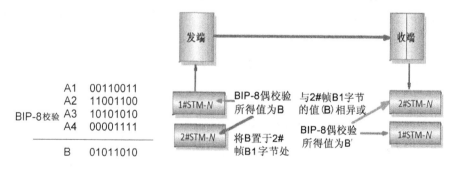

图 4-18　BIP-8 奇偶校验示意图

B1 字节的工作原理：发送端对本帧（第 N 帧）加扰后的所有字节进行 BIP-8 偶校验，将结果放在下一个待扰码帧（第 N+1 帧）中的 B1 字节；接收端将当前待解扰帧（第 N 帧）的所有比特进行 BIP-8 校验，所得的结果与下一帧（第 N+1 帧）解扰后的 B1 字节的值相异或比较，这两个值不一致时出现"1"，根据出现多少个"1"，可监测出第 N 帧在传输中出现了多少个误码块。这类误码检测技术应用广泛，OTN 网络的误码检测中也应用了类似的技术。

📖 技术细节:

高速信号的误码性能是用误码块来反映的,因此,STM-N信号的误码情况实际上是误码块的情况。从BIP-8校验方式可看出,校验结果的每一位都对应一个比特块,因此B1字节最多可从一个STM-N帧检测出传输中所发生的8个误码块,即BIP-8校验的结果共8位,每位对应一列比特——一个块。

（7）比特间插奇偶校验 N×24 位（BIP-N×24）字节 B2

B2的工作机理与B1类似,只不过它检测的是复用段层的误码情况。B1字节是对整个STM-N帧信号进行传输误码检测,一个STM-N帧中只有一个B1字节;而B2字节是对STM-N帧中的每一个STM-1帧的传输误码情况进行监测,STM-N帧中有3N个B2字节,每3个B2对应一个STM-1帧。

发端B2字节对前一个待扰的STM-1帧中除RSOH（RSOH包括在B1对整个STM-N帧的校验中）外的全部比特进行BIP-24计算,结果放于下一帧待扰STM-1帧的B2字节位置。收端对当前解扰后STM-1的除RSOH外的全部比特进行BIP-24校验,其结果与下一STM-1帧解扰后的B2字节相异或,根据异或后出现"1"的个数来判断该STM-1在STM-N帧中的传输过程中出现了多少个误码块。在STM-N帧中,可检测出的最大误码块个数是24×N个。

在发端写完B2字节后,相应的N个STM-1帧按字节间插复用成STM-N信号（有3N个B2）,在收端先将STM-N信号分接成N个STM-1信号,再分别校验这N组B2字节。

（8）自动保护倒换通路字节 K1、K2（b1~b5）

这两字节用于传送自动保护倒换信令,用于保证设备在故障时自动切换,恢复网络业务——自愈,用于复用段自动保护倒换。

（9）复用段远端失效指示（MS_RDI）字节 K2（b6~b8）

这3比特用于传输复用段远端告警的反馈信息,是一个对告的信息,由收端（信宿）回送给发端（信源）,表示收端检测到来话故障或正收到复用段告警指示信号。也就是说,当收端收信劣化时,由这3比特回送给发端 MS_RDI 告警信号,以使发端知道收端的状态。若收到的K2的b6~b8为110,则此信号为对端对告的 MS_RDI 告警信号;若收到的K2的b6~b8为111,则此信号为本端收到的 MS_AIS 告警信号,此时要向对端发 MS_RDI 告警信号,即在发往对端的信号帧 STM-N 的 K2 字节的 b6~b8 位放入 110 比特图案,如图 4-19 所示。

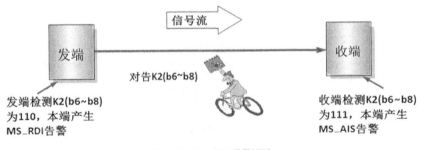

图4-19　MS_RDI告警检测

（10）同步状态字节 S1（b5~b8）

SDH复用段开销利用S1字节的b5~b8传输ITU-T规定的不同时钟质量级别,设备能据此判定接收的时钟信号的质量,以此决定是否切换到较高质量的时钟源上。时钟质量通过同步状态信息（Synchronous Status Message,SSM）表示,如表4-2所示。

表 4-2　S1 字节的值对应的时钟标准

SSM 值（S1 的值）	时钟源质量
0x00	同步质量不可知
0x02	G.811 时钟信号
0x04	G.812 转接局时钟信号
0x08	G.812 本地局时钟信号
0x0b	同步设备定时源（SETS）时钟信号
0x0f	同步源不可用
0xff	自动提取

备注：0x 代表十六进制。

S1（b5 ~ b8）的值越小，表示相应的时钟质量级别越高。

（11）复用段远端误码块指示（MS-REI）字节 M1

这是个对告信息，由接收端回发给发送端。M1 字节用来传送接收端由 BIP-N×24（B2）所检出的误码块个数，以便发送端了解接收端的收信误码情况。

（12）与传输介质有关的字节△

△字节专用于具体传输介质的特殊功能。例如用单根光纤进行双向传输时，可用此字节来实现辨明信号方向的功能。

（13）其他字节

① ×为国内保留使用的字节。

② 所有未做标记的字节的用途待将来的国际标准确定。

📖 诀窍：

各 SDH 设备生产厂家往往会利用 STM 帧段开销中的未使用字节来实现一些自己设备的专用功能。

2. STM-N 的段开销

N 个 STM-1 帧通过字节间插复用成 STM-N 帧时，各 STM-1 帧的 AU-PTR 和 payload 所有字节原封不动地按字节间插复用的方式复用。段开销的复用方式则有所不同。段开销的复用规则是 N 个 STM-1 帧字节间插复用成 STM-N 帧时，4 个 STM-1 以字节交错间插方式复用成 STM-4 时，除段开销中的 A1、A2、B2 字节、指针和净负荷按字节交错间插复用进入 STM-4 外，各 STM-1 中的其他开销字节经过终结处理，再重新插入 STM-4 相应的开销字节中。STM-4 帧的段开销结构如图 4-20 所示。

STM-N 帧中只有一个 B1 字节，有 N×3 个 B2 字节（因为 B2 为 BIP-24 检验的结果，故每个 STM-1 帧有 3 个 B2 字节）。STM-N 帧中有各一个 D1 ~ D12 字节，各一个 E1、E2 字节，一个 M1 字节，各一个 K1、K2 字节。

3. 通道开销

段开销负责段层的操作维护管理功能，而通道开销负责的是通道层的操作维护管理功能。

根据监测通道的"宽窄"（监测货物的大小），通道开销又分为高阶通道开销和低阶通道开销。高阶通道开销对 VC-4 级别的通道进行监测，可对 140Mbit/s 信

SDH 开销——
通道开销

号在 STM-N 帧中的传输情况进行监测；低阶通道开销完成 VC-12 通道级别的操作维护管理功能，也就是监测 2Mbit/s 信号在 STM-N 帧中的传输性能。

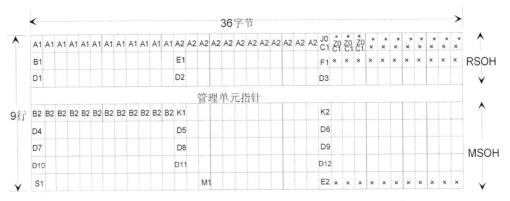

图 4-20　STM-4 帧的段开销结构

注：× —— 为国内使用保留字节；
　　×* —— 为不扰码字节；
　　所有未标记字节待将来国际标准确定（与介质有关的应用，附加国内使用和其他用途）；
　　Z0 —— 待将来国际标准确定。

📖 技术细节：

VC-3 中的复用通道开销依 34Mbit/s 复用路线选取的不同，可划在高阶或低阶通道开销范畴，其字节结构和作用与 VC-4 的通道开销相同。因为 34Mbit/s 信号复用进 STM-N 的方式用得较少，故这里不对 VC-3 的通道开销进行专门讲述。

（1）高阶通道开销 HP-POH

高阶通道开销的位置在 VC-4 帧中的第一列，共 9 字节，其结构图如图 4-21 所示。

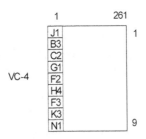

图 4-21　高阶通道开销的结构图

① 通道踪迹字节 J1

AU-PTR 指针指的是 VC-4 帧的起点在 AU-4 中的具体位置，即 VC-4 帧的第一个帧字节的位置，接收端能据此 AU-PTR 的值在 AU-4 中正确分离出 VC-4。J1 字节是 VC-4 帧的起点，AU-PTR 所指向的正是 J1 字节的位置。

J1 字节的作用与 J0 字节类似，用来重复发送高阶通道接入点标识符，使该通道接收端能与指定的发送端处于持续连接（该通道处于持续连接）状态。收发两端的 J1 字节要相匹配。华为公司的设备的发/收端 J1 字节的默认值是 HuaWei SBS。当然 J1 字节可按需要进行设置、更改。

② 误码检测字节 B3

通道 BIP-8 码 B3 字节负责监测 VC-4 帧在 STM-N 帧中传输的误码性能,也就是监测 140Mbit/s 信号在 STM-N 帧中传输的误码性能。监测机理与 B1、B2 字节相类似,只不过 B3 是对 VC-4 帧进行 BIP-8 校验的。

若在收端监测出误码块,那么设备本端的性能监测事件由 HPBBE(高阶通道背景误码块)显示相应的误块数,同时向发端性能监测事件回传 HPFEBBE(远端背景误码块)和 HPREI(高阶通道远端误块指示)告警。B1、B2 字节也与此类似,通过这种方式,可实时监测 STM-N 帧传输的误码性能。

📖 技术细节:

收端 B1 检测出误块,本端的性能事件由 RSBBE(再生段背景误码块)显示 B1 检测出的误块数。

收端 B2 检测出误块,本端的性能事件由 MSBBE(复用段背景误码块)显示 B2 检测出的误块数,同时向发端回传性能事件 MSFEBBE(远端背景误码块)和 MSREI(复用段远端误块指示)告警(MSFEBBE 和 MSREI 由 M1 字节传送)。

⚠ 注意:

当接收端的误码超过一定的限度时,设备会上报一个误码越限的告警信号。

B1、B2、B3 字节的应用举例如下。

网络配置:网元 1 为中心节点,其他各节点均与网元 1 有业务,而其他各节点之间没有业务;网元 3 东向有大量 RSBBE、MSBBE、HPBBE,网元 4 西向有 MSFEBBE、HPFEBBE、LPFEBBE,网元 1 有 LPBBE,如图 4-22 所示。

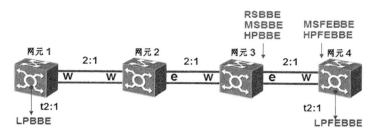

图 4-22　示例组网拓扑

故障分析如下所述。

(a)对于误码,可以"先线路,后支路"的原则来处理,线路的误码往往会导致支路也上报误码,不同之处在于不是对误码告警的分析,而是对误码性能事件的分析;对于误码性能事件,不仅要关心它们上报的位置,同时还要注意性能事件具体的数值。

(b)若本端上报 BBE 性能事件,则表示本端接收侧检测到了误码,远端发和本端收之间的通道存在问题。

(c)若本端上报 FEBBE 性能事件,则表示远端接收侧检测到了误码,本端发和远端收之间的通道存在问题。

(d)本例中,尽管整个网络会上报大量的性能事件,但全部聚集在网元 1 和网元 4 之间的业务通道上,根据"先线路,后支路"的原则,首先要处理的是网元 3 和网元 4 之间的误码性能事件,同时由于 FEBBE

是随着 BBE 的出现而上报的，所以可以通过进一步的判断得知是由于网元 3 的东向光板检测到误码块而上报 RSBBE、MSBBE、HPBBE 的，进而引起其他网元上报误码性能事件。

（e）经过网管侧对性能事件分析，网元 1 和网元 4 支路上所上报的性能事件很有可能是由于从网元 4 到网元 3 的光路上出现误码所导致的。

（f）将故障定位的方位先暂时缩小到网元 3 和网元 4 之间。

（g）检查网元 3 和网元 4 的外部环境，确认有无电磁干扰、环境温度越限及风扇告警等情况。排除外部因素后，进行下一步操作。

（h）测试网元 4 的发光功率是否正常，如果异常，则只能更换单板。但要注意的是，误码性能事件不会中断业务，要避开业务高峰期进行单板更换。

（i）若网元 4 的发光功率正常，测试网元 3 的收光功率是否在可接收范围内，如果异常，使用替换法排除网元 3 和网元 4 的法兰盘、尾纤、光纤配线架处出现问题的可能性。

（j）在排除外部故障后，使用环回法逐段环回，将故障定位到单站，最终定位到单板，进而排除故障。

（k）能够引起误码的可能原因分为外部原因和内部原因。外部原因包括光功率异常（过高、过低）、接地故障、环境温度、电缆故障、设备外部干扰（瞬时大误码）等。内部原因包括时钟配置错误、单板失效或性能不好（交叉、时钟、线路、支路）等。

（l）高阶误码一般会引起低阶误码上报，但是低阶误码上报不一定就说明高阶通道有误码。

③ 信号标记字节 C2

C2 字节用来指示 VC 帧的复接结构和信息净负荷的性质，例如通道是否已装载、所载业务种类和它们的映射方式。例如 C2=00H，表示这个 VC-4 通道未装载信号，这时会在 VC-4 通道的净负荷 TUG-3 中插全"1"码——TU-AIS，设备出现高阶通道未装载告警 HP-UNEQ；C2=02H 表示 VC-4 所装载的净负荷是按 TUG 结构的复用路线复用来的，我国的 2Mbit/s 信号复用进 VC-4 帧采用的是 TUG 结构。

📖 技术细节：

J1 字节和 C2 字节的设置一定要使收/发两端相一致——收发匹配，否则在收端设备会出现 HP-TIM（高阶通道追踪字节失配）、HP-SLM（高阶通道信号标记字节失配）。此两种告警都会使设备向该 VC-4 的下级结构 TUG-3 插全"1"码——TU-AIS 告警指示信号。

---

④ 通道状态字节 G1

G1 字节用来将通道收端状态和性能情况回送给 VC-4 通道源设备，从而允许在通道的任一端或通道中任一点对整个双向通道的状态和性能进行监视。G1 字节传送对告信息，即由收端发往发端的信息，使发端能了解收端接收相应 VC-4 通道信号的情况，G1 字节工作原理如图 4-23 所示。

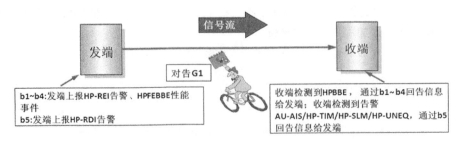

图 4-23 G1 字节工作原理

b1~b4（G1 字节的前 4 比特）回传给发端由 B3（BIP-8）检测出的 VC-4 通道的误块数，由发端上报性能事件 HP-REI（高阶通道远端误码块指示）。当收端收到 AIS 或误码超限、J1 和 C2 失配时，G1 字节的第 5 比特回送发端一个性能事件 HP-RDI（高阶通道远端劣化指示），使发端了解收端接收相应 VC-4 的状态，以便及时发现、定位故障。G1 字节的 b6~b8 暂时未使用。

⑤ 使用者通道字节 F2、F3

这两个字节提供通道单元间的公务通信（与净负荷有关）。

⑥ TU 位置指示字节 H4

H4 字节指示有效负荷的复帧类别和净负荷的位置，例如作为 TU-12 复帧指示字节或 ATM 净负荷进入一个 VC-4 时的信元边界指示器。

只有当 2Mbit/s 的 PDH 信号复用进 VC-4 帧时，H4 字节才有意义。因为 2Mbit/s 的信号装进 C-12 时是以 4 个基帧组成一个复帧的形式装入的，那么要在收端正确定位分离出 E1 信号，就必须知道当前的基帧是复帧中的第几个基帧。H4 字节的作用就是指示当前的 TU-12（VC-12 或 C-12）是当前复帧的第几个基帧。H4 字节的范围是 00H~03H，若在收端收到 H4，因不在此范围内，所以收端会产生一个 TU-LOM（支路单元复帧丢失告警）。

⑦ 空闲字节 K3

该字节留待将来应用，要求接收端忽略该字节的值。

⑧ 网络运营者字节 N1

N1 字节用于特定的管理目的。

（2）低阶通道开销 LP-POH

低阶通道开销指的是 VC-12 中的通道开销，它监控的是 VC-12 通道级别的传输性能，也就是监控 2Mbit/s 的 PDH 信号在 STM-N 帧中传输的情况。

图 4-24 显示了一个 VC-12 复帧结构，其由 4 个 VC-12 基帧组成，低阶通道开销就位于每个 VC-12 基帧的第一个字节，一组低阶通道开销共有 V5、J2、N2、K4 这 4 字节。

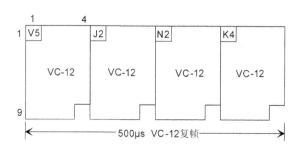

图 4-24　VC-12 复帧结构图

① 通道状态和信号标记字节 V5

V5 是复帧的第一个字节，TU-PTR 指示的是 VC-12 复帧的起点在 TU-12 复帧中的具体位置，也就是 V5 字节在 TU-12 复帧中的具体位置。

V5 具有误码校测、信号标记和 VC-12 通道状态表示等功能，可看出，V5 字节具有高阶通道开销 G1 和 C2 两个字节的功能。V5 字节的结构如表 4-3 所示。

若收端通过 BIP-2 检测到误码块，本端性能事件由 LPBBE（低阶通道背景误码块）显示 BIP-2 检测出的误块数，同时由 V5 的 b3 回送给发端 LP-REI（低阶通道远端误块指示），这时可在发端的性能事件 LP-REI 中显示相应的误块数。V5 的 b8 是 VC-12 通道远端失效指示，当收端收到 TU-12 的 AIS 信号或信号失效条件时，会回送给发端一个 LP-RDI（低阶通道远端劣化指示）。

表 4-3　VC-12 通道开销的 V5 字节的结构

误码监测 （BIP-2）		远端误块指示 （REI）	远端故障指示 （RFI）	信号标记 （Signal Lable）			远端接收失效指示 （RDI）
1	2	3	4	5	6	7	8
传送比特间插奇偶校验码 BIP-2，第一个比特的设置应使上一个 VC-12 复帧内所有字节的全部奇数比特的奇偶校验为偶数；第二个比特的设置应使全部偶数比特的奇偶校验为偶数		以前叫作 FEBE，如果 BIP-2 检测到误码块，就向 VC-12 通道源发 1，无误码则发 0	有故障发 1 无故障发 0	表示净负荷装载情况和映射方式，3 比特共 8 个二进制值： 000—未装备 VC 通道； 001—已装备 VC 通道，但未规定有效负载 010—异步浮动映射 011—比特同步浮动 100—字节同步浮动 101—保留 110—0.181 测试信号 111—VC-AIS			以前叫 FERF，接收失效则发 1，成功则发 0

当失效（劣化）条件持续期超过了传输系统保护机制设定的门限时，劣化转变为故障，这时发端通过 V5 的 b4 回送给发端 LP-RFI（低阶通道远端故障指示），告知发端接收端相应 VC-12 通道的接收出现故障。

b5～b7 提供信号标记功能，只要收到的值不是 0，就表示 VC-12 通道已装载。若 b5～b7 为 000，表示 VC-12 为空包，收端设备会出现 LP-UNEQ（低阶通道未装款式）告警，此时下插全"0"码（不是全"1"码——AIS）。若收/发两端 V5 的 b5～b7 不匹配，则接收端会出现 LP-SLM（低阶通道信号标记失配）告警。

② VC-12 通道踪迹字节 J2

J2 字节的作用类似于 J0、J1，用来重复发送由收发两端商定的低阶通道接入点标识符，使接收端确认与发送端在此通道上处于持续连接状态。

③ 网络运营者字节 N2

N2 字节用于特定的管理目的。

④ 备用字节 K4

K4 字节留待将来应用。

4.2.4　指针

指针的作用就是定位。定位是一种将帧偏移信息收进支路单元或管理单元的过程，以附加于 VC 上的指针（或管理单元指针）指示和确定低阶 VC 帧的起点在 TU 净负荷中（或高阶 VC 帧的起点在 AU 净负荷中）的位置。在发生相对帧相位偏差使 VC 帧起点"浮动"的情况时，指针值亦随之调整，从而始终保证指针值准确指示 VC 帧起点位置。

指针有 AU-PTR（管理单元指针）和 TU-PTR（支路单元指针）两种。对于 VC-4，AU-PTR 指的是 J1 字节的位置，即 VC-4 在 AU-4 中的定位；对于 VC-12，TU-PTR 指的是 V5 字节的位置，即 VC-12 在 TU-12 中的定位。

SDH 指针

1. AU-PTR

AU-PTR 的位置在 STM-1 帧的第 4 行的 1～9 列，共 9 字节，用于指示 VC-4 帧的首字节 J1 在 AU-4 净负荷中的具体位置，以便收端据此正确分离 VC-4，如图 4-25 所示。

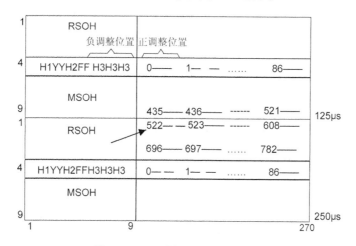

图 4-25　AU-4 指针在 STM 帧中的位置

从图 4-25 中可看出，AU-PTR 由 H1YYH2FFH3H3H3 共 9 字节组成，Y = 1001SS11，S 比特未规定具体的值，F = 11111111。指针的值用 H1、H2 两字节的后 10 个 bit 表示，取值范围是 0～1023。3 字节为一个调整单位———个货物单位。

以货车运货为对照，将货物———VC-4 连续不停地装入这辆货车的车厢———信息净负荷区，装载时逐个字节装载，每辆货车的停站时间是 125μs。

当 VC-4 的速率（帧频）高于 AU-4 的速率（帧频）时，也就是 AU-4 的包封速率低于 VC-4 的装载速率时，相当于装载一个 VC-4 的货物所用的时间少于 125μs（货车停站时间），由于货车还未到开走时间，但 VC-4 的装载还要不停进行，而这时 AU-4 这辆货车的车箱（信息净负荷区）已经装满了，无法再装下不断涌入的货物。此时会用 3 个 H3 字节（一个调整单位）的位置存放货物，这 3 个 H3 字节就像货车临时加挂的备份存放空间。这时货物以 3 个字节为一个单位将位置向前移一位，以便在 AU-4 中加入更多货物（一个 VC-4+3 个字节），这时每个货物单位的位置（3 个字节为一个单位）都发生了变化。这种调整方式叫作负调整，紧跟着 FF 两字节的 3 个 H3 字节所占的位置叫作负调整位置。

当 VC-4 的速率低于 AU-4 速率时，相当于在 AU-4 货车停站时间内一个 VC-4 无法装完，车箱中空出 N 个调整单位（一个调整单位等于 3 个字节）。为防止由于车厢未塞满而在传输中引起货物散乱，要在 AU-PTR 的 3 个 H3 字节后面再插入 $3N$ 个 H3 字节，H3 字节中填充伪随机信息（相当于在车厢空间塞入的填充物），这时 VC-4 中的货物单位都要向后移 N 个调整单位，这些货物单位的位置也会发生相应的变化。这种调整方式叫作正调整，相应插入 $3N$ 个 H3 字节的位置叫作正调整位置。

注意，正调整位置有 N 个，负调整位置只有一个（3 个 H3 字节）；负调整位置在 AU-PTR 上，正调整位置在 AU-4 净负荷区。

不管是正调整还是负调整，都会使 VC-4 在 AU-4 净负荷中的位置发生改变，也就是会使 VC-4 第一个字节在 AU-4 净负荷中的位置发生改变，AU-PTR 也会做出相应的正、负调整。为了便于定位 VC-4 中的各字节（实际上是各货物单位）在 AU-4 净负荷中的位置，可以给每个货物单位赋予一个位置值，如图 4-25 所示。对于位置值，可将紧跟 H3 字节的 3 字节单位设置为 0 位置，然后依次往后推。这样一个

AU-4 净负荷区就有 261×9/3=783 个位置，而 AU-PTR 指的就是 J1 字节在 AU-4 净负荷中的位置值。显然，AU-PTR 的范围是 0～782，否则为无效指针值。当收端连续 8 帧收到无效指针值时，设备会产生 AU-LOP 告警（AU 指针丢失），并下插 AIS 告警信号。

正/负调整是按一次一个单位进行的，指针值也就随着正调整或负调整进行+1（指针正调整）或-1（指针负调整）操作。

在 VC-4 与 AU-4 无频差也无相差时，也就是货车停站时间和装载 VC-4 的速度相匹配时，AU-PTR 的值是 522，即图 4-25 中箭头所指之处。

⚠ 注意：

AU-PTR 所指的是下一帧 VC-4 的 J1 字节的位置。在时钟同步的情况下，指针调整并不经常出现，因而 H3 字节大部分情况下填充的是伪信息。

2. TU-PTR

TU-PTR 用于指示 VC-12 帧的首字节 V5 在 TU-12 净负荷中的具体位置，以便收端能正确分离出 VC-12。TU-12 指针为 VC-12 在 TU-12 复帧内的定位提供了灵活动态的方法。TU-PTR 位于 TU-12 复帧的 V1、V2、V3、V4 字节处，如表 4-4 所示。

表 4-4　TU-12 指针位置和偏移编号

70	71	72	73	105	106	107	108	0	1	2	3	35	36	37	38
74	75	76	77	109	110	111	112	4	5	6	7	39	40	41	42
78	第一个C-12基帧结构 9×4-2 32W 2Y		81	113	第二个C-12基帧结构 9×4-2 32W 1Y 1G		116	8	第三个C-12基帧结构 9×4-2 32W 1Y 1G		11	43	第四个C-12基帧结构 9×4-1 31W 1Y 1M+1N		46
82			85	117			120	12			15	47			50
86			89	121			124	16			19	51			54
90			93	125			128	20			23	55			58
94			97	129			132	24			27	59			62
98			101	133			136	28			31	63			66
102	103	104	V1	137	138	139	V2	32	33	34	V3	67	68	69	V4

TU-PTR 由 V1、V2、V3 和 V4 这 4 字节组成。

在 TU-12 净负荷中，从紧邻 V2 的字节起，以一个字节为一个正调整单位，依次按其相对于最后一个 V2 的偏移量进行偏移编号，例如"0""1"等，偏移编号范围为 0～139。TU-PTR 中的 V3 字节为负调整位置，其后的那个字节为正调整字节，V4 为保留字节。

由 TU-PTR 的调整单位为 1 可知，指针值的范围为 0～139，若连续 8 帧收到无效指针或 NDF，则收端会出现 TU-LOP（支路单元指针丢失）告警，并下插 AIS 告警信号。

在 VC-12 和 TU-12 无频差、无相差时，V5 字节的位置值是 70，也就是说，此时 TU-PTR 指针的值为 70。

　　TU-PTR 指针的值放在 V1、V2 字节的后 10 位，取值范围是 0 ~ 1023。当 TU-PTR 的值不在 0 ~ 139 内时，为无效指针值。

4.2.5　逻辑功能模块

　　SDH 传输体制要求不同厂家的产品实现横向兼容，这就必然会要求设备的实现应按照标准的规范。

　　ITU-T 规范采用功能参考模型的方法对 SDH 设备进行规范，它将设备所应完成的功能分解为各种基本的标准功能块，功能块的实现与设备的物理实现无关（以哪种方法实现不受限制），不同的设备由这些基本的功能块灵活组合而成，以完成不同的功能。

　　这里以一个 TM（终端复用器）设备的典型功能块组成为例，来说明各个基本功能块的作用，其逻辑功能构成如图 4-26 所示。

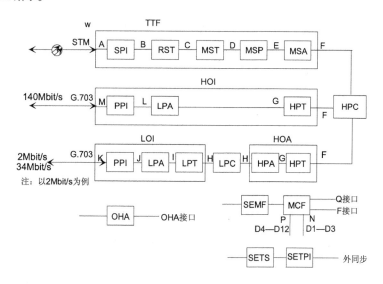

图 4-26　SDH 设备的逻辑功能构成

　　图 4-26 中出现的功能块说明如表 4-5 所示。

表 4-5　功能块说明

名　　称	说　　明	名　　称	说　　明
SPI	SDH 物理接口	TTF	传送终端功能
RST	再生段终端	HOI	高阶接口
MST	复用段终端	LOI	低阶接口
MSP	复用段保护	HOA	高阶组装器
MSA	复用段适配	HPC	高阶通道连接
PPI	PDH 物理接口	OHA	开销接入功能
LPA	低阶通道适配	SEMF	同步设备管理功能
LPT	低阶通道终端	MCF	消息通信功能
LPC	低阶通道连接	SETS	同步设备时钟源
HPA	高阶通道适配	SETPI	同步设备定时物理接口
HPT	高阶通道终端		

在图 4-26 中，TM 设备的信号流程是线路上的 STM-N 信号从设备的 A 参考点进入设备，依次经过 A →B→C→D→E→F→G→L→M 拆分成 140Mbit/s 的 PDH 信号；再经过 A→B→C→D→E→F→G→H→I→J →K 拆分成 2Mbit/s 或 34Mbit/s 的 PDH 信号（这里以 2Mbit/s 信号为例），定义为设备的收方向。相应的发方向就是沿这两条路径的反方向，将 140Mbit/s 和 2Mbit/s、34Mbit/s 的 PDH 信号复用到线路上的 STM-N 信号帧中。设备的这些功能是由各个基本功能块共同完成的。下面对一些重要模块简要说明。

1. SPI

SPI 是设备和光路的接口，主要完成光/电变换、电/光变换，线路定时提取，以及相应告警的检测。

（1）收方向——信号流从 A 到 B

收方向完成光/电转换，同时提取线路定时信号，并将其传给 SETS 功能块锁相，锁定频率后由 SETS 将定时信号传给其他功能块，以此作为它们工作的定时时钟。

当 A 点的 STM-N 信号失效（例如无光或光功率过低，或者因传输性能劣化使 BER 劣于 10^{-3}）时，SPI 会产生 R_LOS 告警（接收信号丢失），并将 R_LOS 状态告知 SEMF 功能块。

（2）发方向——信号流从 B 到 A

发方向完成电/光变换，同时，定时信息附着在线路信号中。

（3）应用举例

故障现象：NE1、NE2 点到点组网，NE2 线路上报 R_LOS，NE1 线路仅上报 MS_RDI，如图 4-27 所示。

图 4-27　设备组网与告警

可能原因：NE1 到 NE2 方向光纤故障；NE1 站光板发送故障；NE2 站光板接收故障。根据故障原因逐一排查即可。

2. RST 功能块

RST 是 RSOH 开销的源和宿，也就是说，RST 功能块在构成 SDH 帧信号的过程中产生 RSOH（发方向），并在相反方向（收方向）处理（终结）RSOH。

（1）收方向——信号流从 B 到 C

RST 功能块收方向作用如图 4-28 所示。

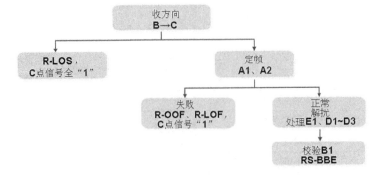

图 4-28　RST 功能块收方向作用

（2）发方向——信号流从 C 到 B

在发方向，RST 模块写 RSOH，计算 B1 字节，并对除 RSOH 第一行字节外的所有字节进行扰码。设备在 A 点、B 点、C 点处的信号帧结构如图 4-29 所示。

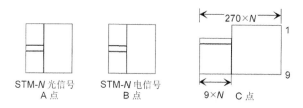

图 4-29　设备在 A、B、C 点处的信号帧结构图

3. MST 功能块

MST 功能块是复用段开销的源和宿，在收方向处理（终结）MSOH，在发方向产生 MSOH。

（1）收方向——信号流从 C 到 D

MST 功能块收方向作用如图 4-30 所示。

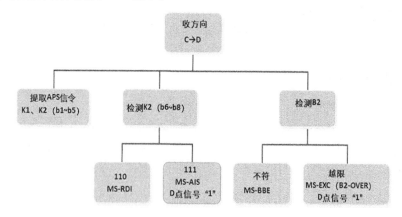

图 4-30　MST 功能块收方向作用

（2）发方向——信号流从 D 到 C

在发方向，MST 功能块写入 MSOH，将从 OHA 来的 E2、从 SEMF 来的 D4～D12、从 MSP 来的 K1 和 K2 分别写入相应的 B2 字节、S1 字节、M1 字节等。若 MST 模块在收方向检测到 MS-AIS 或 MS-EXC（B2），那么在发方向上会将 K2 字节 b6～b8 设置为 110。

4. MSA 功能块

MSA 功能块的功能是处理和产生 AU-PTR，以及组合/分解整个 STM-N 帧，即将 AUG 组合/分解为 VC-4。

（1）收方向——信号流从 E 到 F

MSA 功能块收方向作用如图 4-31 所示。

（2）发方向——信号流从 F 到 E

F 点的信号经 MSA 功能块定位和加入标准的 AU-PTR，成为 AU-4，N 个 AU-4 经过字节间插复用成 AUG。

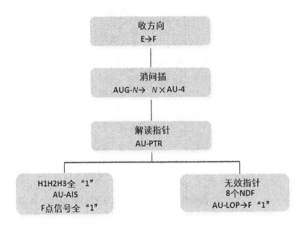

图 4-31 MSA 功能块收方向作用

5. HPC 功能块

HPC 功能块实际上相当于一个交叉矩阵,它完成对高阶通道 VC-4 进行交叉连接的功能。除了信号的交叉连接外,信号流在 HPC 功能块中是透明传输的,所以 HPC 的两端都用 F 点表示。HPC 功能块是实现高阶通道 DXC 和 ADM 的关键,其交叉连接功能仅指选择或改变 VC-4 的路由,不对信号进行处理。HPC 功能块对应于物理设备的交叉板或交叉模块,比如华为 GXCSA/EXCSA/SXCSA 等单板。

4.2.6 组网与保护

1. 基本的网络拓扑结构

SDH 传输网是由 SDH 网元设备通过光缆互联而成的,网络节点(网元)和传输线路的几何排列构成网络的拓扑结构。网络的有效性(信道的利用率)、可靠性和经济性在很大程度上与其拓扑结构有关。

网络拓扑的基本结构有链形、星形、树形、环形和网孔形,如图 4-32 所示。

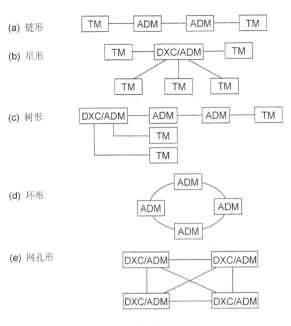

图 4-32 基本网络拓扑图

（1）链形

此种网络拓扑是将网中的所有节点——串联，首尾两端开放。这种拓扑结构的特点是较经济，在 SDH 传输网的早期用得较多，主要用于专网（如铁路网、电力网）中。

（2）星形

这种网络拓扑的特点是可通过特殊节点来统一管理其他网络节点，利于分配带宽，利于节约成本，但存在特殊节点的安全保障和处理能力的潜在瓶颈问题。特殊节点的作用类似于交换网的汇接局，此种拓扑结构多用于本地网（接入网和用户网）。

（3）树形

此种网络拓扑可看成是链形拓扑和星形拓扑的结合，也存在特殊节点的安全保障和处理能力的潜在瓶颈问题。

（4）环形

这是当前使用最多的网络拓扑结构，主要是因为它具有很强的生存性，即自愈功能较强。环形拓扑结构常用于本地网（接入网和用户网）和局间中继网。

（5）网孔形

这种网络拓扑可为两网元节点间提供多个传输路由，网络的可靠性更强，不存在瓶颈问题和失效问题。但是由于系统的冗余度高，使得系统有效性降低、成本高且结构复杂。该拓扑结构主要用于长途骨干网中，可以提供网络的高可靠性。

当前用得最多的网络拓扑结构是链形和环形，通过它们的灵活组合，也可构成更加复杂的网络。

2. 组网的基本概念——路由和业务方向

传输网上的业务按流向可分为单向业务和双向业务。以环形网络为例说明单向业务和双向业务的区别，如图 4-33 所示。

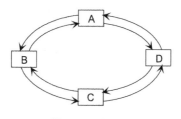

图 4-33　环形网络

A 和 C 之间互通业务，A 到 C 的业务路由假定是 A→B→C，若此时 C 到 A 的业务路由是 C→B→A，则业务从 A 到 C 和从 C 到 A 的路由相同，称为一致路由。此时 C 到 A 的路由是 C→D→A，那么业务从 A 到 C 和业务从 C 到 A 的路由不同，称为分离路由。

一致路由的业务称为双向业务，分离路由的业务称为单向业务。常见组网的业务方向和路由如表 4-6 所示。

表 4-6　常见组网的业务方向和路由

组网类型		路　　由	业务方向
链形		一致路由	双向
环形	双向通道环	一致路由	双向
	双向复用段环	一致路由	双向
	单向通道环	分离路由	单向
	单向复用段环	分离路由	单向

3.　网络自愈保护

（1）自愈保护的概念

所谓自愈，是指在网络发生故障（例如光纤断）时，无须人为干预，网络自动在极短的时间内（ITU-T规定为 50ms 以内）使业务自动从故障中恢复传输，用户几乎感觉不到网络出了故障。其基本前提是网络要具备发现替代传输路由并重新建立通信的能力。替代路由可采用备用设备或现有设备的冗余能力，以满足全部或指定优先级业务的恢复。由上可知，网络具有自愈保护能力的先决条件是有冗余的路由，网元有强大的交叉能力，以及网元有一定的智能。

自愈仅是通过备用信道将失效的业务恢复，而不涉及具体故障部件和线路的修复或更换，所以故障点的修复仍需人工干预才能完成，例如，断了的光缆还需人工接好。

📖 技术细节：

当网络发生自愈时，业务切换到备用信道传输，切换的方式有恢复方式和不恢复方式两种。

恢复方式指在主用信道发生故障时，业务切换到备用信道，当主用信道修复后，再将业务切回主用信道。一般在主用信道修复后还要再等几到十几分钟，主用信道传输性能稳定后才将业务从备用信道切换过来。

不恢复方式指在主用信道发生故障时，业务切换到备用信道，主用信道恢复后业务不切回主用信道，而将原主用信道作为备用信道，原备用信道当作主用信道，在原备用信道发故障时，业务才会切回原主用信道。

（2）保护的分类

针对不同网络拓扑结构，SDH 传输网分为多种保护类型，如表 4-7 所示。

表 4-7　保护组网的分类

拓扑类型	保护类型
链形	1+1 线性复用段保护
	1:N 线性复用段保护
环形	二纤单向复用段共享保护环
	二纤双向复用段共享保护环
	四纤双向复用段保护环
	二纤单向通道保护环
	二纤双向通道保护环
综合拓扑（环形/链形）	子网连接保护（SNCP）

其中，子网连接保护（SNCP）和二纤双向复用段共享保护环在现网中应用最为广泛。

（3）基于链形拓扑结构的保护

常见的线性方式有 1+1 和 1:N 两种。

1+1 线性复用段保护有一个工作通道和一个保护通道。业务在源端双发到工作通道和保护通道，正常情况下，业务在宿端工作通道被选收；当工作通道存在故障时，业务在宿端保护通道被选收，如图 4-34 所示。

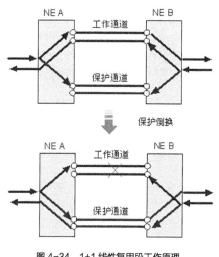

图 4-34　1+1 线性复用段工作原理

1+1 线性复用段保护

　　1:N 是指一条备用信道保护 N 条主用信道，N 最大值只能到 14，这是由 K1 字节的 b5～b8 限定的，K1 的 b5～b8 的 0001～1110（1～14）指示限定了要求倒换的主用信道编号。这时信道利用率更高，但一条备用信道只能保护一条主用信道，所以系统可靠性降低了，如图 4-35 所示。

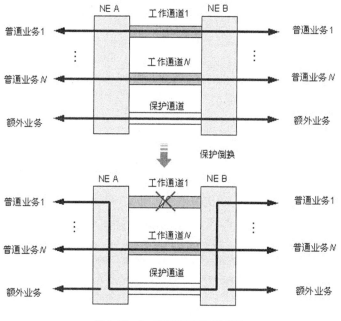

图 4-35　1：N 线性复用段工作原理

1:N 线性复用段保护

（4）基于环形拓扑结构的保护

① 四纤双向复用段保护环

　　四纤环由 4 根光纤组成，这 4 根光纤分别为 S1、P1、S2、P2。其中，S1、S2 为主纤，传送主用业务；P1、P2 为备纤，传送备用业务。也就是说，P1、P2 光纤分别用来在主纤故障时保护 S1、S2 上的主用业务。请注意 S1、P1、S2、P2 光纤的业务流向，S1 与 S2 光纤业务流向相反（一致路由，双向环），S1、P1 和 S2、P2 两对光纤上的业务流向也相反，从图 4-36 可看出，S1 和 P2，S2 和 P1 光纤上的业务流向相同（这是学习二纤双向复用段保护环的基础，二纤双向复用段保护环就是因为 S1 和 P2、S2 和 P1 光纤上的业务流向相同，才得以将四纤环转换为二纤环）。另外要注意的是，因为一个 ADM 只有东、西两个线路端口（一对收发光纤称为一个线路端口），而四纤环上的网元节点是东、西向各有两个线路端口，所以四纤环上每个网元节点要配置成双 ADM 系统，倒换环结构如图 4-36（a）所示。图 4-36 所示为四纤双向复用段保护环。

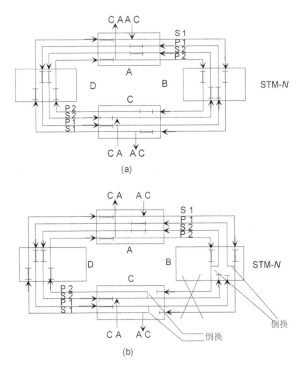

图 4-36　四纤双向复用段倒换环

四纤双向复用段保护环

　　在环网正常时，网元 A 到网元 C 的主用业务沿 S1 光纤经网元 B 到网元 C，网元 C 到网元 A 的业务沿 S2 光纤经网元 B 到网元 A（双向业务）。网元 A 与网元 C 的额外业务分别通过 P1 和 P2 光纤传送。网元 A 和网元 C 通过主用光纤或备用光纤上的业务互通两网元之间的主用业务，通过主用光纤或备用光纤上的业务互通两网之间的备用业务，如图 4-36（a）所示。

　　当网元 B、网元 C 间光缆段光纤均被切断后，故障两端的网元 B、网元 C 的光纤 S1 和 P1、S2 和 P2 有一个环回功能，如图 4-36（b）所示（故障端点的网元环回）。这时，网元 A 到网元 C 的主用业务沿 S1 光纤传到网元 B 处，在此网元 B 执行环回功能，将 S1 光纤上的网元 A 到网元 C 的主用业务环回到 P1 光纤上传输，P1 光纤上的额外业务被中断，经网元 A、网元 D 穿通（其他网元执行穿通功能）传到网元 C；在网元 C 处 P1 光纤上的业务环回到 S1 光纤上（故障端点的网元执行环回功能），网元 C 通过主用光纤或备用光纤 S1 上的业务接收网元 A 到网元 C 的主用业务。

📖 技术细节：

　　复用段保护环上网元节点的个数（不包括 REG，因为 REG 不参与复用段保护倒换功能）不是无限制的，而是由 K1、K2 字节确定的，环上节点数最大为 16 个。

② 二纤双向复用段保护环

四纤双向复用段保护环主要用于业务分布较分散的网络，其由于要求系统有较高的冗余度，故现网应用并不多。其采用四纤，双 ADM，成本较高。鉴于四纤双向复用段保护环的成本较高，衍生出了新的变种，即二纤双向复用段保护环。

二纤双向复用段保护环（简称 MSP）的保护机理与四纤双向复用段保护环类似，区别是采用了二纤方式，网元节点只用单 ADM 即可，所以得到了广泛的应用。

从图 4-36 中可看到，光纤 S1 和 P2 上的业务流向与 S2 和 P1 相同，可以使用时分技术将这两对光纤合为两根光纤——S1/P2、S2/P1。这时可将每根光纤的前半时隙（例如 STM-16 系统为 1#～8#STM-1）传送主用业务，后半时隙（例如 STM-16 系统的 9#～16#STM-1）传送额外业务。也就是说，一根光纤的保护时隙用来保护另一根光纤上的主用业务，例如 S1/P2 光纤上的 P2 时隙用来保护 S2/P1 光纤上的 S2 业务，因为在四纤双向复用段保护环上 S2 和 P2 本身就是一对主备用光纤。因此在二纤双向复用段保护环上无专门的主、备用光纤，每一条光纤的前半时隙是主用信道，后半时隙是备用信道，两根光纤上的业务流向相反。二纤双向复用段保护环的保护机理如图 4-37 所示。

在网络正常的情况下，网元 A 到网元 C 的主用业务放在 S1/P2 光纤的 S1 时隙（对于 STM-16 系统，主用业务只能放在 STM-N 的前 8 个时隙 1#～8#STM-1[VC-4]中），备用业务放于 P2 时隙（对于 STM-16 系统，只能放于 9#～16#STM-1[VC-4]中），沿光纤 S1/P2 由网元 B 穿通传到网元 C，网元 C 从 S1/P2 光纤上的 S1、P2 时隙分别提取出主用、额外业务。网元 C 到网元 A 的主用业务放于 S2/P1 光纤的 S2 时隙，额外业务放于 S2/P1 光纤的 P1 时隙，经网元 B 穿通传到网元 A，网元 A 从 S2/P1 光纤上提取相应的业务。

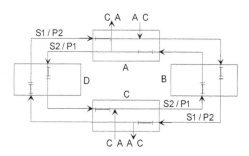

图 4-37　二纤双向复用段保护环的保护机理

在环网 B→C 间的光缆被切断时，网元 A 到网元 C 的主用业务沿 S1/P2 光纤传到网元 B，在网元 B 处进行环回（故障端点处环回），将 S1/P2 光纤上 S1 时隙的业务全部环回到 S2/P1 光纤上的 P1 时隙上去（例如 STM-16 系统，是将 S1/P2 光纤上的 1#～8#STM-1[VC-4]的全部业务环回到 S2/P1 光纤上的 9#～16#STM-1[VC-4]），此时 S2/P1 光纤 P1 时隙上的额外业务被中断。然后沿 S2/P1 光纤经网元 A、网元 D 穿通传到网元 C，在网元 C 执行环回功能（故障端点站），即将 S2/P1 光纤上的 P1 时隙所载的网元 A 到网元 C 的主用业务环回到 S1/P2 的 S1 时隙，网元 C 提取该时隙的业务，完成接收网元 A 到网元 C 的主用业务，如图 4-38 所示。

对于网元 C 到网元 A 的业务，先由网元 C 将网元 C 到网元 A 的主用业务 S2 环回到 S1/P2 光纤的 P2 时隙上，这时 P2 时隙上的额外业务中断，然后沿 S1/P2 光纤经网元 D、网元 A 穿通到达网元 B，在网元 B 处执行环回功能，将 S1/P2 光纤的 P2 时隙业务环回到 S2/P1 光纤的 S2 时隙上去，再经 S2/P1 光纤传到网元 A 落地。

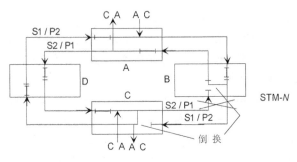

图 4-38　二纤双向复用段保护环

通过以上方式即完成了环网在故障时业务的自愈。

常见的 MSP（复用段保护）倒换触发条件如表 4-8 所示。

表 4-8　MSP 倒换触发条件

告警类型	触发条件
SF（信号失效）	R_LOS、R_LOF、MS_AIS、B2_EXC
SD（信号劣化）	B2_SD

二纤双向复用段保护环的业务容量为四纤双向复用段保护的 1/2，即 $M/2$（STM-N）或 $M \times$ STM-N（包括额外业务），M 是节点数。

二纤双向复用段保护环在组网中使用得较多，主要用于 STM-4/16/64 系统，也适用于业务分散的网络。

◇　想一想：

为什么没有 STM-1 系统的二纤双向复用段保护环？

二纤双向复用段保护环要求将光纤通过时隙技术一分为二，那么光纤上的每个时隙就必将要传送 1/2 STM-1 信号，因为复用段保护的基本业务单位是复用段级别，而 STM-1 是复用段的最小单位，不可再分，所以无法实现二纤双向复用段保护环。

（5）SNCP

子网连接保护（Subnetwork Connection Protection，SNCP）是基于双发选收的保护方式，需要一个工作子网和一个保护子网。当工作子网连接失效或者性能劣于某一程度时，工作子网连接将由保护子网连接代替。

SNCP 支持的业务类型相当齐全，既可以支持 VC-12、VC-3 等低阶业务，也可以支持 VC-4、VC-4 级联等高阶业务。多种业务可以同时进行混合的 SNCP 保护，并且 SNCP 保护是以单个业务作为基本单位的，各 SNCP 保护业务的逻辑、状态之间相互独立，独立性强。

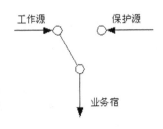

图 4-39　SNCP 业务对

如图 4-39 所示，SNCP 业务对是 SNCP 的基本单元，它由一个工作源、一个保护源和一个业务宿构成。在一个 SNCP 业务对中，业务宿节点状态不需要监测，而工作源和保护源就是保护组的两个监测点，即 SNCP 业务对是否倒换或恢复，取决于工作源和保护源的状态。目前的华为 OSN 系列产品中，双发和选收的动作都是由交叉板完成的。

SNCP 工作原理如下所述。

步骤 1：如图 4-40 所示，业务正常时，源端（NE A）通过工作 SNC 和保护 SNC 将业务信号双发到宿端（NE B），宿端从工作 SNC 选收业务。

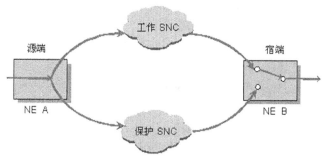

图 4-40　源端双发

步骤 2：当某个方向的宿端（NE B）线路板检测到工作 SNC 上的信号失效后，向主控板上报工作 SNC 信号失效，如图 4-41 所示。

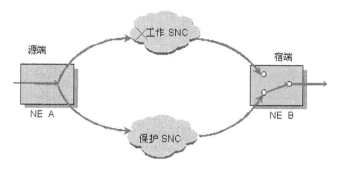

图 4-41　工作通道故障

步骤 3：NE B 的主控板判断工作 SNC 信号失效，而保护 SNC 信号正常后，触发倒换，交叉板完成保护 SNC 和业务宿端的交叉连接，从而接收保护 SNC 业务。

能够触发 SNCP 倒换的条件如表 4-9 所示。

表 4-9　SNCP 倒换触发条件

告警类型	触发条件
SF（信号失效）	高阶 SNCP 的倒换条件：R_LOS、R_LOF、R_LOC、MS_AIS、AU_AIS、AU_LOP、B2_EXC
	低阶 SNCP 倒换条件：HP_LOM、TU_AIS、TU_LOP
	高阶监测点所在业务板离线，离线业务板上所有高阶监测点相当于发生了 SF 事件
SD（信号劣化）	高阶 SNCP 的倒换条件：B3_SD、B3_EXC、HP_UNEQ、HP_TIM
	低阶 SNCP 的倒换条件： VC-12 级别——BIP_SD、BIP_EXC、LP_UNEQ VC-3 级别——B3_SD_VC3、B3_EXC_VC3

当物理故障修复后，触发倒换的告警消失，SNCP 是否需要恢复到倒换前的状态，决定于 SNCP 的恢复模式是恢复式还是非恢复式。

恢复式：网元处于倒换状态时，工作通道恢复正常一段时间后，网元释放倒换状态，恢复到正常状态。从网元工作通道恢复正常到释放倒换状态这段时间称为等待恢复（Wait to Restoration，WTR）时间，可以

子网连接保护（SNCP）

设置为 5~12min，默认为 10min。为避免工作通道不稳定而引起频繁倒换，一般可以自定义设置 WTR 时间。在恢复模式下，工作通道在 WTR 时间范围内恢复正常，业务会由保护通道倒换回到原来的工作通道上。

非恢复式：网元处于倒换状态时，当工作通道恢复了正常时，网元仍然维持状态不变，业务不会由保护通道倒换到工作通道上。

当前组网中常见的自愈环有 SNCP 子网保护和二纤双向复用段保护环两种，二者对比如表 4-10 所示。

表 4-10　SNCP 子网保护和二纤双向复用段保护特性对比

保护类型	二纤双向复用段保护	SNCP 子网保护
APS 协议	需要	不需要
业务类型	双向的分散型业务	单向的集中型业务
自愈结构（基础）	复用段（MS）	子网级（SNC）业务
适用的网络拓扑结构	仅用于环形拓扑结构	适用于所有拓扑结构
倒换执行单板	线路板、交叉板	线路板、交叉板
倒换时间	≤50ms	≤50ms
网络容量	$K\% \text{STM-}N/2$	$\text{STM-}N$
额外业务	支持	不支持

4.3　SDH 产品硬件

根据功能需求和应用场景，设备硬件分为不同的型号，可以满足不同业务的需求。而且，不同厂家设备的命名和单板的命名也不相同，但是原理都一样，不同厂家的设备是可以对接的。

4.3.1　华为 SDH 产品系列介绍

1. 系列设备简介

华为 SDH 产品系列简介如表 4-11 所示。

表 4-11　华为 SDH 产品系列简介

设备型号	设备组网	产品定位	设备外形
OSN 9500	可以组成 STM-1、STM-4、STM-16 或 STM-64 级别的链形网，组成 STM-16 或 STM-64 级别的环形网，还可以组成衍生的各种复杂网络结构	国家干线网、省级干线网和城域骨干网	
OSN 7500	可以组成 STM-64 或 STM-16 级别的链形、环形、环相切、环相交、环带链或 Mesh 形网络	城域网的骨干层	

续表

设备型号	设备组网	产品定位	设备外形
OSN 3500	可以组成 STM-64、STM-16、STM-4 或 STM-1 级别的链形、环形、环相切、环相交、环带链或 Mesh 形网络	城域网的骨干层和汇聚层	
OSN 2500	可以组成 STM-16、STM-4 或 STM-1 级别的链形、环形、环相切、环相交、环带链或 Mesh 形网络	城域网的汇聚层和接入层	
OSN 1500B	可以组成 STM-16、STM-4 或 STM-1 级别的链形、环形、环相切、环相交、环带链或 Mesh 形网络	城域网的接入层	

2. 设备结构

华为 SDH 设备的整体结构包括交叉连接单元、线路单元、支路单元、主控单元、时钟单元及辅助单元，各单元之间通过业务总线、开销总线、时钟总线等相连。各单元之间有机组合，共同构成了 SDH 设备的硬件系统，如图 4-42 所示。

SDH 设备概述

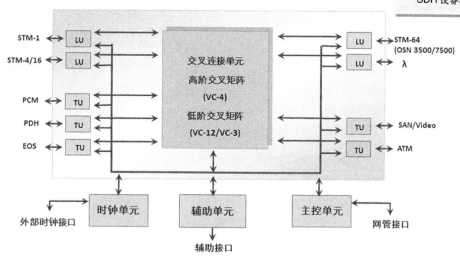

图 4-42　SDH 设备硬件系统结构

（1）支路单元（TU）

支路单元可以是 PDH 单元、PCM 单元、以太网单元、ATM 单元等，用于提供各种速率信号的接口，实现多种业务的接入和处理功能。

（2）线路单元（LU）

线路单元即 SDH 单元，用于接入并处理高速信号（STM-1、STM-4、STM-16、STM-64 的 SDH 信号），为设备提供各种速率的光/电接口以及相应的信号处理功能。

（3）交叉连接单元

交叉连接单元提供业务的灵活调度能力。整个设备的核心是交叉连接单元，它对信号不进行处理，仅仅用来实现业务基于 VC–4、VC–3、VC–12 级别的路由选择。

（4）时钟单元

时钟单元是系统的定时单元，主要作用是为系统中的各个功能单元提供定时信号。时钟单元可以通过外部时钟接口接入外部时钟源作为系统的定时信号源，同时可以将处理后的时钟进行输出，向系统外部其他需要进行定时的设备提供时钟源。时钟单元还可以跟踪系统中的 SDH 单元或 PDH 单元引入的时钟，作为系统的其他功能单元的定时时钟。

（5）辅助单元

辅助单元为系统提供公务电话、串行数据的相关接口，并为系统提供电源接入和处理、光路放大等功能。

（6）主控单元

主控单元的主要功能是实现对系统的控制和通信。主控单元收集系统各个功能单元产生的各种告警和性能数据，并通过网管接口上报给操作终端，同时接收网管下发的各种配置命令。

3. 设备介绍

由于子架类型比较多，这里以应用最广泛的 OSN 3500 设备为例介绍 SDH 设备的结构。

（1）OptiX OSN 3500 子架

图 4–43 所示为 OptiX OSN 3500 子架与单板槽位分配，下面进行如下介绍。

业务接口板槽位：slot 19 ~ 26 和 slot 29 ~ 36。

业务处理板槽位：slot 1 ~ 8 和 slot 11 ~ 17。

交叉和时钟板槽位：slot 9 ~ 10。

系统控制和通信板槽位：slot 17 ~ 18，其中 slot 17 也可以作为业务处理板槽位。

电源接口板槽位：slot 27 ~ 28。

辅助接口板槽位：slot 37。

风扇槽位：slot 38 ~ 40。

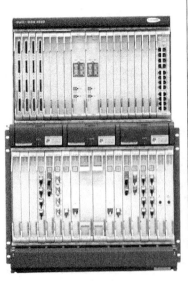

图 4-43　OptiX OSN 3500 子架与单板槽位分配图

有些槽位具有槽位对应关系，一组对应槽位之间有直连的背板总线。比如 PQ1 单板只能进行业务处理，而业务接入需要有其他单板配合完成。比如 D75S/D12S 可作为接入单板配合 PQ1 进行 E1 业务处理，此时 PQ1 与 D75S/D12S 就会有一组槽位对应关系。出线板槽位和业务处理板槽位的对应关系如表 4-12 所示。

表 4-12　槽位对应关系

业务处理板槽位	对应出线板槽位
slot 2	slot 19、20
slot 3	slot 21、22
slot 4	slot 23、24
slot 5	slot 25、26
slot 13	slot 29、30
slot 14	slot 31、32
slot 15	slot 33、34
slot 16	slot 35、36

对偶槽位是指开销可以通过背板总线穿通的一对槽位。当单板插在对偶槽位时，可以实现 K 字节、D 字节、E1 等开销的自动透传，提升复用段倒换性能，并且在本网元主控板不在位时不影响其他网元的数据通信、公务电话等功能。一般在进行组环网的时候会把两块线路光板插在对偶槽位上。对偶槽位的对应关系如表 4-13 所示。

表 4-13　槽位对偶关系

槽　　位	对应对偶槽位
slot 2	slot 17
slot 3	slot 16
slot 4	slot 15
slot 5	slot 14
slot 6	slot 13
slot 7	slot 12
slot 8	slot 11

OptiX OSN 3500 设备有多种交叉时钟处理板，当子架配置的交叉时钟板不相同时，子架的接入能力也有所不同。常见的交叉时钟处理板有 GXCS、EXCS、UXCS、FXCS、SXCS、IXCS。如果子架中配置的是 GXCS 板，那么整个子架的接入容量可以达到 35Gbit/s；插板时，第 8、11 槽位的最大接入容量是 10Gbit/s，第 6、7、12、13 这 4 个槽位，每个槽位的最大接入容量是 2.5Gbit/s，而 1～5 槽位、14～16 槽位这 8 个槽位每个槽位的接入容量是 622Mbit/s，如图 4-44 所示。

（2）单板

单板按功能可以分为 SDH 单板、PDH 处理板、以太网（Ethernet Over SDH，EOS）单板、交叉时钟单板、GSCC 单板等类型。

① SDH 单板

SDH 单板主要应用于设备组网，比如常见的 SNCP 组网和 MSP 环网。常见的 SDH 单板如表 4-14 所示。

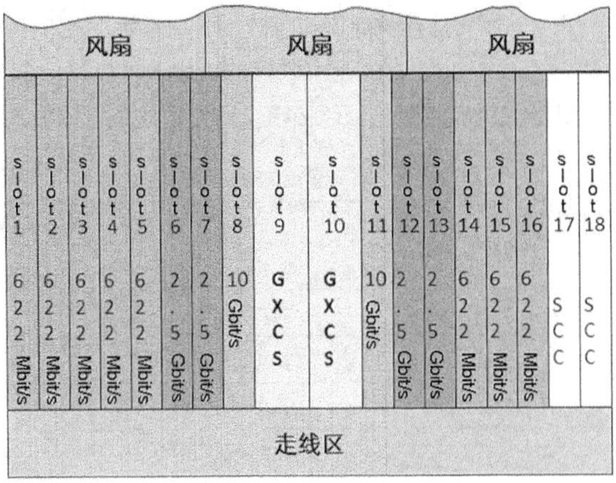

图 4-44　GXCS 槽位接入容量

表 4-14　常见的 SDH 单板

单　　板	单板描述	接口类型	连接器
SL64	1 路 STM-64 光接口板	支持定波长输出，支持 I-64.2、S-64.2b、L-64.2b、Le-64.2、Ls-64.2 和 V-64.2b	LC
SL16	1 路 STM-16 光接口板	支持定波长输出，支持 I-16、S-16.1、L-16.1、L-16.2、L-16.2Je、V-16.2Je、U-16.2Je	
SLD4	2 路 STM-4 光接口板	支持 I-4、S-4.1、L-4.1、L-4.2、Ve-4.2	
SLT1	12 路 STM-1 光接口板	支持 I-1、S-1.1、L-1.1、L-1.2、Ve-1.2	
R1SLQ1	4 路 STM-1 光接口板（小板位）	支持 I-1、S-1.1、L-1.1、L-1.2、Ve-1.2	

② PDH 单板

PDH 单板包括 E1/T1、E3/DS3、E4/STM-1 等多种业务信号类别的处理板。根据承载业务，现网常用的 PDH 单板为 PQ1+D75S，用于传送 2Mbit/s 信号，其他 PDH 单板可以适当了解，如表 4-15 所示。

表 4-15　PDH 单板

单　　板	单板描述	接口板
SPQ4	4 × E4/STM-1 处理板	MU04
PD3	6 × E3/DS3 处理板	D34S
PL3A	3 × E3/DS3 处理板	－
PQ1	63 × E1 处理板	D75S、D12S、D12B
C34S	3 路 E3/DS3 电接口倒换出线板	－
D75S	32 路 75Ω E1/T1 电接口倒换出线板	－
D12S	32 路 120Ω E1/T1 电接口倒换出线板	－
TSB8	8 路电接口保护倒换板	－
R1PL1	16 × E1 处理板（小板位）	－

注：D75S 中的 75 表示接口阻抗为 75Ω，D12S 中的 12 表示接口阻抗为 120Ω。

③ 以太网单板

常见的以太网单板如表 4-16 所示。

表 4-16　常见以太网单板

单　板	单板描述	接口类型	连接器
EGT2	2 路 GE 以太网透明传输单板	1000BASE-SX/LX/ZX	LC
EMS4	4 路 GE 与 16 路 FE 以太网汇聚板（带接口板）	1000BASE-SX/LX/ZX，100Base-FX	RJ-45、LC
EFS4	4 路带交换功能的快速以太网板	10Base-TX/100Base-TX	RJ-45
EFT8A	8 路或 16 路 FE 以太网透明传输单板（带接口板）	10Base-T/100Base-TX 100Base-FX/100Base-LX	RJ-45、LC
ETS8	8 × 10/100M 以太网双绞线保护倒换接口板	10Base-TX/100Base-TX	RJ-45
EFF8	8 × 10/100M 以太网光接口板	100Mbit/s-FX	LC

④ 交叉时钟单板

交叉时钟单板向系统中的其他单板提供定时信息，实现各种业务的汇聚和调度，完成同系统内其他单板的通信和对其他单板的配置管理等功能。

⑤ GSCC 单板

GSCC 单板为智能系统控制板，协同网络管理系统对设备的各单板进行管理，实现各个设备之间的相互通信。

4.3.2　其他厂家 SDH 产品介绍

目前，在全球通信设备制造领域，有实力的设备制造商是华为、爱立信、诺基亚、中兴。其中，诺基亚由阿尔卡特–朗讯与诺基亚合并而来，又名新诺基亚。

1. 中兴通讯 SDH/MSTP 系列产品

中兴公司的主流产品主要有 ZXMP S200、ZXMP S330、ZXMP S325、ZXMP S380\S390、ZXMP S385 等支持 SDH/MSTP 的产品，如表 4–17 所示。

表 4-17　中兴 SDH/MSTP 产品简介

设备型号	产品定位	组网速率	对应华为产品
S200	主要应用于城域本地网、城域接入边缘层、2G/3G 基站接入、楼宇小区等多业务接入、商业大客户专线接入	STM-1/STM-4	OSN 1500B
S325	紧凑型 SDH/MSTP 光纤传输设备，主要定位于光纤传输网络接入层	STM-1/STM-4/STM-16	OSN 2500
S330	主要应用场合有本地网、城域网（接入层和汇聚层）	STM-1/STM-4/STM-16	OSN 3500
S385	长途骨干传输网、区域骨干传输网、城域传输网络（接入层和汇聚层）	STM-1/STM-4/STM-16 STM-64	OSN 3500/7500
ZXONE 5800	长途骨干传输网、区域骨干传输网	STM-1/STM-4/STM-16 STM-64	OSN 9500

2. 爱立信 SDH/MSTP 系列产品

爱立信的 SDH/MSTP 产品有 Marconi OMS 800、Marconi OMS 1200、Marconi OMS 1600、Marconi OMS 3200，如表 4–18 所示。

表 4-18　爱立信 SDH/MSTP 产品简介

设备型号	产品定位	组网速率	对应华为产品
Marconi OMS 800	应用于 2G 或 3G 的移动/无线电接入网络	STM-1/4/16	OSN 1500B
Marconi OMS 1200	点对点或集线应用 固定和移动无线网络应用中的经济回传解决方案	–	–
Marconi OMS 1600	多业务传输和交换平台（MSTP/MSPP）	STM-1/4/16/64	OSN 2500/OSN 3500/7500
Marconi OMS 3200	灵活的光网络，支持 SDH、OTN 和 IP 流量的理想解决方案	STM-16/64	OSN 3500/7500/9500

4.4　业务配置

SDH 设备支持多业务接入，不同的业务需求所对应 SDH 的接入单板类型不一样，业务配置也有区别。比如 2Gbit/s 基站对应的 2Mbit/s 单板是 PQ1，配置普通的 SDH 业务；以太网的专线业务就需要 SDH 设备的 EFS4 单板接入，配置以太网业务。

4.4.1　PDH 业务配置（MSP/链形 1+1/SNCP）

1. 背景介绍

某市区域 A 新建了一个工厂，移动客户流量增长很快，移动公司最近不断接到信号不好、有时打不出电话的客户投诉。在移动公司组织的路测中发现区域 B 有弱覆盖的现象，为了提升客户体验，需要增强区域 B 的信号强度。

这两个需求反馈到无线网优部门，经过计算，建议在区域 A 新建两个 GSM 站点，在区域 B 新建一个 GSM 站点，增强信号覆盖。设计的组网图如图 4-45 所示，图中的传输设备资源已经存在，只需要新建 GSM 站点即可。

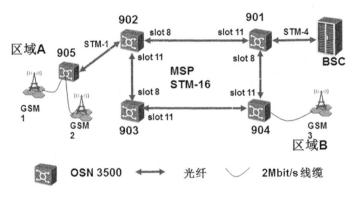

图 4-45　某市移动公司局部组网图

2. 业务时隙规划

根据业务需求完成网络的业务时隙规划，如表 4-19 ~ 表 4-21 所示。

表 4-19　GSM1 业务时隙规划

	GSM1	905		902			901	
单板		2-PQ1	7-SLT1	7-SLT1		8-SL16	11-SL16	12-SLD4
时隙	1*E1	Port1	Port1:VC4-1:1	Port1:VC4-1:1		VC4-1:1	VC4-1:1	Port1:VC4-1:1

备注：2-PQ1 表示槽位 2 的 PQ1 单板。Port1:VC4-1:1 表示线路板物理光口 1 的第一个 VC-4 帧的第一个 VC-12 帧。

表 4-20　GSM2 业务时隙规划

	GSM2	905		902			901	
单板		2-PQ1	7-SLT1	7-SLT1		8-SL16	11-SL16	12-SLD4
时隙	1*E1	Port2	Port1:VC4-1:2	Port1:VC4-1:2		VC4-1:2	VC4-1:2	Port1:VC4-1:2

表 4-21　GSM3 业务时隙规划

	GSM3	904		901				
单板		2-PQ1	11-SL16	8-SL16	12-SLD4			
时隙	1*E1	Port1	VC4-1:1	VC4-1:1	Port1:VC4-1:3			

3. 业务配置

根据时隙分配完成传输的业务配置，这里只配置 GSM1 到 BSC 的传输业务（其他站点配置类似）。以 901-902-903-904 环网配置 MSP 保护为例，具体操作步骤如下。

步骤 1：新建物理站点 GSM1、GSM2、GSM3，并完成无线站点的单站配置。

步骤 2：配置 901-902-903-904 环网的 MSP 保护（在传输网络新建时配置一次，以后再有新业务扩容时，只需配置 SDH 业务即可，因此这个步骤是可选的）。

在主菜单中选择"业务 > SDH 保护子网 > 创建二纤双向复用段共享保护环"命令，弹出提示对话框，单击"确定"按钮，进入"创建保护子网"页面，使用配置向导完成配置，详细步骤可参考配置手册。

步骤 3：在网元管理器中选择网元 905，在功能树中选择"配置 > SDH/PDH 业务配置"命令，在右侧窗格的下方单击"新建"按钮，弹出"新建 SDH/PDH 业务"对话框，设置所需的参数后单击"确定"按钮，如图 4-46 所示。

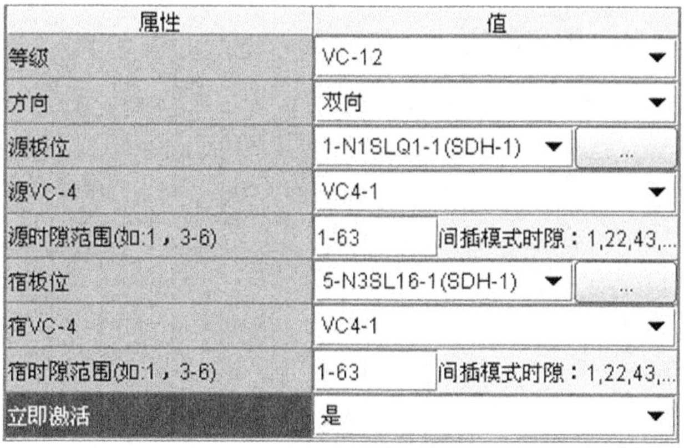

属性	值
等级	VC-12
方向	双向
源板位	1-N1SLQ1-1(SDH-1)
源VC-4	VC4-1
源时隙范围(如:1, 3-6)	1-63　间插模式时隙：1,22,43,…
宿板位	5-N3SL16-1(SDH-1)
宿VC-4	VC4-1
宿时隙范围(如:1, 3-6)	1-63　间插模式时隙：1,22,43,…
立即激活	是

图 4-46　单站法新建 SDH/PDH 业务

步骤 4：在网元管理器中选择网元 902，在功能树中选择"配置 > SDH/PDH 业务配置"命令，时隙分配如表 4-22 所示。

表 4-22　网元 902 时隙分配

参数项	本例中取值
等级	VC-12
方向	双向
源板位	7-SLH1-1（SDH-1）
源 VC-4	VC4-1
源时隙范围	1
宿板位	8-SL16-1（SDH-1）
宿 VC-4	VC4-1
宿时隙范围	1

步骤 5：在网元管理器中选择网元 901，在功能树中选择"配置 > SDH/PDH 业务配置"命令，时隙分配如表 4-23 所示。

表 4-23　网元 901 时隙分配

参数项	本例中取值
等级	VC-12
方向	双向
源板位	11-SL16-1（SDH-1）
源 VC-4	VC4-1
源时隙范围	1
宿板位	12-SLQ4-1（SDH-1）
宿 VC-4	VC4-1
宿时隙范围	1

步骤 6：验证业务配置的正确性，通过与无线团队确认，业务已经开通。

作业：请完成 GSM2、GSM3 的传输业务配置（建议画出来）。

4.4.2　以太网业务介绍与配置

SDH 设备支持的以太网业务类型包括以太网专线（Ethernet Private Line，EPL）业务、以太网虚拟专线（Ethernet Virtual Private Line，EVPL）业务、以太网专用局域网（Ethernet Private Local Area Network，EPLAN）业务和以太网虚拟专用局域网（Ethernet Virtual Private LAN，EVPLAN）业务。

下面对以太网业务基本概念介绍如下。

（1）外部端口和内部端口

以太网单板的外部端口用于提供用户侧业务的接入，内部端口用于将业务封装映射到传输网络侧进行透明传输，如图 4-47 所示。

以太网单板的外部端口即外部物理接口，也称为客户侧接口或者用户侧接口，用于接入用户侧的以太网业务。

以太网单板的内部端口即内部 VCTRUNK（Virtual Container Trunk）端口，在某些应用场合亦称为系统侧接口或背板侧接口，用于将业务封装映射到 SDH 侧。

VCTRUNK 是通过 VC 容器实现的传送通道，可以用相邻级联技术实现，也可以用虚级联技术实现。在网管界面上,可以通过绑定通道来为 VCTRUNK 端口指定不同颗粒度的带宽。

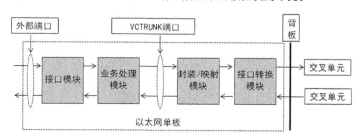

图 4-47　以太网单板内部结构

(2) TAG 属性

数据帧进入或离开以太网单板的端口时,端口的 TAG 属性将影响端口对数据帧的处理方式。内部端口和外部端口需要根据应用场景设置端口的 TAG 属性,如图 4-48 所示。

数据包 端口	TAG	Untag
Tagaware(入)	透传	丢弃
Tagaware(出)	透传	–
Access(入)	丢弃	添加默认VLAN ID
Access(出)	剥离VLAN ID	–
Hybrid(入)	透传	添加默认VLAN ID
Hybrid(出)	如果VLAN ID相同,剥离VLAN ID, 反之则透传	–

图 4-48　端口 TAG 属性

4.4.3　EPL/EVPL 业务介绍

1. 背景介绍

某市中国银行(用户 A)业务增长迅速,需要在两个分部之间新建一条以太网专线链路,用于承载两个分部的直接数据交换。两个分部分别位于 NE1 和 NE3,要进行以太网通信,需要 10Mbit/s 带宽。

某市公安局(用户 B)数据存储业务增长迅速,需要在总局和分局之间新建一条以太网专线链路,用于承载总局和分局之间的数据交换。用户 B 总局和分局分别位于 NE1 和 NE3,要进行以太网通信,需要 20Mbit/s 带宽。

由于两个都是重要客户,用户 A 和用户 B 的业务需要相互隔离,且要求是物理隔离。用户 A 与用户 B 的以太网设备提供 100Mbit/s 以太网接口,工作模式为自协商,均不支持 VLAN。

根据业务需求,目前有 4 种传输技术可以用来承载以太网技术:GPON、PTN、IPRAN、SDH。每种技术都有自己的特点,但是由于是 VIP 客户,要求物理隔离和高可靠性,所以只有 SDH 网络可以满足此类业务要求。

2. 业务规划

分析可知,SDH/MSTP 配置 EPL 业务满足这个业务需求,实现对用户以太网业务进行点到点的透明传送。一个用户独占一个 VCTRUNK,不需要与其他用户共享带宽,因此具有严格的带宽保障和用户隔离,不需要采用其他 QoS 机制和安全机制。网元 NE1 和 NE3 分别配置一块 EFS4 交换单板，NE1、NE2、NE3、NE4 都使用 OSN 3500 设备，如图 4-49 所示。

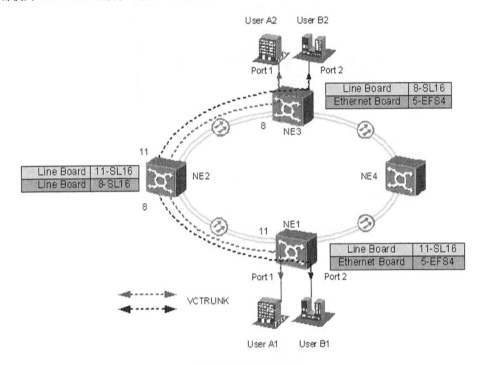

图 4-49　以太网业务规划

3. 业务信号流和时隙分配

以太网业务从外部端口接入，通过内部端口封装到 SDH 侧网络进行透明传输，从而与远端节点实现交互，业务流和时隙分配如图 4-50 所示。

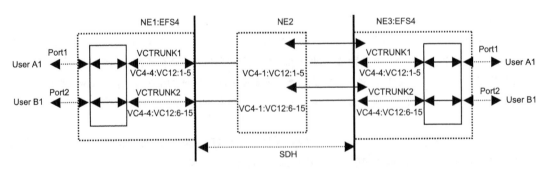

图 4-50　以太网业务流和时隙分配

（1）用户 A 的 EPL 业务

用户 A 的 EPL 业务占用 NE1 和 NE3 间 SDH 传输网链路上 1 号 VC-4 的 1~5 号 VC-12 时隙（VC4-1:VC12:1-5），业务在 NE2 穿通，使用 NE1 的 N2EFS4 单板的 4 号 VC-4 的 1~5 号 VC-12 时隙（VC4-4:VC12:1-5）和 NE3 的 N2EFS4 单板的 4 号 VC-4 的 1~5 号 VC-12 时隙（VC4-4:VC12:1-5）上下业务。

（2）用户 B 的 EPL 业务

用户 B 的 EPL 业务占用 NE1 和 NE3 间 SDH 传输网链路上 1 号 VC-4 的 6～15 号 VC-12 时隙（VC4-1:VC12:6-15），业务在 NE2 穿通，使用 NE1 的 N2EFS4 单板的 4 号 VC-4 的 6～15 号 VC-12 时隙（VC4-4:VC12:6-15）和 NE3 的 N2EFS4 单板的 4 号 VC-4 的 6～15 号 VC-12 时隙（VC4-4:VC12:6-15）上下业务。

4．业务配置

这里只列举简单的步骤。

步骤 1：在 NE1 配置 User A1、B1 的 EPL 业务，分别配置 User A1、B1 占用的外部端口（N2EFS4 单板的 Port1 和 Port2）的属性、"TAG 属性""网络属性"。

步骤 2：分别配置 User A1、B1 占用的内部端口（N2EFS4 单板的 VCTRUNK1 和 VCTRUNK2）的属性。

步骤 3：分别配置 User A1、B1 的 EPL 业务。

步骤 4：分别配置 User A1、B1 以太网业务到 SDH 传输网链路的交叉连接。

步骤 5：在 NE2 配置 User A1、B1 的穿通业务。

步骤 6：在 NE3 配置 User A2、B2 的 EPL 业务。

步骤 7：采用 PING 测试的方式，分别验证 User A1←→User A2 及 User B1←→User B2 的业务配置的正确性。

5．专线业务引申

如果是 EVPL 业务，又当如何配置？

EVPL 业务与 EPL 业务的主要区别是，EVPL 需要多个用户共享带宽，需要使用 VLAN/MPLS/QinQ 机制来区分不同用户数据，而 EPL 业务是用户独享带宽的。EPL 虽然具备严格的带宽保障和用户隔离，但是成本太高，对于一般企业而言无法承受。基于共享带宽的 EVPL 已经可以满足一般企业的专线业务需求，而且 EVPL 业务应用场景及业务配置方式和 EPL 业务基本相同。

6．共享外部端口的 EVPL 业务

如图 4-51 所示，从一个站点的同一个外部端口接入的多个用户业务，通过不同的 VLAN ID 实现用户数据隔离，占用不同的 VCTRUNK 传送到同一站点的不同外部端口。

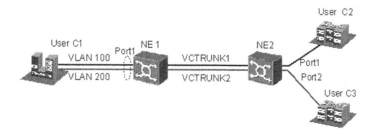

图 4-51　共享外部端口的 EVPL 业务

7．共享 VCTRUNK 的 EVPL 业务

以太网单板支持如下 3 种方式实现 EVPL 业务的汇聚和分发。

（1）基于 VLAN 标签实现的 EVPL 业务。

（2）基于 MPLS 封装实现的 EVPL 业务。

（3）基于 QinQ 技术实现的 EVPL 业务。

如图 4-52 所示,通过 VLAN/MPLS/QinQ 机制可实现不同的用户数据隔离,进而实现在一个 VCTRUNK 通道中传输多个用户业务。

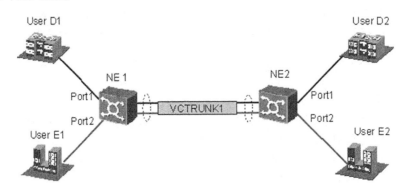

图 4-52　共享 VCTRUNK 的 EVPL

4.4.4　EPLAN/EVPLAN 业务介绍

1. 背景介绍

某金融公司（用户 F）在北京市有 3 个分部,分部之间有大量数据需要交换。由于是金融机构,要求数据必须物理隔离,同时要求带宽必须有保障,于是公司通过招标的形式租用运营商的以太网链路,要求分部 F1、F2、F3 之间相互通信,需要带宽为 10Mbit/s。用户 F 的以太网设备可提供 100Mbit/s 以太网电接口,工作模式为自协商,支持 VLAN,但是 VLAN ID 和 VLAN 数量未知,且后续可能会有变化。某运营商在 3 个分部附近有传输 SDH 传输网网元 NE1、NE2 和 NE4,此 SDH 传输网基于用户 F 的需求能够提供完善的解决方案,正好匹配用户 F 的需求。

2. 业务规划

如图 4-53 所示,用户 F 的 3 个分部需要通信,NE1 建立 IEEE 802.1d 网桥来实现 EPLAN 业务。IEEE 802.1d 网桥可以建立基于 MAC（Media Access Control）地址的转发表,此表通过系统自学习功能定期进行更新,接入的数据可以根据其目的 MAC 地址在 IEEE 802.1d 网桥域内进行转发或广播。NE1、NE2、NE3、NE4 都是 OSN 3500 设备。

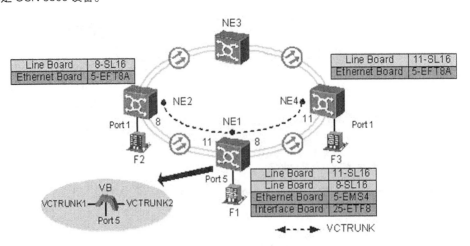

图 4-53　EPLAN 业务规划

3. 业务信号流和时隙分配

汇聚节点的以太网业务从外部端口接入，通过二层交换转发到内部端口，封装到 SDH 侧网络进行透明传输，从而与远端节点实现交互，如图 4-54 所示。

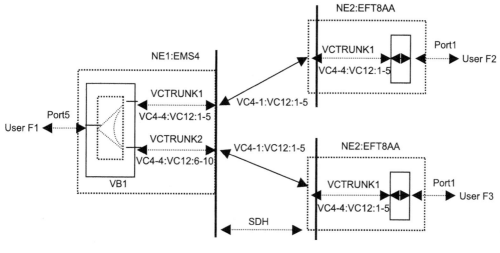

图 4-54　EPLAN 时隙分配

（1）用户 F 的 EPLAN 业务占用 NE1 到 NE2 间的 SDH 传输网链路上的 1 号 VC-4 的 1~5 号 VC-12 时隙（VC4-1:VC12:1-5）以及 NE1 到 NE4 间的 SDH 链路上 1 号 VC-4 的 1~5 号 VC-12 时隙（VC4-1:VC12:1-5）。

（2）NE1 到 NE2 间的 EPLAN 业务使用 NE1 的 N1EMS4 单板的 1 号 VC-4 的 1~5 号 VC-12 时隙（VC4-1:VC12:1-5）和 NE2 的 N1EFT8A 单板的 4 号 VC-4 的 1~5 号 VC-12 时隙（VC4-4:VC12:1-5）上下业务。

（3）NE1 到 NE4 间的 EPLAN 业务，使用 NE1 的 N1EMS4 单板的 1 号 VC-4 的 6~10 号 VC-12 时隙（VC4-1:VC12:6-10）和 NE4 的 N1EFT8A 单板的 4 号 VC-4 的 1~5 号 VC-12 时隙（VC4-4:VC12:1-5）上下业务。

4. 业务配置

这里只列举简单的步骤。

步骤 1：配置 User F1、F2、F3 占用的外部端口的属性。

步骤 2：配置 User F1、F2、F3 占用的内部端口的属性。

步骤 3：在 NE1 上的 EMS4 单板上创建网桥。

步骤 4：在 NE1 上配置 User F2、F3 的 EPLAN 业务到 SDH 传输网链路的交叉连接。

步骤 5：配置 NE2 和 NE4 的 EPLAN 业务。

步骤 6：在 NE1、NE4 上配置 EPLAN 业务到 SDH 传输网链路的交叉连接。

步骤 7：采用 PING 测试的方式验证业务配置的正确性。如果能够 PING 测试成功，则配置正确。

5. EVPLAN 业务

EVPLAN 业务与 EPLAN 业务的主要区别是，EVPLAN 业务需要多个用户共享带宽，需要使用 VLAN/MPLS/QinQ 机制来区分不同用户的数据。如果需要对不同用户提供不同的服务质量，则需要采用相应的 QoS 机制。EVPLAN 业务允许多个小企业共享一套传输通道资源，节省成本。

如图 4-55 所示，用户 G 的 3 个分部需要通信，用户 H 的 3 个分部也需要通信，用户 G 和用户 H 的业务需要进行数据隔离，这时需要在 NE1 上建立 IEEE 802.1q 网桥来实现 EVPLAN 业务。

IEEE 802.1q 网桥支持一层 VLAN 标签的数据隔离，对进入网桥的数据帧进行 VLAN 标签内容的检查，基于数据帧的目的 MAC 地址和携带的 VLAN ID 进行二层交换。

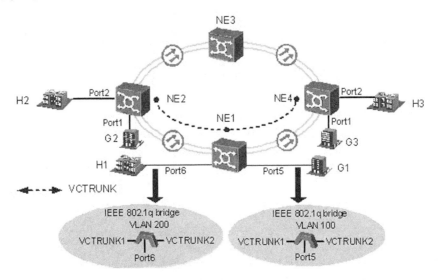

图 4-55　EVPLAN 业务规划

4.5　本章小结

SDH 的中文全称为同步数字体系，是一套可进行同步信息传输、复用、分插和交叉连接的标准化数字信号结构等级，可在传输介质上（如光纤、微波等）进行同步信号的传送。

SDH 是一个标准的体系，具备标准的帧结构和复用步骤。为了使不同厂家的产品实现横向兼容，ITU-T 采用功能参考模型对 SDH 设备进行规范，通过基本功能块的标准化，规范设备的标准化，同时也使规范具有普遍性。

网络拓扑的基本结构有链形、星形、树形、环形和网孔形，其中环形和链形应用最为广泛。

常见保护方式包括 1+1 线性复用段保护、1:N 线性复用段保护、二纤单向复用段保护环、二纤双向复用段共享保护环、四纤双向复用段保护环及子网连接保护（SNCP）。其中，二纤双向复用段共享保护环、子网连接保护（SNCP）在现网中应用较广泛。

现在市面上常见的 SDH 设备包括华为 SDH 系列产品（OSN 1500/2500/3500/7500）、中兴 SDH 系列产品（ZXMP S200/ZXMP S330/ZXMP S325/ZXMP S380\S390/ZXMP S385）、爱立信 SDH 系列产品（Marconi OMS 800/Marconi OMS 1200/ Marconi OMS 1600/Marconi OMS 3200）。

本章介绍的 SDH 产品，技术成熟，设备运行稳定，具备高可靠、低时延、高安全性。随着信息社会的发展，人们对带宽要求越来越高，OTN 和 PON 技术挤压了 SDH 的一些应用领域，但是在一些对带宽要求不高的领域，依然发挥着重要作用，比如铁路、电力、金融、石化等行业，以及运营商 2G 基站业务回传和大企业客户专线方面。另外，新 OTN 网络集成了 SDH 特性，因此 SDH 技术在通信网络中会长期存在。

4.6 练习题

1. 简述相对于 PDH 技术，SDH 技术的优势有哪些。

2. 请画出 2Mbit/s 信号复用成 STM-1 帧的步骤。

3. 简述二纤双向复用段保护环（MSP）和子网连接保护（SNCP）的应用场景。

4. 简述 SDH 传输网常见的业务类型。

第 5 章

WDM 技术原理

WDM 技术是一门成熟、应用广泛的通信技术。由于 WDM 技术在大容量、长距离传输上具有巨大优势，目前已成为光通信领域的主流技术，得到了广泛的应用。本章主要介绍 WDM 的基本概念、系统组成、关键技术和 WDM 系统的常见组网方式。

课堂学习目标

- 掌握 WDM 技术的基本概念

- 掌握 WDM 系统的基本组成

- 了解光纤传输网络的关键技术

- 掌握 WDM 系统常用产品

5.1　**WDM** 技术概述

5.1.1　WDM 的概念

　　光纤通信系统可以有不同的分类方式。如果按照信号的复用方式进行分类，可分为频分复用(Frequency Division Multiplexing, FDM)系统、时分复用(Time Division Multiplexing, TDM)系统、波分复用(Wavelength Division Multiplexing, WDM) 系统和空分复用 (Space Division Multiplexing, SDM) 系统。所谓频分、时分、波分和空分复用，是指按频率、时间、波长和空间来分割光纤通信系统。

WDM 概念与系统结构

应当说，频率和波长是紧密相关的，频分即波分，但在光纤通信系统中，波分复用系统采用光学分光元件分离波长，不同于一般电通信中采用滤波器，所以仍将两者分成两个不同的系统。

　　WDM 是光纤通信中的一种传输技术，它利用一根光纤可以同时传输多种不同波长的光载波的特点，把光纤可能应用的波长范围划分成若干个波段，每个波段作为一个独立的通道传输预定波长的光信号。光波分复用的实质是在光纤上进行光频分复用(Optical Frequency Division Multiplexing, OFDM)，这是因为光波通常采用波长来描述、监测与控制。随着电-光技术的向前发展，在同一光纤中波长的密度变得更高，这种高密度的 WDM 系统称为密集波分复用 (Dense Wavelength Division Multiplexing, DWDM)；与此对照，还有波长密度较低的 WDM 系统，称为稀疏波分复用(Coarse Wave Division Multiplexing, CWDM)。

　　将一根光纤看作一个"多车道"的公用道路，传统的 TDM 系统只利用了这条道路的一条车道，提高比特率相当于通过在该车道上加快行驶速度来增加单位时间内的运输量；而 DWDM 技术利用了公用道路上尚未使用的车道，可以获取光纤中未开发的巨大传输能力。

5.1.2　WDM 技术的发展背景

　　随着科学技术的迅猛发展，通信领域的信息传送量正以一种加速度的形式膨胀，信息时代要求越来越大容量的传输网。增加光纤网络的容量及灵活性，提高传输速率和扩容的手段有多种，包括 SDM、TDM 和 WDM 等。近几年来，世界上的网络运营公司及设备制造厂家把目光更多地转向了 WDM 技术，并对其投以越来越多的关注。下面对这几种扩容方式及其优缺点进行比较。

1. SDM

　　SDM 技术靠增加光纤的数量线性增加传输容量，传输设备也同时线性增加。

　　在光缆制造技术已经非常成熟的今天，几十芯的带状光缆已经比较普遍，而且先进的光纤接续技术也使光缆施工变得简单，但光纤数量的增加却给施工以及将来线路的维护带来诸多不便。并且对于已有的光缆线路，如果没有足够的光纤数量，通过重新敷设光缆来扩容，工程费用将会成倍增长。而且，这种方式并没有充分利用光纤的传输带宽，造成了光纤带宽资源的浪费。建设通信网络，不可能总是采用敷设新光纤的方式来扩容，事实上，在工程之初也很难预测日益增长的业务需求量，难以精确计算应该敷设的光纤数。因此，SDM 技术的扩容方式十分受限。

2. TDM

　　TDM 技术是一项比较常用的扩容方式。从传统 PDH 传输体制的一次群至四次群的复用，到如今 SDH 传输体制的 STM-1、STM-4、STM-16 乃至 STM-64 的复用，TDM 技术成倍地提高了光纤传输信息的容量，极大地降低了每条电路在设备和线路方面投入的成本。采用 TDM 技术，可以很容易地在数据流中抽取某些特定的数字信号，尤其适合在需要采取自愈环保护策略的网络中使用。

TDM 技术的扩容方式有两个缺陷：第一是影响业务，即在"全盘"升级至更高的速率等级时，网络接口及设备需要完全更换，在升级的过程中不得不中断正在运行的设备；第二是速率的升级缺乏灵活性，以 SDH 设备为例，当一个线路速率为 155Mbit/s 的系统被要求提供两个 155Mbit/s 的通道时，只能将系统升级到 622Mbit/s，即使有两个 155Mbit/s 将被闲置。

对于更高速率的 TDM 设备，目前成本还较高，并且 40Gbit/s 的 TDM 设备已经达到电子器件的速率极限，即使是 10Gbit/s 的速率，不同类型的光纤中的非线性效应也会对传输产生各种限制。

现在，TDM 技术是一种被普遍采用的扩容方式，它通过不断地进行系统速率升级实现扩容的目的，但当达到一定的速率等级时，会由于器件和线路等各方面特性的限制而达到极限，运营商不得不寻找另外的解决办法。

不管是采用 SDM 还是 TDM 的扩容方式，基本的传输网均采用传统的 PDH 传输体制或 SDH 传输体制，即采用单一波长的光信号进行传输，这种传输方式对光纤容量存在极大的浪费，因为光纤的带宽相对于目前利用的单波长信道来讲几乎是无限的。用户一方面在为网络的拥挤不堪而忧心忡忡，而另一方面却让大量的网络资源白白浪费。

3. WDM

WDM 技术利用单模光纤低损耗区的巨大带宽，将不同速率（波长）的光混合在一起进行传输，这些不同波长的光信号所承载的数字信号可以是相同速率、相同数据格式的，也可以是不同速率、不同数据格式的。通过增加新的波长特性，可以按用户的要求确定网络容量。对于 2.5Gbit/s 以下的传输速率，目前的 WDM 技术可以完全克服由于光纤的色散和非线性效应带来的限制，满足对传输容量和传输距离的各种需求。WDM 扩容方案的缺点是需要较多的光纤器件，增加了失效和故障的概率。图 5-1 所示为系统扩容解决方案。

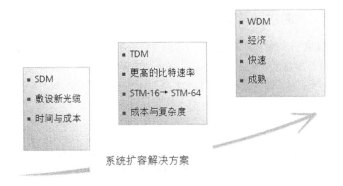

系统扩容解决方案

图 5-1　系统扩容解决方案

5.1.3　DWDM 原理概述

DWDM 技术利用单模光纤的带宽以及低损耗的特性，采用多个波长作为载波，允许各载波信道在光纤内同时传输。与通用的单信道系统相比，DWDM 不仅极大地提高了网络系统的通信容量，充分利用了光纤的带宽，而且具有扩容简单和性能可靠等诸多优点。特别是它可以直接接入多种业务，使得它的应用前景十分光明。

DWDM 系统的构成及光谱示意图如图 5-2 所示。发送端的光发射机发出波长不同而精度和稳定度满足一定要求的光信号，经过光波长复用器复用在一起后送入掺铒光纤功率放大器（掺铒光纤放大器主要用来弥补合波器引起的功率损失，提高光信号的发送功率），再将放大后的多路光信号送入光纤传输，中间根据情况决定是否有光线路放大器，到达接收端，经光前置放大器（主要用于提高接收灵敏度，以便延长传输距离）放大以后，送入光波长分波器分解出原来的各路光信号。

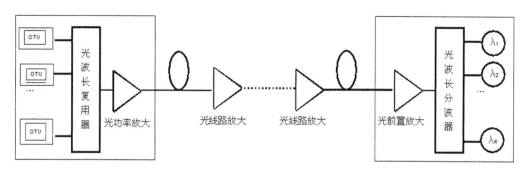

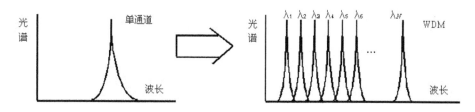

图 5-2　DWDM 系统的构成及光谱示意图

5.1.4　WDM 系统组成

N 路波长复用的 WDM 系统的总体结构主要由发送光复用终端单元、接收光复用终端（OTM）单元与中继线路放大（OLA）单元 3 部分组成。如果按组成模块来分，有如下几个模块，如图 5-3 所示。

（1）光波长转换单元（Optical Transponder Unit，OTU）。

（2）波分复用器：合波/分波器（Optical Multiplexer Unit / Optical De-multiplexer Unit，OMU/ODU）。

（3）光放大器（Optical Amplifier，OA）。

（4）光监控信道/通路（Optical Supervisory Channel，OSC）。

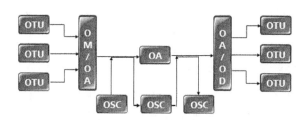

图 5-3　WDM 系统中的各模块

光波长转换单元将非标准的波长转换为 ITU-T 规范的标准波长。WDM 系统中应用光/电/光（O/E/O）的变换，即先用光电二极管 PIN 或 APD 把接收到的光信号转换为电信号，然后该电信号对标准波长的激光器进行调制，从而得到新的合乎要求的光波长信号。

光合波器用于 WDM 系统的发送端，是一种具有多个输入端口和一个输出端口的器件，它的每一个输入端口可输入一个预选波长的光信号，输入的不同波长的光波由同一输出端口输出。光分波器用于 WDM 系统的接收端，正好与光合波器相反，它具有一个输入端口和多个输出端口，可将多个不同波长信号分离开来。

　　光放大器可以对光信号进行直接放大，是具有实时、高增益、宽带、在线、低噪声、低损耗等特性的全光放大器，是新一代光纤通信系统中必不可少的关键器件。目前使用的光纤放大器中主要有掺铒光纤放大器（EDFA）、半导体光放大器（SOA）和光纤拉曼放大器（FRA）等，其中掺铒光纤放大器具有优越的性能，被广泛应用于长距离、大容量、高速率的光纤通信系统中，一般作为前置放大器、线路放大器、功率放大器使用。

　　光监控信道主要用于监控 WDM 的光纤传输系统的传输情况，ITU–T 建议优选采用 1510nm 波长，承载速率为 2Mbit/s。该信道在接收光功率较低的情况下（接收灵敏度为–48dBm）仍能正常工作，但必须在 EDFA 之前下光路，在 EDFA 之后上光路。

5.1.5　WDM 技术的优势

　　光纤的容量是极其巨大的，而传统的光纤通信系统都是在一根光纤中传输一路光信号，实际上只使用了光纤带宽的很少一部分。为了充分利用光纤的巨大带宽资源，增加光纤的传输容量，以密集 WDM（DWDM）技术为核心的新一代的光纤通信技术应运而生。

　　WDM 技术具有如下特点。

1．超大容量

　　目前使用的普通光纤可传输的带宽是很宽的，但其利用率还很低。使用 DWDM 技术可以使一根光纤的传输容量比单波长传输容量增加几倍、几十倍乃至几百倍。现在商用最高容量光纤传输系统为 1.6Tbit/s 系统，朗讯和北电网络两公司提供的该类产品都采用 160×10Gbit/s 方案结构，而且容量 3.2Tbit/s 实用化系统的开发已具备条件。

2．对数据的"透明"传输

　　DWDM 系统按光波长的不同进行复用和解复用，与信号的速率和电调制方式无关。一个 WDM 系统的业务可以承载多种格式的"业务"信号，如 ATM、IP 或者将来有可能出现的信号。WDM 系统完成的是透明传输，对于"业务"层信号来说，WDM 系统中的各个光波长通道就像"虚拟"的光纤一样。

3．系统升级时能最大限度地保护已有投资

　　在网络扩容和发展中，无须对光缆线路进行改造，只需更换光发射机和光接收机即可实现理想的扩容，也是引入宽带业务（例如 CATV、HDTV 和 B–ISDN 等）的方便手段。另外，增加一个波长即可引入任意想要的新业务或新容量。

4．高度的组网灵活性、经济性和可靠性

　　利用 WDM 技术构成的新型通信网络相比于用传统的电时分复用技术组成的网络结构大大简化，而且网络层次分明，对于各种业务的调度，只需调整相应光信号的波长即可。其网络结构简化、层次分明以及业务调度方便，由此而带来的网络的灵活性、经济性和可靠性是显而易见的。

WDM 传输模式和应用模式

5.1.6　传输模式与系统模式

　　WDM 系统根据光纤中信号的传输方向可分为单纤单向 WDM 系统和单纤双向 WDM 系统，根据应用形式又可分为开放式系统和集成式系统。本节将重点介绍这几种不同的系统。

1. 单纤单向 WDM 系统

如图 5-4 所示，单纤单向 WDM 系统采用两根光纤，一根光纤只完成一个方向光信号的传输，反向光信号的传输由另一根光纤来完成。

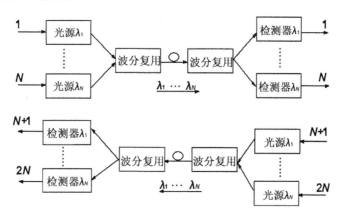

图 5-4 WDM 系统的单向传输

这种 WDM 系统可以充分利用光纤的巨大带宽资源，使一根光纤的传输容量扩大几倍至几十倍。在长途网中，根据实际业务量的需要逐步增加波长可以实现扩容，十分灵活。在不清楚实际光缆色散情况时，这也是一种暂时避免采用超高速光系统而利用多个 2.5Gbit/s 系统实现超大量传输的手段。

2. 单纤双向 WDM 系统

如图 5-5 所示，双向 WDM 系统只用一根光纤，在一根光纤中实现两个方向光信号的同时传输，当然两个方向光信号应安排在不同波长上。

单纤双向 WDM 系统允许单根光纤携带全双工通路，通常可以比单向传输节约一半的光纤器件，由于两个方向传输的信号不交互产生 FWM（四波混频）产物，因此其总的 FWM 产物比双纤单向传输少很多。但缺点是该系统需要采用特殊的措施来对付光反射（包括由于光接头引起的离散反射和光纤本身的瑞利后向反射），以防多径干扰；当需要将光信号放大以延长传输距离时，必须采用双向光纤放大器以及光环形器等元件，噪声系数稍差。

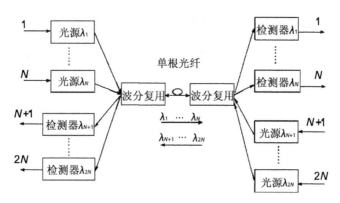

图 5-5 WDM 系统的双向传输

ITU-T 规范 G.692 文件时并未对于单纤双向 WDM 系统和单纤单向 WDM 系统的优劣给出明确的说法，实际使用的 WDM 系统大都采用单纤单向传输方式。

3. 开放式与集成式系统

WDM 系统通常有开放式 WDM 系统和集成式 WDM 系统两种应用形式。

（1）开放式 WDM 系统

开放式 WDM 系统（如图 5-6 所示）对复用终端光接口没有特别的要求，只要求这些接口符合 ITU-T 建议的光接口标准。WDM 系统采用波长转换技术，将复用终端的光信号转换成指定的波长，将不同终端设备的光信号转换成符合 ITU-T 建议的不同波长，然后进行合波输出。

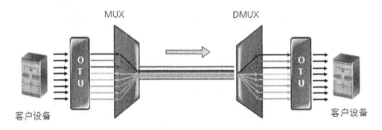

图 5-6　开放式 WDM 系统

（2）集成式 WDM 系统

集成式 WDM 系统（如图 5-7 所示）没有采用波长转换技术，它要求复用终端的光信号的波长符合 WDM 系统的规范，不同的复用终端设备发送符合 ITU-T 建议的不同波长，这样在接入合波器时就能占据不同的通道，从而完成合波。

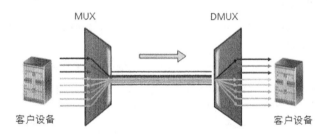

图 5-7　集成式 WDM 系统

5.1.7　DWDM 与 CWDM

DWDM 无疑是当今光纤应用领域的首选技术，但其也存在着价格比较高昂的一面。有没有可能以较低的成本享用 WDM 技术呢？面对这一需求，CWDM 应运而生。

CWDM 与 DWDM 的区别有两点：一是 CWDM 载波通道间距较宽，一根光纤上只能复用 2～16 个波长的光波，"稀疏"与"密集"称谓的差别就由此而来；二是 CWDM 调制激光采用非冷却激光，而 DWDM 采用的是冷却激光，它需要冷却技术来稳定波长，实现起来难度很大，成本也很高。CWDM 系统采用的 DFB 激光器不需要冷却，因而大幅降低了成本，整个 CWDM 系统的成本只有 DWDM 系统的 30%。越来越多的城域网运营商开始寻求更合理的传输解决方案，CWDM 也越来越广泛地被业界接受。

在同一根光纤中传输的不同波长之间的间距是区分 DWDM 和 CWDM 的主要参数。目前的 CWDM 系统一般工作在 1271～1611nm 波段，间隔为 20nm，可复用 18 个波长通道。其中的 1400nm 波段由于损耗较大，一般不用。

相对于 DWDM 系统，CWDM 系统在提供一定数量的波长和 100km 以内的传输距离的同时，大大降低了系统的成本，并具有非常强的灵活性。因此，CWDM 系统主要应用于城域网中。CWDM 用很低的成本提供了很高的接入带宽，适用于点对点、以太网、SONET 环等各种流行的网络结构，特别适合短距离、高带宽、接入点密集的通信场合，如大楼内或大楼之间的网络通信。图 5-8 所示为 CWDM 与 DWDM 系统。

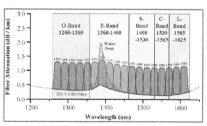

● CWDM：稀疏波分复用

● DWDM：密集波分复用

图 5-8　CWDM 与 DWDM 系统

5.2　WDM 系统关键组件

5.2.1　复用与解复用器

1. 复用与解复用器介绍

光复用器与解复用器

WDM 系统的核心部件是 WDM 器件，即光复用器和光解复用器（有时也称合波器和分波器），实际上均为光学滤波器，其性能好坏在很大程度上决定了整个系统的性能。如图 5-9 所示，合波器的主要作用是将多个信号波长合在一根光纤中传输；分波器的主要作用是将在一根光纤中传输的多个波长信号分离。

WDM 系统性能好坏的关键是 WDM 器件，其要求是复用信道数量足够、插入损耗小、串音衰耗大和通带范围宽等。从原理上讲，合波器与分波器是相同的，只需要改变输入、输出的方向即可互换。WDM 系统中使用的 WDM 器件的性能需满足 ITU-T G.671 及相关建议的要求。

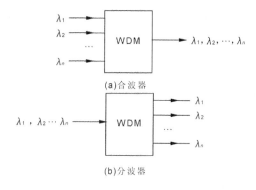

图 5-9　WDM 器件

2. 复用器的种类

光波分复用器的种类有很多，常用的有介质薄膜滤波器型、集成光波导型两类。

（1）介质薄膜滤波器型波分复用器

介质薄膜滤波器型波分复用器是由介质薄膜（Dielectric thin-film，DTF）构成的一类芯交互型波分复用器。DTF 干涉滤波器是由几十层不同材料、不同折射率和不同厚度的介质膜按照设计要求组合起来的，每层的厚度为 1/4 波长，一层为高折射率，一层为低折射率，交替叠合而成。当光入射到高折射率层时，反射光没有相移；当光入射到低折射率层时，反射光经历 180° 相移。由于层厚为 1/4 波长（90°），因而经低折射率层反射的光经历 360° 相移后与经高折射率层的反射光同相叠加，这样在中心波长附近的各层反射光叠加，即可在滤波器前端面形成很强的反射光。在这高反射区之外，反射光突然降低，大部分光成为透射光。据此可以使薄膜干涉型滤波器对一定波长范围呈通带，而对另外波长范围呈阻带，形成所要求的滤波特性。介质薄膜滤波器型波分复用器的结构原理如图 5-10 所示。

介质薄膜滤波器型波分复用器的主要特点是，设计上可以实现结构稳定的小型化器件，信号通带平坦且与极化无关，插入损耗低，通路间隔度好；缺点是通路数不会很多。其具体特点还与结构有关，例如，介质薄膜滤波器型波分复用器在采用软型材料的时候，由于滤波器容易吸潮，因此会受环境的影响而改变波长；采用硬介质薄膜时，材料的温度稳定性优于 0.0005nm/℃。另外，这种器件的设计和制造过程较长，产量较低，光路中使用环氧树脂时隔离度不宜很高，带宽不宜很窄。在 WDM 系统中，当只有 4~16 个波长波分复用时，这种波分复用器件才是比较理想的选择。

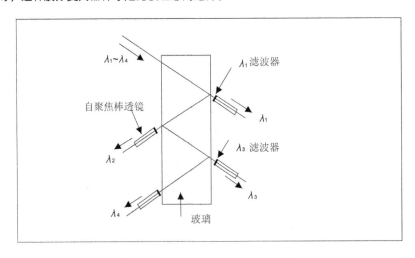

图 5-10　介质薄膜滤光器型波分复用器原理

（2）集成光波导型波分复用器

集成光波导型波分复用器是以光集成技术为基础的平面波导型器件，典型制造过程是在硅片上沉积一层薄薄的二氧化硅玻璃，并利用光刻技术形成所需要的图案并腐蚀成形。该器件可以集成生产，在今后的接入网中有很大的应用前景。而且，除了波分复用器之外，还可以做成矩阵结构，对光信道进行上、下分插，是今后光传输网络实现光交换的优选方案。

集成光波导型波分复用器中较有代表性的波分复用器是日本 NTT 公司制作的阵列波导光栅（Arrayed Waveguide Grating，AWG）光合波分复用器。它具有波长间隔小，信道数多，通带平坦等优点，非常适合于超高速、大容量 WDM 系统使用。其原理示意图如图 5-11 所示。

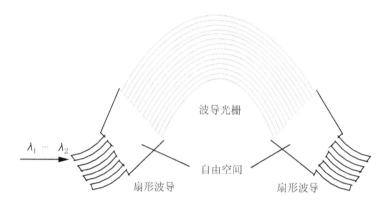

图 5-11　AWG 光合波分复用器原理

5.2.2　光放大器

光纤有一定的衰耗，光信号沿光纤传播会衰减，传输距离受衰减的制约，因此，
为了使信号传得更远，必须增强光信号。增强光信号的传统方法是使用再生器，但
是这种方法存在许多缺点。首先，再生器只能工作在确定的信号比特率和信号格式
下，不同的比特率和信号格式需要不同的再生器；其次，每一个信道都需要一个再
生器，网络的成本很高。随着光纤通信技术的发展，现在人们已经有了一种不采用
再生器也可以增强光信号的方法，即光放大技术。

光放大器技术

简单讲，光放大器是用来提高光信号强度的器件，如图 5-12 所示。对于光放大器，不需要转换光信
号到电信号，然后转回光信号。

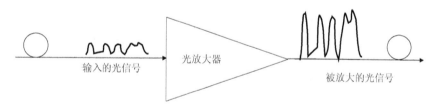

图 5-12　光放大器

现在主要有两种类型的光放大器：半导体光放大器（SOA）和光纤放大器（OFA）。半导体光放大器
利用半导体材料固有的受激辐射放大机制，实现光放大，其原理和结构与半导体激光器相似。

光纤放大器与半导体光放大器不同，光纤放大器的活性介质（或称增益介质）是一段特殊的光纤或传
输光纤，并且和泵浦激光器相连，当信号光通过这一段光纤时，信号光被放大。光纤放大器又可以分为掺
稀土离子光纤放大器（Rare Earth Ion Doped Fiber Amplifier）和非线性光纤放大器。像半导体光放大器一
样，掺稀土离子光纤放大器的工作原理也基于受激辐射；而非线性光纤放大器是利用光纤的非线性效应放
大光信号的。实用化的光纤放大器有掺铒光纤放大器（Erbium-doped Fiber Amplifier，EDFA）和拉曼光
纤放大器（Raman Fiber Amplifier）。

光放大器与再生器相比有两大优势：第一，光放大器支持任何比特率和信号格式，因为光放大器简单
地放大所收到的信号，这种属性通常被描述为光放大器对任何比特率以及信号格式是透明的；第二，光放
大器不仅支持单个信号波长放大，而且支持一定波长范围的光信号放大。例如下面将要讨论的掺铒光纤放
大器（EDFA），它能够放大从 1530~1610nm 的所有波长。而且，只有光放大器能够支持多种比特率、各

种调制格式和不同波长的时分复用和波分复用网络。实际上，光放大器特别是 EDFA 的出现，使得波分复用技术得到迅速发展，并且使波分复用成为大容量光纤通信系统的主力。EDFA 也是应用最广泛的光放大器。

光放大器是一个模拟器件，因此它的性能参数都是模拟参数。主要参数有增益、噪声指数、增益带宽和饱和输出功率。

增益（Gain）是输出光功率与输入光功率之比，即增益 = 10lg（P_{OUT}/P_{IN}），其中 P_{OUT} 和 P_{IN} 分别是输出光功率和输入光功率，功率的单位为瓦特，通常以分贝（dB）为单位。

光放大器的噪声指数（Noise Figure，NF）指光放大器输入端口与输出端口的信噪比（Signal to Noise Ratio，SNR），即 $NF=SNR_{IN}/SNR_{OUT}$。

增益带宽是指光放大器有效的频率（或波长）范围，通常指增益从最大值下降 3dB 时对应的波长范围，如图 5-13 所示，增益带宽在 λ_a 到 λ_b 之间，单位是纳米（nm）。

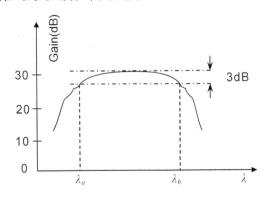

图 5-13 增益与输入信号的波长之间的关系

对于 WDM 系统，所有的光波长都要放大，因此，光放大器必须具有足够宽的增益带宽。

如图 5-14 所示，当输入光功率大于某一阈值时（图中的 P_T），就会出现增益饱和。增益饱和是指输出光功率不再随输入光功率增加而增加或增加很小。根据 ITU-T 的建议，当增益比正常情况低 3dB 时的输出光功率称为饱和输出功率，即图中 Ps，其单位通常用 dBm 表示。

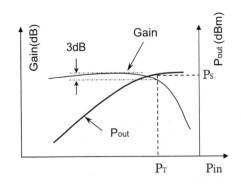

图 5-14 增益、输出光功率与输入光功率的关系

1. 掺铒光纤放大器

典型的光纤放大器是掺稀土离子光纤放大器，它利用稀土金属离子的受激辐射进行光信号放大。用在光放大器中的稀土金属离子通常有铒（Er）、钕（Nd）、镨（Pr）、铥（Tm）等，比较成熟的是掺铒光纤

放大器。

掺铒光纤是光纤放大器的核心，它是一种内部掺有一定浓度 Er3+ 的光纤，为了阐明其放大原理，需要从铒离子的能级图讲起。如图 5-15 所示，铒离子的外层电子具有三能级结构（图中 E1、E2 和 E3），其中 E1 是基态能级，E2 是亚稳态能级，E3 是激发态能级。

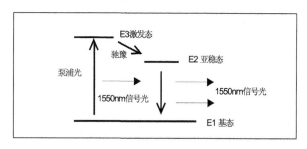

图 5-15　铒离子能级图

当用高能量的泵浦光来激励掺铒光纤时，可以使铒离子的束缚电子从基态能级大量激发到激发态能级 E3 上。然而，激发态能级是不稳定的，因而铒离子很快会经历无辐射跃迁（即不释放光子）而落入亚稳态能级 E2。而 E2 能级是一个亚稳态的能带，在该能级上，粒子的存活寿命较长（大约 10ms）。受到泵浦光激励的粒子，以非辐射跃迁的形式不断地向该能级汇集，从而实现粒子数反转分布——即亚稳态能级 E2 上的离子数比基态 E1 上的多。当具有 1550nm 波长的光信号通过这段掺铒光纤时，亚稳态的粒子受信号光子的激发以受激辐射的形式跃迁到基态，并产生出与入射信号光中的光子完全相同的光子，从而大大增加了信号光中的光子数量，即实现了信号光在掺铒光纤传输过程中不断被放大的功能。

在掺铒光纤（EDF）中绝大多数受激铒离子因受激辐射而被迫回到基态 E1，但它们中有一部分是自发回落到基态的。当这些受激离子衰变时，它们也自发地辐射光子。自发辐射的光子与信号光子在相同的频率（波长）范围内，但它们是随机的。那些与信号光子同方向的自发辐射光子也在 EDF 中放大。这些自发辐射并被放大的光子组成放大的自发辐射（ASE）。它们是随机的，对信号没有贡献，却产生了在信号光谱范围内的噪声。

为了实现光功率放大的目的，将一些光无源器件、泵浦源和掺铒光纤以特定的光学结构组合在一起，就构成了 EDFA 光放大器。图 5-16 所示为 EDFA 光放大器内部光学结构图。

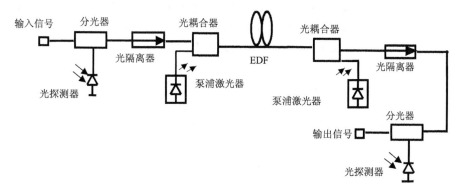

图 5-16　EDFA 光放大器内部光学结构图

信号光和泵浦激光器发出的泵浦光，经过 WDM 耦合器后进入掺铒光纤（EDF），其中，两个泵浦激光器构成两级泵浦，掺铒光纤（EDF）在泵浦光的激励下可以产生放大作用，从而实现了放大光信号的功能。

掺铒光纤的工作机理前面已经详细介绍，这里不赘述。光耦合器，作用是将信号光和泵浦光耦合，并一起送入掺铒光纤，也称光合波器，通常使用光纤熔锥型耦合器。光隔离器的作用是，在输入光方向上，阻挡掺铒光纤中反向自发辐射噪声 ASE 对系统发射器件造成干扰，避免反向 ASE 在输入端发生反射后又进入掺铒光纤，从而产生更大的噪声，在输出方向上避免放大光信号反射后进入掺铒光纤消耗粒子数，从而影响掺铒光纤的放大特性。泵浦激光器是 EDFA 的能量源泉，它的作用是为光信号的放大提供能量，通常是一种半导体激光器，输出波长为 980nm 或 1480nm。泵浦光经过掺铒光纤时，将铒离子从低能级泵浦到高能级，从而形成粒子数反转，而当信号光经过时，能量就会转移到光信号中，从而实现光放大的作用。EDFA 中的分光器为一分二器件，其作用是将主通道上的光信号分出一小部分光信号送入光探测器，以实现对主通道中光功率的监测功能。光探测器是一种光强度检测器，它的作用是将接收的光功率通过光/电转换变成光电流，从而对 EDFA 模块的输入光功率、输出光功率进行监测。

掺铒光纤放大器的主要优点：工作波长与单模光纤的最小衰减窗口一致；耦合效率高；能量转换效率高；增益高，噪声指数较低，输出功率大，信道间串扰很低。EDFA 对温度不敏感，增益与偏振相关性小。增益特性与系统比特率和数据格式无关。因此，掺铒光纤放大器（EDFA）是大容量密集波分复用（DWDM）系统中必不可少的关键部件。

当然，掺铒光纤放大器也存在一些缺点，如增益波长范围固定，掺铒光纤放大器只能工作在 1550nm 窗口。此外，还有增益带宽不平坦和光浪涌问题，这些问题目前已经利用相应技术得到解决。

2. 拉曼光纤放大器

在常规光纤系统中，光功率不大，光纤呈线性传输特性。当注入光纤——非线性光学介质中的光功率非常高时，高能量（波长较短）的泵浦光散射，将一小部分入射功率转移到另一频率下移的光束，频率下移量由介质的振动模式决定，此过程称为拉曼效应。量子力学描述为入射光波的一个光子被一个分子散射成为另一个低频光子，同时分子完成振动态之间的跃迁。入射光子称作泵浦光，低频的频移光子称为斯托克斯波（stokes 波）。普通的拉曼散射需要很强的激光功率。但是在光纤通信中，作为非线性光学介质的单模光纤，其纤芯直径非常小（一般小于 10μm），因此单模光纤可将高强度的激光场与介质的相互作用限制在非常小的截面内，大大提高了入射光场的光功率密度。在低损耗光纤中，光场与介质的作用可以维持很长的距离，其间的能量耦合进行得很充分，使得在光纤中利用受激拉曼散射成为可能。

实验证明，石英光纤具有很宽的受激拉曼散射（SRS）增益谱，并在泵浦光频率下移 13THz 的附近有一较宽的增益峰。如果一个弱信号与一强泵浦光同时在光纤中传输，并使弱信号波长置于泵浦光的拉曼增益带宽内，弱信号光即可得到放大，这种基于受激拉曼散射机制的光放大器称为拉曼光纤放大器。

对于斯托克斯光，可以用物理图像描述：一个入射的光子消失，产生一个频率下移（约 13THz）的光子（即 stokes 波），剩余能量则被介质以分子振动的形式吸收，完成振动态之间的跃迁。如图 5-17 所示，即是拉曼光纤放大器增益谱示意图。某一波长（如 1440nm）的泵浦光，在其频率下移约为 13THz（在 1550nm 波段，波长上移为 100nm）的位置可以产生一个增益很宽的增益谱（在常规单模光纤中，功率为 500mW 泵浦光可以产生约 30nm 的增益带宽）。

拉曼光纤放大器增益的是开关增益，即放大器打开与关闭状态下输出功率的差值。拉曼光纤放大器有 3 个突出的特点。

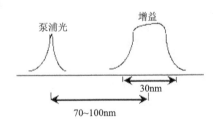

图 5-17　拉曼光纤放大器增益谱示意图

（1）其增益波长由泵浦光波长决定，只要泵浦源的波长适当，理论上可得到任意波长的信号放大，如图 5-18 所示，其中虚线为 3 个泵浦源产生的增益谱。拉曼光纤放大器的这一特点使拉曼光纤放大器可以放大 EDFA 所不能放大的波段，使用多个泵源还可得到比 EDFA 宽得多的增益带宽（后者由于能级跃迁机制所限，增益带宽只有 80nm），因此，对于开发光纤的整个低损耗区 1270~1670nm 具有无可替代的作用。

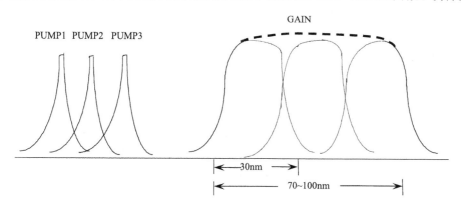

图 5-18　多泵浦时的拉曼增益谱

（2）其增益介质为传输光纤本身，这使拉曼光纤放大器可以对光信号进行在线放大，构成分布式放大，实现长距离的无中继传输和远程泵浦，尤其适用于海底光缆通信等不方便设立中继器的场合。而且放大是沿光纤分布的，而不是集中作用的，光纤中各处的信号光功率都比较小，从而可降低非线性效应尤其是四波混频（FWM）效应的干扰。

（3）噪声指数低，这使其与常规 EDFA 混合使用时可大大降低系统的噪声指数，增加传输跨距，如图 5-19 所示。

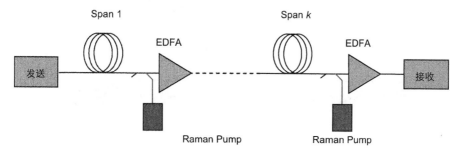

图 5-19　采用分布式拉曼辅助传输的 WDM 系统

拉曼光纤放大器可分为两类：分立式拉曼光纤放大器和分布式光纤拉曼放大器。前者所用的光纤增益介质比较短，一般在 10km 以内，对泵浦功率要求很高，一般在几到十几瓦特，可产生 40dB 以上的高增益，像 EDFA 一样，用来对信号光进行集中放大，因此主要用于 EDFA 无法放大的波段。后者所用的光纤比较长，一般为几十千米，泵源功率可降低到几百毫瓦，主要辅助 EDFA 进行 DWDM 通信系统性能的提高，抑制非线性效应，提高信噪比。在 DWDM 系统中，传输容量，尤其是复用波长数目的增加，使光纤中传输的光功率越来越大，引起的非线性效应也越来越强，容易产生信道串扰，使信号失真。采用分布式拉曼光纤放大器辅助传输可大大降低信号的入射功率，同时保持适当的光信号信噪比（OSNR）。这种分布式拉曼放大技术由于系统传输容量提升的需要而在长距离系统中得到广泛的应用。

拉曼光纤放大器的优点：结构简单，在任何类型光纤上都有增益，增益波长由泵浦波长决定；可抑制非线性效应。其主要缺点：泵浦的光子效率较低，需要高功率泵浦；成本较高。

5.2.3 监控单元

1. 监控单元概述

监控技术

在 SDH 传输网中，网管可以通过 SDH 帧结构中的开销字节（如 E1、E2、D1～D12 等）来对网络中的设备进行管理和监控，无论是 TM、ADM 还是 REG。与 SDH 传输网络系统不同，在 WDM 系统中，线路放大设备只对业务信号进行光放大，业务信号只有光–电–光的转换过程，无业务信号的上下，所以必须增加一个信号对光放大器的运行状态进行监控；其次，如果利用波长承载 SDH 的开销字节，则需要考虑使用哪一路 SDH 信号，如果 DWDM 系统中的信道所承载的业务不是 SDH 信号而是其他类型的业务，则不具有 SDH 的开销字节，所以让管理和监控信息依赖于业务是不行的，必须单独使用一个信道来管理 DWDM 设备。其实，在 WDM 系统中，监控技术包括两种，即光监控、电监控。

2. 光监控通道要求

DWDM 系统可以增加一个波长信道专用于对系统的管理，这个信道就是所谓的光监控信道（Optical Supervising Channel，OSC）。掺铒光纤放大器的增益区为 1530～1565 nm，光监控通路必须位于掺铒光纤放大器有用增益带宽的外面（带外 OSC），为 1510 nm，通信示意图及帧结构示意图如图 5-20 和图 5-21 所示。监控通路采用信号翻转码 CMI 为线路码型。

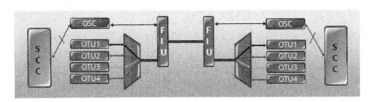

图 5-20　OSC 通信示意图

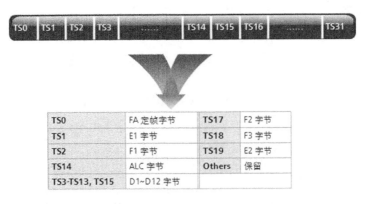

TS0	FA 定帧字节	TS17	F2 字节
TS1	E1 字节	TS18	F3 字节
TS2	F1 字节	TS19	E2 字节
TS14	ALC 字节	Others	保留
TS3-TS13, TS15	D1~D12 字节		

图 5-21　光监控通路的帧结构

DWDM 系统对光监控通道有以下要求。

（1）光监控通道不限制光放大器的泵浦波长。

（2）光监控通道不限制两个光线路放大器之间的距离。

（3）光监控通道不限制未来在 1310nm 波长的业务。

（4）线路放大器失效时光监控通道仍然可用。

3. 电监控实现过程

电监控是通过开销字节来传递监控信息的。图 5-22 所示为电监控通道（Electrical Supervising Channel, ESC）的数据通信整体示意图，发送端所有支持 DCC 通信的 OTU 全部接收 SCC 发过来的 DCC 数据，并向对端站点发送；在接收端，SCC 会根据情况自动选取一个路由进行接收，如果该路由出现问题，则自动切换到另外的路由进行接收。

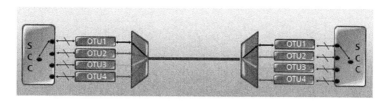

图 5-22　ESC 的数据通信整体示意图

网元间通信过程：SCC 将监控信息按特定协议插入开销串口的 DCC 通道，然后通过 SCC 与 OTU 的 2Mbit/s 开销串口到 OTU 上的异步处理单元处理，再将开销送给线路侧；对方 OTU 从线路侧提取开销，通过开销串口送给异步处理单元处理后，再将开销送给 SCC。反方向亦然。

5.3　WDM 产品简介

华为 WDM 产品系列大致可以分为传统波分系列和 NG WDM 系列，其中，传统波分系列设备主要有 Metro 6100 和 BWS 1600G；NG WDM 设备又分为 OptiX OSN 1800、OptiX OSN 3800、OptiX OSN 6800、OptiX OSN 8800、OptiX OSN 9800 及 OptiX OSN 9600。其中，OptiX OSN 9800/9600 主要应用于骨干核心层和城域核心层。

5.3.1　传统波分产品

1. OptiX Metro 6100 产品

OptiX Metro 6100 波分多业务传输系统（简称 OptiX Metro 6100）主要应用于城域骨干网、本地网、宽频带数据网和存储区域网，采用 DWDM 技术和 CWDM 技术实现宽带宽、大容量、全透明的传输功能。

OptiX Metro 6100 支持多种组网模式，包括点对点、链形、环形等，也可以与接入层设备 OptiX Metro 6040 盒式 WDM 系统（简称 OptiX Metro 6040）共同组网，实现完整的城域波分解决方案。OptiX Metro 6100 系统的各节点可进行波长调度，具有容量易扩展、业务接入灵活、高带宽利用率和高可靠性的特点。

OptiX Metro 6100 在单根光纤中复用的业务通道数量最多为 40 个，即可同时传送 40 个不同波长的载波信号，每个信号接入的速率一般为 10Gbit/s 及以下。若采用 40Gbit/s 波长转换板，OptiX Metro 6100 系统可实现一对光纤 1600Gbit/s 的双向传输总容量。

OptiX Metro 6100 采用二纤双向方式实现 DWDM 的双向传输，并应用可靠的光复用/解复用技术、掺铒光纤光放大技术、拉曼光放大技术、SuperWDM 技术、信道均衡技术、色散补偿技术及统一网管技术等，性能稳定，组网灵活，可以组成链形、环形等网络结构。

2. OptiX BWS 1600G 产品

华为 OptiX BWS 1600G 骨干 DWDM 光传输系统（简称 OptiX BWS 1600）为高速率、大容量 DWDM 系统，可以最大限度地满足电信运营商超大容量和超长距离的传输需求，并且为运营商的多业务运行及未来网络升级扩容提供稳定的平台。

OptiX BWS 1600G 主要用于国家级干线、省级干线，进行长距离、大容量传输，是华为技术有限公司为适应光网络的现状和发展需求而研制的新一代骨干光传输产品。其在网络中是骨干层的传输设备，连接各主要节点（中心城市）；在光网络中连接各光交换设备、城域 DWDM 设备、SDH 设备或路由器，可以为各种业务和网络出口提供一个大容量的传输通道。OptiX BWS 1600G 在全网解决方案中的地位如图 5-23 所示。

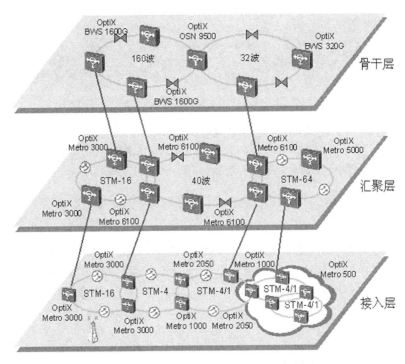

图 5-23　OptiX BWS 1600G 系统在全网解决方案中的地位

目前，OptiX BWS 1600G 在单根光纤中复用的业务通道数量最多可达 192 个，即可同时传送 192 个不同波长的载波信号。在同时传送 192 个载波信号时，每个信号接入的最高速率为 10Gbit/s，可以实现一对光纤 1920Gbit/s 的双向传输总容量；单波业务接入能力最高可达 40Gbit/s，在单波 40Gbit/s 情况下，最多可接入 80 个载波信号，容量可达 3200Gbit/s。

OptiX BWS 1600G 采用二纤双向方式实现 DWDM 的双向传输，并应用可靠的光复用/解复用技术、掺铒光纤光放大技术、拉曼光纤光放大技术、信道均衡技术、SuperWDM 技术、ROADM 技术、C 波段扩展技术、色散补偿技术及统一网管技术等，系统性能稳定，组网灵活，可以组成链形、环形等网络结构。

5.3.2　NG WDM 产品

1. OptiX OSN 1800 产品

OptiX OSN 1800 紧凑型多业务边缘光传输平台定位于城域边缘层网络，包括城域汇聚层和城域接入层，可放置于宽带交换机、DSLAM、SDH CPE（Consumer Premise Equipment）上行方向等位置，在城域接入层网络中将宽带、SDH、SONET、以太网等业务进行处理后送至城域传输网络汇聚点，配合现有OptiX WDM 设备向接入层实现业务延伸。在容量比较小的网络中，OptiX OSN 1800 设备也可应用于核心层，采用 DWDM 技术和 CWDM 技术，各节点可进行波长调度，具有容量易扩展、业务接入灵活、带宽利用率高和可靠性高的特点。

2. OptiX OSN 3800 产品

OptiX OSN 3800 集成型智能光传输平台（简称 OptiX OSN 3800）称为华为下一代智能光传输平台，可以采用 DWDM 技术和 CWDM 技术实现多业务、大容量、全透明的传输功能，主要应用于城域汇聚层和城域接入层。

3. OptiX OSN 6800/8800 产品

OptiX OSN 6800/8800 智能光传输平台（分别简称 OptiX OSN 6800 和 OptiX OSN 8800）也称为华为下一代智能光传输平台，是根据以 IP 为核心的长途骨干网发展趋势而推出的面向未来的产品，可实现动态的光层调度和灵活的电层调度，并具有高集成度、高可靠性和多业务等特点。OptiX OSN 6800 可以应用于长途干线、区域干线、本地网、城域汇聚层和城域核心层。OptiX OSN 8800 主要应用于骨干核心层，也可以应用于城域核心层、城域汇聚层。

4. OptiX OSN 9800 产品

OptiX OSN 9800 产品系列包括 OptiX OSN 9800 U64、OptiX OSN 9800 U32、OptiX OSN 9800 U16、OptiX OSN 9800 P18 以及通用型平台子架。OptiX OSN 9800 U64 子架调度容量为 25.6Tbit/s，OptiX OSN 9800 U32 子架调度容量为 6.4Tbit/s，OptiX OSN 9800 U16 子架调度容量为 2.8Tbit/s，均应用于电层，采用了统一的软硬件平台，可以实现单板的共用。再配合 OptiX OSN 9800 P18、OptiX OSN 8800/6800 等光子架，可实现 WDM/OTN 系统应用。

OptiX OSN 9800 可以与 OptiX OSN 8800、OptiX OSN 6800、OptiX OSN 3800、OptiX OSN 1800 组建完整的 OTN 端到端网络，以统一管理。NG WDM 设备在全网解决方案中的地位如图 5-24 所示。

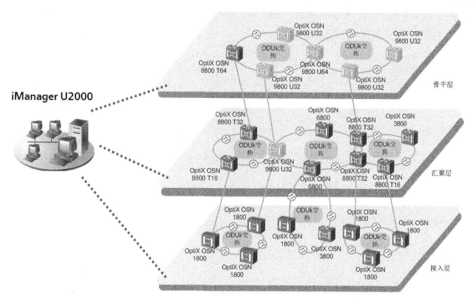

图 5-24　NG WDM 设备在全网解决方案中的地位

5.4 本章小结

1. 把不同波长的光信号复用到同一根光纤中进行传送，这种方式叫作波分复用（Wavelength Division Multiplexing，WDM）。

2. 根据在同一根光纤中传输的不同波长之间的间距，WDM 分为密集波分复用（Dense Wavelength Division Multiplexing，DWDM）和稀疏波分复用（Coarse Wavelength Division Multiplexing，CWDM）。

3. 相对于密集波分复用系统，稀疏波分复用系统在提供一定数量的波长和 100km 以内的传输距离的同时，大大降低了系统的成本，并具有非常强的灵活性。因此稀疏波分复用系统主要应用于城域网中。CWDM 用很低的成本提供了很高的接入带宽，适用于点对点、以太网、SONET 环等各种流行的网络结构，特别适合短距离、高带宽、接入点密集的通信场合，如大楼内或大楼之间的网络通信。

4. 在波分复用系统中需要重点关注的 4 个要素分别是光功率、色散、光信噪比和非线性效应。

5. DWDM 对光监控通道有以下要求。

● 光监控通道不限制光放大器的泵浦波长。

● 光监控通道不限制两个光线路放大器之间的距离。

● 光监控通道不限制未来在 1310nm 波长的业务。

● 线路放大器失效时，光监控通道仍然可用。

6. 通常，光监控通道的波长可以为 1510nm 或 1625nm，速率为 2Mbit/s。

5.5 练习题

1. 什么是 WDM、DWDM 和 CWDM？

2. 光纤中的衰耗区间是如何分布的？

3. G.652、G.653 以及 G.655 光纤的特性分别是什么？

4. 适用于波分系统的光复用器的类型分别有哪几种？

5. OSC 信号的工作波长和比特速率是多少？

Chapter

6

第6章
OTN 技术原理

OTN 技术无论是在技术优势上，还是在应用范围上，都已成为实质上的全球性光纤通信标准。虽然 OTN 标准诞生时间不长，但是发展迅速。它充分借鉴早期传输网络协议的优点，进一步简化了网络层级，细化了开销功能。掌握 OTN 技术原理，将有助于对现有传送网的运用和未来光纤通信网络的进一步理解。

课堂学习目标

- 熟悉光传送网（OTN）体系
- 了解 OTN 开销功能
- 了解 OTN 产品

6.1　OTN 体系介绍

　　光传送网（Optical Transport Network，OTN）作为当前应用最为广泛的光网络技术，在现代通信网络中扮演着越来越重要的角色。本章将从 OTN 协议出发，介绍 OTN 网络的基本特点。

6.1.1　OTN 概述

1. OTN 定义

OTN 体系简介

　　OTN 是由一组通过光纤链路连接在一起的光网元组成的网络，能够提供基于光通道的客户信号的传送、复用、路由、管理、监控以及保护（可生存性）等功能。OTN 的一个明显特征是对于任何数字客户信号的传送设置都与客户的特性无关，即具有客户无关性。

　　在 SDH 帧结构中，有丰富的运行、管理、维护 OAM 开销字节。正是这些 OAM 开销字节，使网络的监控功能大大加强，也就是说，维护的自动化程度大大加强。OTN 借鉴了 SDH 的开销思想，引入丰富的开销，真正具有了运行、管理、维护及保护能力。OTN 定义了 OCh、OMSn、OTSn 这 3 个光层概念。其中，OCh 通过数字域的 3 个子层 OPUk、ODUk、OTUk 来实现；OTN 定义了网络接口（域内、域间），引入了带外前向纠错（Forward Error Correction，FEC），增强了线路的容错性。

2. OTN 的优势（相比于 SDH 和 SONET）

　　OTN 是一种全新的光传送网络体制（Optical Transport Hierarchy，OTH），与传统 SDH 和 SONET 设备相比，具有以下优势。

（1）满足数据带宽爆炸性增长的需求。

（2）通过波分功能满足每光纤 Tbit/s 的传送带宽需求。

（3）提供 2.7Gbit/s、10.7Gbit/s、43Gbit/s 乃至 111.8Gbit/s 的高速接口。

（4）透明传送各种客户数据，如 SDH/SONET、以太网、ATM、IP、MPLS，甚至 OTN 信号自身（ODUk）。

（5）提供独立于客户信号的网络监视和管理能力，有效解决了国际以及运营商之间的网络争端问题。

（6）提供多达 6 级嵌套重叠的 TCM 连接监视。

（7）支持灵活的网络调度能力和组网保护能力。

（8）满足未来骨干网节点 Tbit/s 以上的大容量调度。

（9）具有与 SDH/SONET 同样的健壮性，对于 SDH 信号完全透传，包括 SDH 开销和定时。

（10）支持虚级联传送方式，可以完善和优化网络结构。

（11）具有后向兼容能力，使运营商充分利用现有网络资源。

（12）具有前向兼容能力，提供对未来各种协议的高度适应能力（完全透明）。

（13）提供强大的带外 FEC 功能，可有效保证线路传送性能。

（14）异步映射消除了全网同步的限制，简化了系统设计，降低了组网成本。

3. OTN 的特性（相比于 WDM）

　　相对于传统 WDM，OTN 还具备以下特性。

（1）有效的监视能力（OAM&P）和网络生存性支持手段。

（2）灵活的光/电层调度能力，电信级可管理、可运营的组网能力。

OTN 是 ITU-T 在"先标准，后实现"的理想标准思路下构建起来的，因此，OTN 有效地避免了不同厂家在具体实现差异方面引发的争议，在理论架构上更加合理、清晰。

4. OTN 协议

OTN 标准体系包括一系列协议，涉及设备管理、抖动和性能、网络保护、设备功能特征、结构与映射、物理层特征和架构等。与 OTN 相关的标准及其功能如表 6-1 所示。

表 6-1　OTN 相关标准和功能

项　　目	OTN 体系标准	功　　能
设备管理	G.874	规范光传送网网元的管理特性
	G.874.1	规范光传送网网元角度的协议中立管理信息模型
抖动和性能	G.8251	规范光传送网络内抖动和漂移的控制
	G.8201	规范光传送网络内部多运营商国际通道的误码性能参数和指标
网络保护	G.873.1	规范光传送网线形保护
	G.873.2	规范光传送网环形保护
设备功能特征	G.798	规范光传送网络体系的设备功能块特征
	G.806	规范传送设备的特征、描述方法和一般功能
结构与映射	G.709	规范光传送网接口
	G.7041	规范通用成帧规程（GFP）
	G.7042	规范虚级联信号的链路容量调整机制（LCAS）
物理层特征	G.959.1	规范光传送网络的物理层接口
	G.693	规范用于局内系统的光接口
	G.664	规范光传送系统的光安全规程和需求
架构	G.872	规范光传送网络的架构
	G.8080	规范自动交换光网络（ASON）的架构

主要协议的作用介绍如下。

（1）G.874

该协议规范了光传送网网元的管理特性，描述了 OTN 网络中一个或多个网络层的 OTN 网元及其传送功能的管理特性。光层网络的管理与其客户层网络的管理分离，就可以使用与客户无关的相同的管理方法。G.874 详细规定了用于故障管理、配置管理、计费管理和性能监视的管理功能，主要描述了在网元管理层操作系统（EMS）和光网络网元的设备管理功能之间通信的管理网络结构模型。

（2）G.798

该协议规范了光传送网的设备功能块特征，规定了网元设备内 OTN 的功能性要求。

（3）G.709

该协议规范了光传送网接口，定义了光传送网络中 n 阶光传送模块（OTM-n）信号的需求，包括光网络传送体系（OTH），以及支持多波长光网络的开销的功能、帧结构、比特速率、用于映射客户信号的格式。

（4）G.872

该协议规范了光传送网络的架构，给出了 OTN 分层结构、特征信息、客户/服务层之间的关系以及网络拓扑和层网络方面的功能描述。

6.1.2　OTN 技术原理

1. OTN 相关协议框架

OTN 相关协议框架如图 6-1 所示。

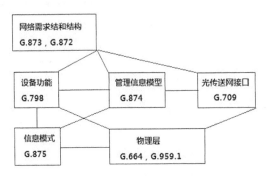

图6-1　OTN 相关协议框架

2. 支持 OTN 接口的信息结构

用于支持 OTN 接口的信息结构称为 OTM-n（光传送模块 n）。OTM-n 又分为两种结构：一种是完整功能 OTM 接口，即 OTM-$n.m$；另一种是简化功能 OTM 接口 OTM-0.m 和 OTM-$nr.m$。图 6-2 所示为 OTM-n 的信号接口结构。

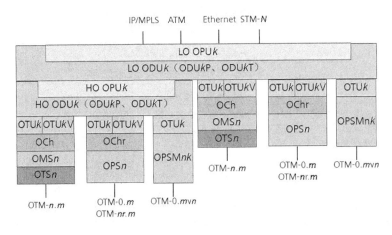

图6-2　OTM-n信号接口结构

图 6-2 中列出了 OTN 层次中的各接口及功能模块。各接口及模块的具体名称和功能说明如下。

OPUk：光通道净荷单元，k 表示 OPU 的级别，可以为 0、1、2、2e、3、4 或者 flex。k=0，对应 1.2Gbit/s 速率的信号封装；k=1，表示比特率约为 2.5Gbit/s；k=2，表示比特率约为 10Gbit/s；k=2e，专用于 10GE 以太网等速率大于标准 OPU2e 的信号；k=3，表示比特率约为 40Gbit/s；k=4，表示比特率约为 100Gbit/s；k=flex，专用于突发的、变长的信号封装。

ODUk：光通道数据单元 k。

ODUkP：支持端到端 ODUk 路径的 ODUk。

ODUkT：支持 TCM 路径的 ODUk。

OTUk：完全标准化的光通道传送单元 k。

OTUkV：功能标准化的光通道传送单元 k。

OCh：完整功能的光通道。

OChr：简化功能的光通道。

OMS：光复用段。

OTS：光传输段。

OPS：光物理段。

OTM：光传送模块。

3. 信号从 Client 到 OTM

客户侧信号 Client（IP、MPLS、ATM、Ethernet、STM-N）、OPUk、ODUk、OTUk、OCC、OMSn、OTSn 这些缩写都是 G.709 协议中的数据适配器，可以理解成一种特定速率的帧结构，相当于 SDH 复用中的各种虚容器（VC-12、VC-3、VC-4）。下面就来介绍信号从 Client 到 OTM 的变化。

首先客户信号作为 OPU 净荷，加上 OPU 开销后映射到低阶 OPUk，OPUk 又作为 ODU 净荷，加入 ODUkP、ODUkT 帧对齐开销以及全"0"的 OTU 开销后就组成了低阶 ODUk。这时出现了一个新的分支，低阶的 ODUk 可以作为净荷按照复用路线图复用至高阶的 OPUk，然后形成高阶的 ODUk。

低阶或者高阶的 ODUk 合入 OTU 开销和 FEC 区域后，映射到完全标准化的光通道传送单元 k（OTUk）或功能标准化的光通道传送单元 k（OTUkV）。OTUk 合入 OCh 开销后，又被映射到完整功能的光通道 OCh 或简化功能的光通道 OChr。

OCh 被调制到光通道载波 OCC 上以后，n 个 OCC 进行波分复用，形成 OCG-$n.m$，合入 OMS 开销后构成 OMSn 接口。OSMn 合入 OTS 开销后，构成 OTSn 单元。OChr 被调制到 OCCr，n 个 OCCr 进行波分复用，形成 OCG-$n.m$，OCG-$n.m$ 再复用进 OPSn，构成光物理段 OPSn。OPSn 结合了没有监控信息的 OMS 和 OTS 层网络的传送功能。

对于一些高速率的信号，如 OTU-3 或 OTU-4，可以采用多线封装的方法封装成 n 个 OTL-$k.n$，然后调制为 OTLC，n 个 OTLC 复用成 OTLCG。OTLCG 再复用进 OPSMnk，构成多线封装的光物理段 OPSMnk。OPSMnk 不支持 OSC，也没有 OTM 开销信号（OOS）。

4. OTM$n.m$ 信号组成

完整功能的 OTM$n.m$ 由光传输段 OTSn、光复用段 OMSn、完整功能的光通道 OCh、完全或功能标准化的光通道传送单元 OTUk/OTUkV 及光通道数据单元 ODUk 组成。

接口及功能模块中相应的数字及字母的意义如下。

- n 表示在支持的最低比特率的情况下，接口所能支持的最大波长数目，$n=0$，表示一个波长。
- m 表示接口支持的比特率或比特率集合。r 表示简化功能（Reduced），此时 OTM-0.m 不需要标记，因为一个波长的情况只能是简化功能。
- OTM-0.mvn 表示速率级别为 m 的信号被 n 线封装。比如 OTM-0.3v4，表示 OTU3 信号被拆成 OTL3.4 后进行多线封装。简化功能的 OTM-$n.m$ 和 OTM-0.m 由光物理段 OPSn、简化功能的光通道 OChr、完全功能或功能标准化的光通道传送单元 OTUk/OTUkV、光通道数据单元 ODUk 组成。OTM-0.mvn 由多线封装光物理段 OPSMnk、完全的光通道传送单元 OTUk、光通道数据单元 ODUk 组成。

另外请注意，OTUk、ODUk、OPUk 均为电信号，而 OCh 及更高层次则为光信号。OTM-$n.m$、OTM-$n.m$、OTM-0.m 和 OTM-0.mvn 所包含的基本信息，以及这几种接口的速率和帧格式均符合 ITU-T G.709 协议。

图 6-3 形象地描述了完整功能 OTM 接口、OTM-$n.m$ 信号的组成。

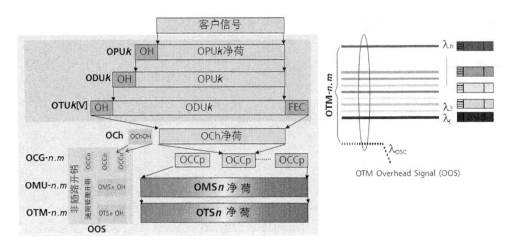

图 6-3 OTM-*n.m* 信号组成

OTM-*n.m* 最多由 *n* 个复用的波长和支持非随路开销的 OTM 开销信号组成。*n* 波波分传送通道、固定信道间隔，与信号速率无关。*m* 为 1、2、3、4、1234、123、12、23、34。*m* 为单独数字 1、2、3 或 4 时，表示承载的信号分别为 OTU1/OTU1V、OTU2/OTU2V、OTU3/OTU3V 或 OTU4/OTU4V；*m*=12，表示承载的信号部分为 OTU1/OTU1V，部分为 OTU2/OTU2V，以此类推。OTM-*n.m* 信号的物理光特征规格由厂商决定，建议不做规定。

各层次信号的映射或复用的过程可参考前文内容，这里不再赘述。需要注意的是，光层信号 OCh 由 OCh 净荷和 OCh 开销构成，OCh 被调制入 OCC 后，多个 OCC 时分复用，构成 OCG-*n.m* 单元。OMS*n* 净荷和 OMS*n* 开销共同构成 OMU-*n.m* 单元，与此类似，OTS*n* 净荷和 OTS*n* 开销共同构成 OTM-*n.m* 单元。这几部分光层管理单元的开销和通用管理信息一起构成 OTM 开销信号（OOS），以非随路开销的形式由一路独立的光监控通道 OSC 负责传送。

电层单元 OPU*k*、ODU*k*、OTU*k* 的开销为随路开销，和净荷一同传送。

5．OTM-*nr.m* 信号组成

OTM-*nr.m* 的信号组成大致与 OTM-*n.m* 相同，如图 6-4 所示，可以看出，OTM-*nr.m* 由最多 *n* 个光通道复用组成，r 表示简化功能（Reduced），不支持非随路开销。

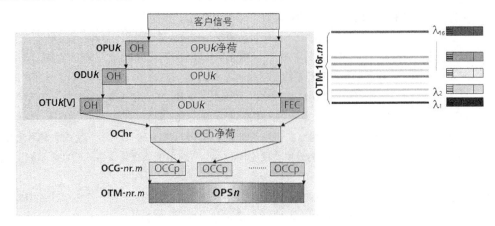

图 6-4 OTM-*nr.m* 信号组成

目前 OTM-$m.m$ 信号支持的规格有 OTM-16r.m 和 OTM-32r.m，m 可为 1、2、3、4、1234、123、12、23、34。OTM-16r.m 和 OTM-32r.m 信号的物理光特征规格在 G.959.1 中有定义；OTM-16r.m 支持单跨段 16 路光通道，跨段两端均支持 3R 再生功能。

6. OTM-O.m 信号组成

OTM-0.m 信号结构如图 6-5 所示，仅由单个光通道组成，不支持随路开销，没有特定的波长配置，由于只包含单个光通道，所以 m 只能为 1、2、3 或 4。

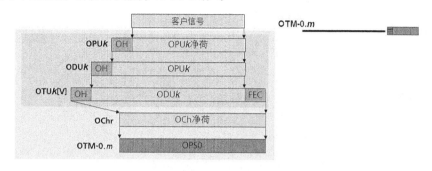

图 6-5　OTM-0.m 信号组成

6.1.3　OTN 功能模块的实现

客户侧信号进入 Client，Client 对外的接口就是波分设备中的 OTU 单板的客户侧，其完成了从客户侧光信号到电信号的转换。Client 加上 OPUk 的开销就变成了 OPUk；OPUk 加上 ODUk 的开销就变成了 ODUk；ODUk 加上 OTUk 的开销和 FEC 编码就变成了 OTUk；OCC 完成了 OTUk 电信号到发送 OTU 的波分侧发送光口送出光信号的转换过程。

对于光复用段功能模块，波分设备中的合波模块（合波器、OADM 的上波部分）完成了从多个独立的特定波长信号转换为主信道信号的过程，即 OMSn（光复用段）的复用功能。波分设备中的分波模块（分波器、OADM 的下波部分）完成了从主信道信号转换为多个独立的特定波长信号的过程，即 OMSn（光复用段）的解复用功能。从发送站点的合波模块输入光口到接收站点的分波模块输出光口之间的光路属于复用段光路，即 OMSn 段管理的范围。

对于光传送功能模块，OTS 路径（光传送段路径）对应于物理光纤的连接，一根光纤（比如站点之间的光缆）就是一条 OTS 路径。OTSn 的输出信号是一种没有 OSC 功能的信号，即 OTM$m.m$ 信号。n 表示 OTM 为最高容量时承载的最大波数；m 表示 OTM 传送的单个波长的最大速率；r 表示该 OTM 去掉了部分功能，这里表示去掉了 OSC 功能。OTSn 的输出信号加上 OSC 信号就变成了完整功能的 OTM$n.m$ 信号。

6.1.4　OTN 网络接口

OTN 网络接口如图 6-6 所示，用户 A 和网络运营商 B 之间的接口为用户网络接口（User to Network Interface，UNI），不同 OTN 网络间的接口则为网络节点接口（Network Node Interface，NNI）。G.872 中定义了两种 OTN 网络接口类型，即域间接口（Inter-domain Interface，IrDI）和域内接口（Intra-domain Interface，IaDI）。不同运营商间的网络接口为域间接口，例如图中网络运营商 B 和 C 之间的

OTN 接口结构

接口。同一运营商内部的网络接口为域内接口，域内接口又根据设备厂家的不同分为不同厂家设备间接口 IrVI（例如，图 6-6 中网络运营商 B 域内的厂家 X 设备和厂家 Y 设备之间的接口）以及相同厂家设备子网

内接口 IaVI（例如，图 6-6 中厂家 X 设备子网内部、厂家 Y 设备子网内部的接口）。

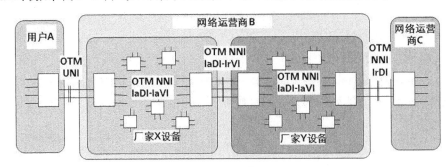

图 6-6　OTN 网络接口

完全标准化的光通道传送单元 OTUk 和功能标准化的光通道传送单元 OTUkV 为 OTN 中 3R 再生点之间提供了透明的网络连接，其中，完全标准化的 OTUk 可用于 OTM 域间接口 IrDI 和域内接口 IaDI，功能标准化的 OTUkV 仅用于 OTM 域内接口 IaDI。

OTN 复用和映射结构

6.1.5　OTN 复用和映射结构

与 SDH 信号的复用相类似，在 OTN 中，客户侧信号及各低速信号也需要经过逐级的映射和复用才能得到高速信号。与 SDH 所不同的是，在 OTN 中没有定位的过程，这是因为信号在 SDH 传输网中的传输是同步的，而客户侧信号及低速信号在 OTN 中的传输为异步的。

OTN 的复用路线比较复杂，这里把复用路线图拆分成几个部分，从不同速率级别的信号复用进 OTN 的角度入手，介绍 OTN 的复用和映射结构。

（1）ODU0 的电层复用和映射

ODUk 是光通道数据单元 k，根据 G.709 协议的最新定义，k 的值可为 0、1、2、2e、3、4 以及 flex。由于 ODU4 是目前已知的 OTN 中最高速率的信号，故此信号不可被复用或映射成其他 ODUk 信号。以 ODU0 的电层复用和映射为例，ODUk 信号复用及映射如图 6-7 所示。

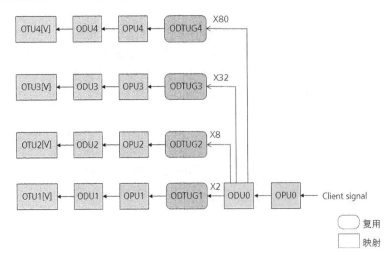

图 6-7　ODU0 电层复用和映射

图 6-7 所示的是速率低于 1.25 Gbit/s 的信号的 OTN 电层复用路线图。

映射过程：低于 1.25Gbit/s 的客户侧信号作为 OPU 净荷，加上 OPU 开销后映射到低阶 OPU0；OPU0 又作为 ODU 净荷，加入 ODU0P、ODU0T 帧对齐开销以及全 "0" 的 OTU 开销后组成低阶 ODU0。

复用过程：因为没有对应级别的 OTUk 信号，所以只能继续复用到高阶的 OPUk，ODU0 信号有 4 条可选复用路径，每条路径都是先按照协议规定的数目把多个 ODU0 信号时分复用至光通道数据支路单元组 ODTUGk，其中 k=1、2、3、4。由图中可知，两个 ODU0 可复成一个 ODTUG1，8 个 ODU0 可复成一个 ODTUG2，32 个 ODU0 可复成一个 ODTUG3，80 个 ODU0 可复成一个 ODTUG4。低阶的 ODUk（k=1、2、3、4）可以作为净荷按照复用路线图复用至高阶的 OPUk（k=1、2、3、4），然后形成高阶的 ODUk（k=1、2、3、4），低阶或者高阶的 ODUk（k=1、2、3、4）合入 OTU 开销和 FEC 区域后映射到完全标准化的光通道传送单元 k（OTUk，k=1、2、3、4）或功能标准化的光通道传送单元 k（OTUk[V]）。

（2）ODU1 的电层复用和映射

同理，ODU1 的电层复用和映射如图 6-8 所示。与 1.25Gbit/s 的信号相似，速率为 2.5Gbit/s 的客户侧信号作为 OPU 净荷，加上 OPU 开销后映射到低阶 OPU1；OPU1 又作为 ODU 净荷，加入 ODU1P、ODU1T 帧对齐开销以及全 "0" 的 OTU 开销后组成低阶 ODU1。由于信号从 ODU1 到 OTU1 不需要经过复用，因此 ODU1 信号直接作为 OTU1 的净荷，合入 OTU 开销和 FEC 区域后映射到 OTU1k[V]当中。若需要得到更高速率的信号，则仍需要经过时分复用，不同数量的 ODU1 经过复用后，最终可得到 OTUk[V]信号，其中 k=2、3、4。由图 6-8 可知，4 个 ODU1 可复成一个 ODTUG2，16 个 ODU1 可复成一个 ODTUG3，40 个 ODU1 可复成一个 ODTUG4。低阶的 ODUk（k=2、3、4）可以作为净荷按照复用路线图复用至高阶的 OPUk（k=2、3、4），然后形成高阶的 ODUk（k=2、3、4）。低阶或者高阶的 ODUk（k=2、3、4）合入 OTU 开销和 FEC 区域后映射到完全标准化的光通道传送单元 k（OTUk，（k=2、3、4）或功能标准化的光通道传送单元 k（OTUk[V]）。

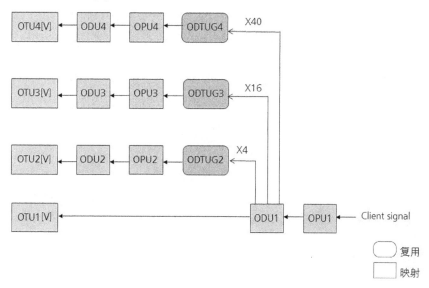

图 6-8　ODU1 的电层复用和映射

（3）ODU2/ODU2e 的电层复用和映射

ODU2/ODU2e 的电层复用和映射如图 6-9 所示，复用与映射过程可以根据 ODU0 和 ODU1 的复用与映射过程类推，这里不再赘述。

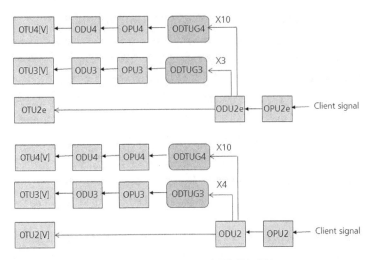

图 6-9　ODU2/ODU2e 电层复用和映射

常见的 10Gbit/s 客户侧信号主要有 STM-64、OC192、10GE LAN、10GE WAN 和 FC1200 等，其中 10Gbit/s 以太网和 FC1200 的速率大于标准的 OPU2 信号，无法映射到 OPU2，也就无法映射到速率约为 10037273.924kbit/s 的 ODU2 当中。对于这种情况，业界给出了几种解决方案，这里介绍其中的一种，即定义一个特殊的映射信号 OPU2e，OPU2e 的速率约为 10399525.316kbit/s，大于 10Gbit/s 以太网和 FC1200 的速率，10Gbit/s 以太网和 FC1200 信号就能够映射到 OPU2e 中了。

（4）ODUflex 的电层复用和映射

ODUflex 是一种比较特殊的电层信号，其复用和映射结构如图 6-10 所示。

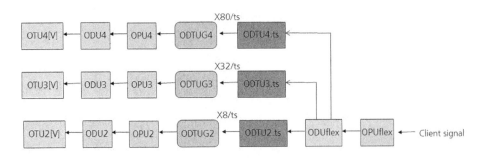

图 6-10　ODUflex 电层复用和映射

ODUflex 用于 1.25Gbit/s~100Gbit/s 的任意速率信号或者弹性的分组业务的承载信号。它的复用方式和标准信号略有不同，主要体现在复用时信号的个数随客户侧信号的速率进行变化，复用路线和标准信号是一样的。由图 6-10 可以得知，速率可变的 flex 客户侧信号作为 OPU 净荷，加上 OPU 开销后映射到低阶 OPUflex，再加入 ODUk 的开销以后映射成 ODUflex 信号。

ODUflex 信号有 3 条可选复用路径，每条路径都是先按照协议规定的数目把多个 ODUflex 信号时分复用至光通道数据支路单元组 ODTUGk，然后映射到高阶的 OPUk 中。这里请注意，因为客户侧的信号速率可变，故 ODUflex 时分复用到 OTUGk 时，需要除以传送信号所使用的时间，才能得到相应的 ODTUk，然后得到 ODTUGk。接着高阶 OPUk 被映射到高阶 ODUk 中。最后，高阶 ODUk 合入 OTU 开销和 FEC 区域后被映射到 OTUk 或 OTUkV。

6.1.6 OTM 复用和映射结构

OTM 整体的映射的过程：客户信号或光通道数据支路单元组 ODTUGk 被映射到 OPUk 中；接着 OPUk 被映射到 ODUk 中；再接着 ODUk 被映射到 OTUk 或 OTUkV；之后 OTUk 或 OTUkV 又被映射到 OCh 或 OChr 中；最后 OCh 或 OChr 被调制到 OCC 或 OCCr 上。

复用包括低级别的 ODU 单元到高级别的 ODU 单元的时分复用和最多 n ($n \geqslant 1$) 个 OCC 或 OCCr 到一个 OCG-$n.m$ 或 OCG-r.m 的波分复用。时分复用是为了在一个高速率的光通道上传送多个低速率的光通道信号，并对这些低速率的通道进行端到端的路径维护。如图 6-11 所示，通过时分复用，最多可将 4 个 ODU1 信号复用进一个 ODTUG2，ODTUG2 再映射到 OPU2 中；也可以将 j 个 ODU2 和 16-4j 个 ODU1 信号混合复用到一个 ODTUG3，这里 $j \leqslant 4$；ODTUG3 再映射到 OPU3 中。当然，OPU2 和 OPU3 本身也可以复用进相对应的大颗粒客户侧信号。对于波分复用，OCG-$n.m$ 或 OCG-r.m 中的 OCC 或 OCCr 单元可以采用各种不同的速率，通过 OTM-$n.m$ 或 OTM-r.m 传送 OCG-$n.m$ 或 OCG-r.m。另外，完整功能的 OTM-$n.m$ 接口还需通过波分复用将 OSC 复用进 OTM-$n.m$ 中。

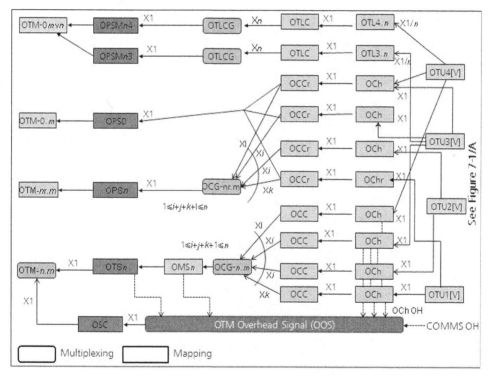

图 6-11　OTM 的复用路线图

OTUk 合入 OCh 开销后被映射到完整功能的光通道 OCh 或简化功能的光通道 OChr；OCh 被调制到光通道载波 OCC 上以后，n 个 OCC 进行波分复用，形成 OCG-$n.m$，合入 OMS 开销后，构成 OMSn 接口；OMSn 合入 OTS 开销后，构成 OTSn 单元；而 OChr 则被调制到 OCCr，n 个 OCCr 进行波分复用，形成 OCG-r.m，OCG-r.m 复用进 OPSn，构成光物理段 OPSn，OPSn 结合了没有监控信息的 OMS 层和 OTS 层网络的传送功能。

对于一些高速率的信号，如 OTU3 或 OTU4，可以采用多线封装的方法封装成 n 个 OTL$k.n$，然后调制为 OTLC，n 个 OTLC 复用成 OTLCG，OTLCG 再复用进 OPSMnk，构成多线封装的光物理段 OPSMnk。

OPSMnk不支持 OSC，也没有 OOS。

从图 6-11 可以看出：完整功能的 OTM-$n.m$（这里 $n \geq 1$）由光传输段 OTSn、光复用段 OMSn、完整功能的光通道 OCh、完全或功能标准化的光通道传送单元 OTUk/OTUkV、光通道数据单元 ODUk组成。

6.1.7　OTN 的比特率及容量

1. OTUk帧速率

OTUk 帧速率可根据其帧结构来进行计算。OTUk 帧的大小是固定的，即无论是 OTU1、OTU2 还是 OTU3，都是 4 行 4080 列。

对于 OTU1 帧，第 1～16 列为 OTU1、ODU1、OPU1 开销，第 17～3824 的 3808 列为客户信号，第 3825～4080 的 256 列为 FEC 区域，假设其装载的客户信号是 STM-16 的 SDH 信号，其速率为 2488320kbit/s，将这些数值代入公式"客户信号大小/OTU 帧大小 = 客户信号速率/标称 OTU 帧速率"可得到 3808/4080 = 2488320/标称 OTU1 帧速率，即标称 OTU1 帧速率 = 255/238 × 2488320 kbit/s。

对于 OTU2 帧，4 个 ODU1 时分复用进 ODTUG2，4 个 ODU1 作为 OPU2 净荷，占 3808 列，OPU2 净荷中又有 16 列为 OTU1、ODU1、OPU1 开销，因此客户信号为 3792 列，代入公式可得到 3792/4080 = 2488320×4/标称 OTU2 帧速率，即标称 OTU2 帧速率 = 255/237 × 9953280 kbit/s。

类似的，可以得到标称 OTU3 帧速率 = 255/236 × 39813120 kbit/s 。对 OTU1、OTU2、OTU3 帧速率进行归纳，可以得出结论 OTUk 速率 = 255/（239-k）× STM-N帧速率，其中 k = 1、2、3 时，对应的是 STM-16、STM-64、STM-256 的帧速率。OTU 比特速率容差为±20ppm。

需要特别说明的是，OTU4 信号的速率不能直接套用以上公式得出。因为 OTUk 的帧结构是 4080 列×4 行，其中净荷为 3808×4，比例为 255/238，而 OTU4 帧速率为 100Gbit/s，不是 120Gbit/s，它的封装自然比 120Gbit/s 封装比例要小。如果是 120Gbit/s 信号封装，可以用公式计算出 OTU4 的信号速率为"255/（239-4）× STM-N帧速率"，但因为是 100Gbit/s 信号封装，所以 OTU4 信号的速率不同于前 3 种等级速率的计算，而应当用"255/227× STM-N帧速率"来计算。

OTUk信号的类型、帧速率及容量如表 6-2 所示。

表 6-2　OUTk 信号的类型、帧速率及容量

OUT 信号类型	OTUk 标称帧速率	OUT 帧速率容差
OUT 1	255/238 × 2488320kbit/s	±20ppm
OTU 2	255/237 × 9953280kbit/s	
OTU 3	255/236 × 39813120kbit/s	
OTU 4	255/227 × 99532800kbit/s	

注：标称 OTUk帧速率近似为 2666057.143kbit/s（OTU1）、10709225.316kbit/s（OTU2）、43018413.559 kbit/s（OTU3）和 111809973.568kbit/s（OTU4）。

G.709 建议中没有特别定义 OTU0、OTU2e 与 OTUflex 的速率，是因为 ODU0 信号是被 ODU1、ODU2、ODU3 和 ODU4 信号所承载的；ODU2e 信号是被 ODU3 和 ODU4 信号所承载的；ODUflex 信号是被 ODU2、ODU3 和 ODU4 信号所承载的。

2. ODUk帧速率

对于 ODUk帧速率，由于 ODUk帧与 OTUk帧相比少了 FEC 区域的 256 列，可以采用与 OTUk帧速率相同的推算方法得如表 6-3 所示的 ODUk的帧速率。其中，ODUflex（GFP-F）信号的帧速率定义比较特殊，针对不同的应用场景有不同的帧速率，这里不做讲解。另外，ODU2e 和 ODUflex（CBR）的帧速率

容差为±100ppm。ODUk帧速率计算公式如下。

　　ODUk帧速率 = 239/（239−k）× STM−N帧速率

　　ODUk信号的类型、帧速率及容量如表 6−3 所示。

表 6-3　ODUk信号的类型、帧速率及容量

ODU 信号类型	ODU 标称帧速率	ODU 帧速率容差
ODU0	1244160kbit/s	±20ppm
ODU1	239/238 × 2488320kbit/s	
ODU 2	239/237 × 9953280kbit/s	
ODU 3	239/236 × 39813120kbit/s	
ODU 4	239/227 × 99532800kbit/s	
ODU2e	239/237 × 10312500kbit/s	±100ppm
ODUflex（CBR）	239/238 × 客户侧信号速率	±100ppm
ODUflex（GFP−F）	配置的帧速率	±20ppm

注：标称 ODUk帧速率近似为 1244160kbit/s（ODU0）、2498775.126kbit/s（ODU1）、10037273.924kbit/s（ODU2）、40319218.983kbit/s（ODU3）、104794445.815kbit/s（ODU4）和 10399525.316kbit/s（ODU2e）。

3. OPUk帧速率

　　同理可推算 OPUk的帧速率。OPUk−Xv 为 OPUk的虚级联，X的范围为 1～256，其速率相当于对应的 OPUk帧速率的 X倍。OPU2e 和 OPUflex（CBR）的帧速率容差和其他信号不同，为±100ppm。OPUk帧速率计算公式如下。

　　OPUk帧速率 = 238/（239−k）× STM−N帧速率

　　OPUk信号的类型、帧速率及容量如表 6−4 所示。

表 6-4　OPU 信号的类型、帧速率及容量

OPU 信号类型	OPU 标称帧速率	OPU 帧速率容差
OPU0	238/239 × 1244160kbit/s	±20ppm
OPU1	2488320kbit/s	
OPU 2	238/237 × 9953280kbit/s	
OPU 3	238/236 × 39813120kbit/s	
OPU 4	238/227 × 99532800kbit/s	
OPUe	238/237 × 10312500kbit/s	±100ppm
ODUflex（CBR）	客户侧信号速率	±100ppm
ODUflex（GFP−F）	238/239 × ODUflex 信号速率	±20ppm
OPU1−Xv	X × 2488320kbit/s	±20ppm
OPU2−Xv	X × 238/237 × 9953280kbit/s	
OPU3−Xv	X × 238/236 × 39813120kbit/s	

注：标称 OPUk帧速率近似为 1238954.310kbit/s（OPU0 净荷）、2488320.000kbit/s（OPU1 净荷）、9995276.962kbit/s（OPU2 净荷）、40150519.322kbit/s（OPU3 净荷）、104355975.330kbit/s（OPU4 净荷）和 10356012.658kbit/s（OPU2e 净荷）。标称 OPUk−Xv 的速率近似为 X × 2488320.000kbit/s（OPU1−Xv 净荷）、X × 9995276.962kbit/s（OPU2−Xv 净荷）和 X × 40150519.322kbit/s（OPU3−Xv 净荷）。

6.1.8 OTN 信号的帧周期

OTUk 帧的大小是固定的，无论是 OTU1、OTU2、OTU3 还是 OTU4，都是 4 行 4080 列。针对不同的信号级别，改变的是 OTN 信号的帧周期。将已知的信号帧速率代入下面的公式可以计算出不同速率级别信号的帧周期。

信号字节数/信号的帧速率=信号的帧周期

ODUflex 和 OPUflex 信号帧周期计算的方法比较特殊，和其他信号不一样。各速率等级信号的帧周期如表 6-5 所示。

表 6-5　不同信号类型的帧周期

信号类型	帧周期
ODU0/OPU0	98.354μs
OTU1/ODU1/OPU1/OPU1-Xv	48.971μs
OTU2/ODU2/OPU2/OPU2-Xv	12.191μs
OTU3/ODU3/OPU3/OPU3-Xv	3.035μs
OTU4/ODU4/OPU4	1.168μs
ODU2e/OPU2e	11.767μs
ODUflex/OPUflex	CBR 客户信号：121856/客户侧信号速率
	GFP-F 封装的客户信号：122368/ODUflex_速率

注：这里所列举的帧周期只是一个近似值，一般要求精确到小数点后 3 位。

6.1.9 ODUk 的时分复用

低阶 ODUk 可以被当作高阶 ODUk 的客户侧信号，也就是说，低阶 ODUk 信号可以通过时分复用方式复用到高阶的 ODUk 信号中。另外，时分复用也支持几个速率不同的低阶 ODUk 信号复用到同一个高阶的 ODUk 信号。

目前有两种客户/服务关系：一种是一个 ODU2 传送 4 个 ODU1；另一种是一个 ODU3 传送 16 个 ODU1 或 4 个 ODU2，再或者是此范围内的其他组合。

相应的，时分复用也分为 ODU1 复用到 ODU2、ODU1 和 ODU2 复用到 ODU3 两种情况。这里通过两个例子介绍低阶 ODUk 时分复用到高阶 ODUk 的过程。

1. ODU1 时分复用到 ODU2

ODU1 到 ODU2 的复用方法如图 6-12 所示。图中的部分内容介绍如下。

ODTU12：Optical Channel Data Tributary Unit 1 into 2，光通道数据支路单元 1~2。

ODTUG2：Optical Channel Data Tributary Unit Group 2，光通道数据支路单元组 2。

JOH：Justification Overhead，调整开销。

如图 6-12 所示，使用帧对齐开销对一个 ODU1 信号进行扩充，并使用调整开销（JOH）将其异步映射进光通道数据支路单元 1~2（ODTU12）中；接着 4 个 ODTU12 被时分复用进光通道数据支路单元组 2（ODTUG2）中；ODTUG2 又被映射到 OPU2 中；最后 OPU2 被映射到 ODU2 中，实现了 4 个 ODU1 复用到一个 ODU2。

从帧结构的角度来看 4 个 ODU1 信号复用进一个 ODU2 的方法，如图 6-13 所示。

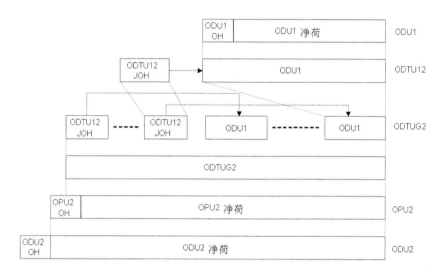

图 6-12　ODU1 到 ODU2 的复用

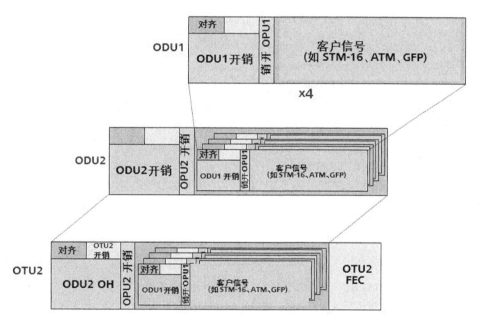

图 6-13　4 个 ODU1 信号复用到一个 ODU2

图 6-13 中右上为 ODU1 帧，包括帧对齐开销和全零 OTUk 开销，ODU1 通过异步映射完成和 ODU2 信号的时钟同步适配；对于中间的帧结构，适配后的 4 个 ODU1 通过字节间插的方式复用到 OPU2 的净荷区域，它们的调整控制和机会信号（JC, NJO）则被间插到 OPU2 开销区域中；增加 ODU2 开销后，ODU2 被映射到 OTU2（或 OTU2V）中，增加 OTU2（或 OTU2V）开销、帧对齐开销、FEC 区域后，即构成了可以通过 OTM 传送的 OTU2 信号。

ODU1 和 ODU2 帧大小相同，都是 4 行 3824 列，其中净荷为 3808 列，ODU1 帧要跨越一个 ODU2 帧的帧边界，占到 3824/3808 个，即约 1.004 个 ODU2 帧。由于 ODU1 和 ODU2 的帧频率是不同的，ODU2 的帧频远大于 ODU1，因此 ODU1 复用进 ODU2 占到超过一个 ODU2 帧是可行的。

2. ODU1 和 ODU2 复用到 ODU3

ODU1 和 ODU2 到 ODU3 的复用方法如图 6-14 所示。

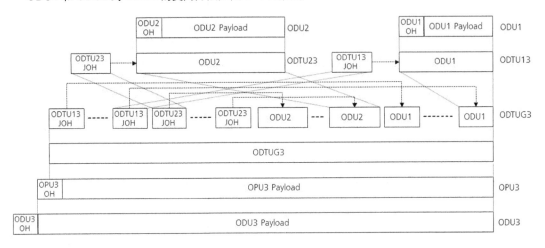

图 6-14 ODU1 和 ODU2 到 ODU3 的复用方法

ODTU23：Optical Channel Data Tributary Unit 2 into 3，光通道数据支路单元 2~3。

ODTU13：Optical Channel Data Tributary Unit 1 into 3，光通道数据支路单元 1~3。

将 ODU1 信号或 ODU2 时分复用进 ODU3 信号，或将 ODU1 和 ODU2 信号一起时分复用进 ODU3 信号的复用步骤有两个过程：第一个过程是对于 ODU1 信号来说的，使用帧对齐开销对一个 ODU1 信号进行扩充，并使用调整开销（JOH）将其异步映射进光通道数据支路单元 1~3（ODTU13）中；第二个过程是对于 ODU2 信号来说的，使用帧对齐开销对一个 ODU2 信号进行扩充，并使用调整开销（JOH）将其异步映射进光通道数据支路单元 2~3（ODTU23）中，然后 j 个 ODTU23（$0 \leqslant j \leqslant 4$）和（16-4$j$）个 ODTU13 信号被时分复用进光通道数据支路单元组（ODTUG3）中，接着 ODTUG3 被映射到 OPU3 中，最后 OPU3 被映射到 ODU3 中。

6.2 OTN 开销

开销可对信号提供层层细化的监控管理功能。监控可分为段层监控、通道层监控。OTN 中有着丰富的开销来对信号在传输过程中进行运行、管理、维护。本节将介绍 OTN 中的电层与光层开销。

6.2.1 电层开销

1. OTN 电层帧结构

OTUk 的帧格式如图 6-15 所示，是一个 4 行×4080 字节列的一个矩阵。其中，1~16 字节列是开销字节，17~3824 字节列是净荷数据，3825~4080 字节列是 FEC 的编码数据。

如图 6-15 所示，第 15~3824 列为 OPUk，其中第 15 和 16 列为 OPUk 开销区域；第 17~3824 列为 OPUk 净荷区域，客户信号位于 OPUk 净荷区域。ODUk 则为 4 行 3824 列的块状结构，由 ODUk 开销和 OPUk 组成，其中左下角第 2~4 行的第 1~14 列为 ODUk 开销区域，第 1 行的第 1~7 列为帧对齐开销区域，第 1 行的第 8~14 列为全 0，为 OTUk 开销区域，帧的右侧第 3825~4080 共 256 列为 FEC 区域，帧对齐开销区域位于帧头的第 1 行第 1~7 列。

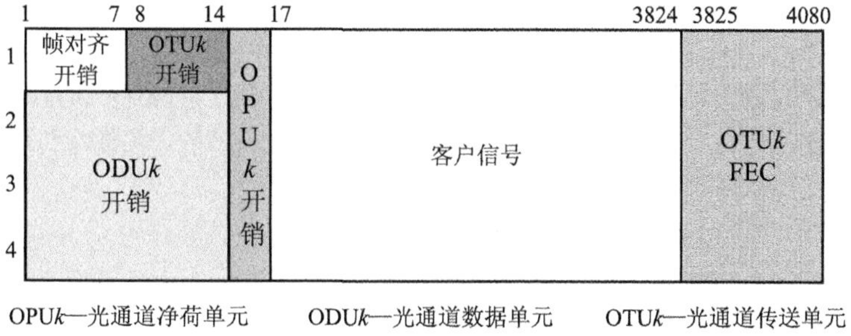

图 6-15 OTU*k* 的帧格式

各级别的 OTU*k* 的帧结构相同，级别越高，帧频率和速率也就越高。在这里，*k* 的取值可以是 0、1、2、3、4、flex，其中 OTU*k* 的值只能取 1、2、3、4。OTU*k* 信号在光网络节点接口 ONNI 处必须具有足够的比特定时信息，因此 OTU*k* 提供了扰码功能，通过使用扰码器构造一个合适的比特图案，从而防止长 "1" 或长 "0" 序列。出于定帧考虑，OTU*k* 开销的帧对齐字节 FAS 不应被扰码，扰码操作在 FEC 计算和插入到 OTU*k* 信号之后执行。OTU*k* 帧中字节的传送顺序为从左到右、从上到下。

SDH 帧结构与 OTN 电层结构的对比如表 6-6 所示。

表 6-6 SDH 帧结构与 OTN 电层结构的对比

	SDH 帧结构	OTN 电层帧结构
帧结构	9 行，270×*n* 列，长度可变	4 行，4080 列，固定不变
帧速率	8000 帧/秒，固定不变	可变
帧结构	段开销、指针、通道开销、净荷	OPU*k*、ODU*k*、OTU*k*、FEC

2. OTN 的电层开销

在信号传送的过程中，操作、维护、管理信息由信号中的开销所承载。图 6-16 所示为 OTU*k* 信号的电层开销总览图，其中包括帧对齐开销、OTU*k* 层开销、ODU*k* 层开销和 OPU*k* 层开销。

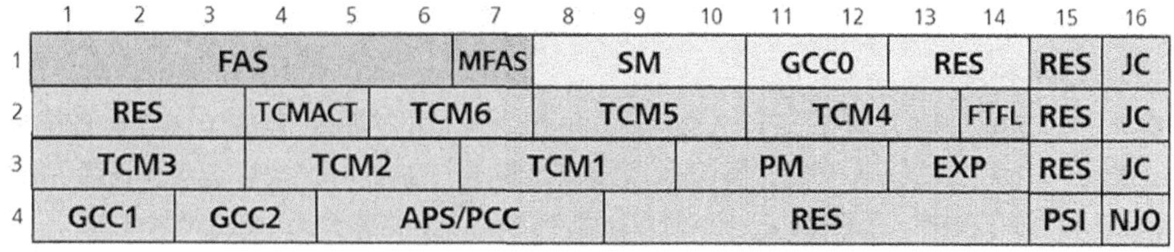

图 6-16 OTU*k* 信号的电层开销总览图

帧对齐开销用于帧定位，由 6 个字节的帧对齐信号开销 FAS 和一个字节的复帧对齐信号开销 MFAS 构成；OTU*k* 层开销用于支持一个或多个光通道连接的传送运行功能，由 3 个字节的段监控开销 SM、两个字节的通用通信通道开销 GCC0 以及两个字节的用于保留作为国际标准化用途的开销 RES 构成，在 OTU*k* 信号组装和分解处被终结；ODU*k* 层开销用于支持光通道的维护和运行，由 3 个字节的用于端到端 ODU*k* 通道监控的开销 PM、各 3 个字节的用于 6 级串行连接监控的开销 TCM1 ~ TCM6、一个字节的 TCM 激活/去激活协调协议控制通道开销 TCMACT、一个字节的故障类型和故障位置上报通道开销 FTFL、两个字节的实验通道字节 EXP、各两个字节的通用通信通道开销 GCC1 和 GCC2、4 个字节的自动保护倒换和保护通信控制通道开销 APS/PCC 以及 6 个字节的保留开销构成，ODUk 开销在 ODUk 组装和分解处被终结，TC 开销在对应的串行连接的源和宿处分别被加入和终结。OPUk 开销用于支持客户信号适配，由一个字节的净荷结构标识符开销 PSI、3 个一个字节的调整控制开销 JC、一个字节的负调整机会字节开销 NJO、3 个字节的保留开销构成，在 OPUk 组装和分解处被终结。

3. OTN 开销的功能

（1）帧对齐开销

OTN 电层开销——
帧对齐开销

帧的开始处为帧对齐开销 FAS，FAS 是 Frame Alignment Signal 的缩写，该开销的作用为进行帧对齐和定位，长度为 6 个字节，位于第 1 行第 1~6 列，内容如图 6-17 所示。第 1~3 字节是 3 个 OA1 字节，每个 OA1 恒定为"1111 0110"，即十六进制的 F6；第 4~6 字节是 3 个 OA2 字节，每个 OA2 恒定为"0010 1000"，即十六进制的 28；OA1 和 OA2 是本帧信号的帧定位字节，相当于 SDH 帧结构中的 A1、A2。

	1	2	3	4	5	6	7	8	9	10	11	12	13	14	15	16
1	FAS						MFAS	SM			GCC0		RES		RES	JC
2	RES			TCM ACT	TCM6		TCM5			TCM4			FTFL		RES	JC
3	TCM3			TCM2			TCM1			PM			EXP		RES	JC
4	GCC1		GCC2		APS/PCC			RES							PSI	NJO

字节 1	字节 2	字节 3	字节 4	字节 5	字节 6
1 2 3 4 5 6 7 8	1 2 3 4 5 6 7 8	1 2 3 4 5 6 7 8	1 2 3 4 5 6 7 8	1 2 3 4 5 6 7 8	1 2 3 4 5 6 7 8
OA1	OA1	OA1	OA2	OA2	OA2

图 6-17 帧对齐开销

基于定帧考虑，OTUk 开销的帧对齐字节 FAS 不应被扰码，扰码操作在 FEC 计算和插入到 OTUk 信号之后执行。

（2）复帧对齐开销

紧跟着 FAS 开销的是复帧对齐开销 MFAS，如图 6-18 所示。MFAS 是 MultiFrame Alignment Signal 的缩写。某些 OTUk 和 ODUk 开销，如 TTI，需要跨越多个 OTUk/ODUk 帧，这些开销除了需要执行 OTUk/ODUk 帧对齐处理外，还需要执行复帧对齐处理，MFAS 开销的作用就是进行复帧对齐。

该开销长度为一个字节，位于第 1 行第 7 列；MFAS 字节的数值随着 OTUk/ODUk 基帧序号递增，范围为 0~255，最多包括 256 个基帧。各个复帧结构的开销可以根据具体的需要调整复帧长度，例如，某开销信号仅需要使用 16 个基帧的复帧结构，则在提取复帧信号时 bit1~bit4 不在计算之列。

4. OTUk 层开销的组成

OTUk 的开销字节占用 OTUk 帧结构的第 1 行第 8~14 字节，如图 6-19 所示，包括 SM、GCC0、RES 这 3 部分。

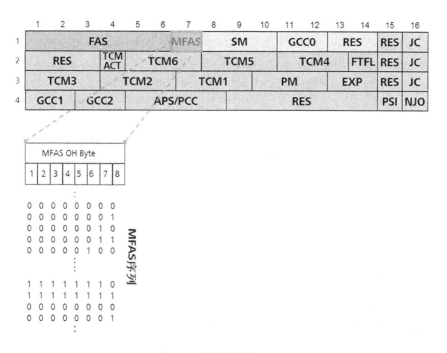

图 6-18　复帧对齐开销 MFAS

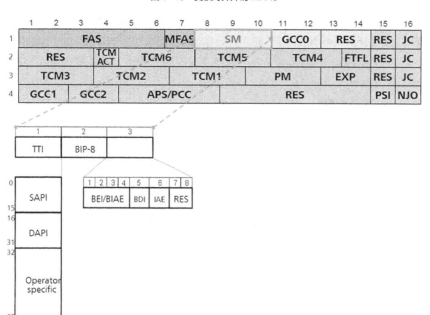

图 6-19　OTU*k* 的开销

OTN 电层开销——
OTU*k* 层开销

SM 的第 1 个字节为 TTI 路径追踪标识；第 2 个字节为 BIP-8 比特校验码；第 3 个字节的 BDI 为反向缺陷指示，BEI/BIAE 为后向误码和后向引入对齐错误指示，IAE 为引入对齐错误指示，RES 为保留字节。

TTI 为 Trail Trace Identifier 的缩写，是 SM 段的第一个字节。TTI 路径追踪标

识长度为一个字节,用于在复帧中传送 64 字节的 OTUk 级别的路径追踪标识符信号。

BIP-8 是 Bit Interleaved Parity-8 的缩写,是 SM 段的第 2 个字节。BIP-8 比特校验码是 BIP-8 字节,用于 OTUk 级别误码检测,采用比特间插偶校验编码;其长度为一个字节;BIP-8 校验对第 i 个 OTUk 帧中的整个 OPUk 帧区域内的比特计算,得出 OTUk BIP-8,并将结果插入到第 $i+2$ 个 OTUk 帧的 OTUk BIP-8 开销位置,在第 $i+2$ 帧中。

BEI/BIAE 是 Backward Error Indication/Backward Incoming Alignment Error 的缩写,为后向误码和后向引入对齐错误指示区域。该区域用于 OTUk 级别向上游回送已检测出的误码数和引入对齐错误(IAE)状态,长度为 4 个位,位于 SM 段的第 3 个字节的高 4 位。在 IAE 状态,该字段为"1011",同时忽略误码计数;在非 IAE 状态,则插入误码数(0~8),其他 6 个值可能由某些不相关的状态导致,并应解释为 0 个误码和 BIAE 未激活。

BDI 为 Backward Defect Indication 的缩写,该比特为反向缺陷指示,用于 OTUk 级别向上游回送段终端宿功能中检测出的信号失效状态;长度为一个比特,位于 SM 开销的第 3 个字节第 5 个比特。BDI 设置为"1",指示 OTUk 反向缺陷;否则设置为"0"。

IAE 为 Incoming Alignment Error 的缩写,是引入对齐错误指示,用于 OTUk 级别 S-CMEP(连接监测终点)的入口端点,通知它的对等 S-CMEP 出口端点在引入信号中已经检测出对齐错误,S-CMEP 出口端点可使用该信息来压制比特误码计数,这些比特误码可能是因为 TC 入口处的 ODUk 帧相位变化导致的。IAE 长度为一个比特,位于 SM 开销的第 3 个字节第 6 个比特。IAE 比特设置为"1",指示帧对齐错误;否则设置为"0"。

GCC0 是 General Communication Channel 0 的缩写,即为通用通信通道开销 0,用于支持 OTUk 终端间的通用通信。其长度为两个字节,位于第 1 行的第 11~12 列。

GCC0 为透明通道,GCC0 开销后是两个字节的 OTUk 保留开销,留作国际标准化,位于第 1 行的第 13~14 列,保留开销为全 0。

5. ODUk 层开销的组成

ODUk 开销如图 6-20 所示。

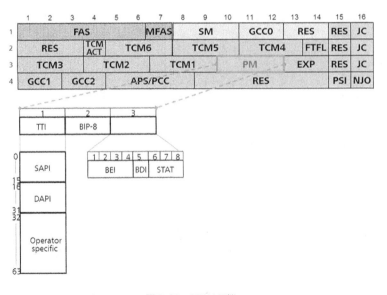

图 6-20　ODUk 开销

　　PM 是 Path Monitoring 的缩写，PM 开销也由 3 个字节组成，位于第 3 行第 10~12 列，包括一个字节的路径踪迹标识符（TTI）、一个字节的 BIP-8、4 个比特的反向误码指示（BEI）、1 个比特的反向缺陷指示（BDI）、3 个比特的指示维护信号存在状态比特（STAT）。其中，TTI、BIP-8、BEI、BDI 这几部分的定义和作用与 OTUk 开销 SM 中相应部分类似，只是监控级别不同，而且支持通道监视。另外，PM 开销不支持 IAE 和 BIAE 功能。需要注意，PM 开销的 BIP-8 检验是对整个 OPUk 帧（15~3824 列）区域进行校验，但校验位置在 PM 开销中，与 SM 中的 BIP-8 终结再生的节点不同。

　　由于不需要像 SM 开销的 BEI/BIAE 字段一样要同时支持 BIAE 功能，因此 BEI 字段取值比 SM 开销中的相应部分少一个表示回送 IAE 状态的有效值。PM 开销中的 BEI 字段的 4 个比特组合共有 9 个有效值，0~8 分别表示 0~8 个误码，其余 7 个值由某些不相关的状态导致，解释为 0 个误码。

　　STAT 字段是 PM 开销比 SM 开销多出的功能，用于 ODUk 通道级别的维护信号；长度为 3 个比特，位于第 3 行的第 12 列的低 3 位。表 6-7 所示为 STAT 字段的含义。

　　PM 与 SM 定义中有相同的开销，PM 开销字节在电中继站点不进行处理，SM 开销在电中继站点需要处理。

表 6-7　ODUk 通道级别的 STAT 字段的含义

6、7、8 位	状　态
000	保留
001	正常
010	保留
011	保留
100	保留
101	维护信号：ODUk - LCK
110	维护信号：ODUk - OCI
111	维护信号：ODUk - AIS

　　ODUk 层开销中定义了 6 个域的串行连接监视开销 TCM1~TCM6，如图 6-21 所示。TCM 是 Tandem Connection Monitoring 的缩写，TCM 开销支持 ODUk 连接的监视，可用于一个或多个光的 UNI 至 UNI、NNI 至 NNI 串行连接监视、线形和环形保护倒换的子层监视、光通道串行连接的故障定位或业务交付质量验收等场合。

　　TCM6~TCM1 依次位于第 2 行的第 5~13 列、第 3 行的第 1~9 列，其格式与 OTUk 开销中的 SM、ODUk 开销中的 PM 类似。其中 TTI、BIP-8、BEI、BIAE、BDI 支持 TCMi 子层监视，i 的取值范围为 1~6，这几部分的定义和作用与 OTUk 开销 SM 中的相应部分相同，只是监控级别不同。STAT 为用于 TCMi 子层的维护信号，指示源 TC-CMEP 处是否存在 IAE 错误、源 TC-CMEP 是否被激活，长度为 3 个比特，位于 TCMi 字段的低 3 位。表 6-8 所示就是 STAT 字段的含义。

表 6-8　ODUk TCMi 子层的 STAT 字段的含义

6、7、8 位	状　态
000	没有源 TC
001	TC 在用，没有 IAE 错误
010	TC 在用，存在 IAE 错误

续表

6、7、8 位	状　态
011	保留
100	保留
101	维护信号：TCMi–LCK
110	维护信号：TCMi–OCI
111	维护信号：TCMi–AIS

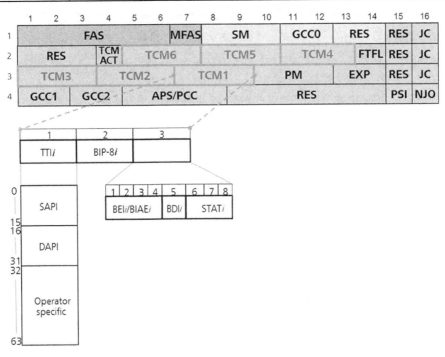

图 6-21　ODUk 层的 TCMi 开销

总体来说，TCMi 开销比 PM 开销多了 BIAE 功能，其 STAT 字段中的维护信号较 PM 开销多。

沿一条 ODUk 路径被监视连接的数目可以在 0 ~ 6 之间变化，被监视的多级连接可以是重叠的、嵌套的或层叠的，其中的重叠模式目前仅用于测试。每个 TC-CMEP 从 6 个 TCMi 开销域之中插入或提取其 TCM 开销，由相应的网络运营商、网络管理系统或交换控制平台提供 TCMi 开销域内容。

如图 6-22 所示，被监视的连接 A1–A2、B1–B2 和 C1–C2 是嵌套的，A1–A2 和 B3–B4 也是嵌套的，而 B1–B2 和 B3–B4 是层叠的。

OTN 电层开销——
ODUk 层开销

通用通信通道开销 GCC1 和 GCC2 如图 6-23 所示，用于支持接入到 ODUk 帧结构（即位于 3R 再生点）的任何两个网元之间的通用通信，长度均为两个字节，分别位于第 4 行的第 1 ~ 2 列、第 3 ~ 4 列。其为透明通道，格式规范不在本书的讨论范围内。其作用和 OTUk 层开销 GCC0 类似，在产品应用中可用于 ESC 功能。

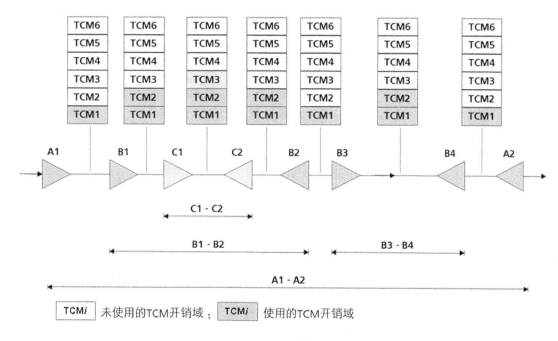

图 6-22　多级 TCM 重叠和嵌套

	1	2	3	4	5	6	7	8	9	10	11	12	13	14	15	16
1	FAS							MFAS		SM		GCC0		RES		RES	JC
2	RES			TCM ACT	TCM6			TCM5			TCM4			FTFL		RES	JC
3	TCM3			TCM2			TCM1			PM			EXP			RES	JC
4	GCC1		GCC2		APS/PCC				RES						PSI	NJO

图 6-23　通用通信通道开销 GCC1 和 GCC2

OPUk 开销中定义了一个字节的净荷结构标识符开销，用于传送 256 字节的净荷结构标识符（PSI）信号，指示 OPUk 信号的类型，OPUk 开销如图 6-24 所示。PSI 是 Payload Structure Identifier 的缩写，PSI 开销位于第 4 行的第 15 列。256 字节的 PSI 信号与 ODUk 复帧对齐。其中，PSI[0] 为一个字节的净荷类型（PT），PSI[1]~PSI[255] 则用于映射和级联。PSI[1] 保留，PSI[2]~PSI[17] 为复用结构标识符 MSI。MSI 中包含 ODU 类型和传送的 ODU 支路端口号信息。其中对于 OPU2，由于只有 4 个 ODU1 支路端口号，所以只需 PSI[2]~PSI[5] 这 4 个字节，MSI 的后 12 个字节设置为 0。

OTN 电层开销——
OPUk 层开销

OPUk 开销中保留了 7 个字节的映射特定开销，即图 6-24 中的 JC、NJO、RES 开销，这些开销分别位于第 1~3 行的第 15 和 16 列、第 4 行第 16 列。这些字节的用法取决于特定客户信号的映射和级联应用。

	1	2	3	4	5	6	7	8	9	10	11	12	13	14	15	16
1	FAS						MFAS		SM		GCC0		RES		RES	JC
2	RES		TCM ACT	TCM6			TCM5			TCM4			FTFL	RES	JC	
3	TCM3		TCM2		TCM1			PM		EXP		RES	JC			
4	GCC1		GCC2		APS/PCC		RES								PSI	NJO

PT (0)

1

映射和级联特定开销

255

图 6-24 OPUk 开销

OTN 光层开销

6.2.2 光层开销

OTN 光层开销信号（OOS）为非随路开销，通过光监控通道传输，如图 6-25 所示。光层开销功能符合标准要求，ITU-T 建议中定义了光层需要包含哪些开销及其相应的功能，而帧速率和帧结构则没有定义。光层开销包括 OTS、OMS 和 OCh 开销，以及厂商自定义的通用管理通信信息开销。

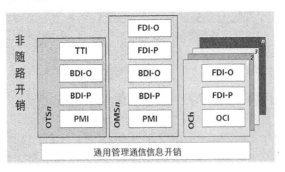

图 6-25 OTN 光层开销信号

1. OTS 开销

OTS 开销用于支持光传输段的维护和运行功能，在 OTM 信号组装和分解处被终结。

- TTI 为 OTS 路径踪迹标识符，用于传送由 64 字节的字符串组成的信号 TTI。TTI 包括源接入点标识符、目标接入点标识符以及运营商指定的信息。
- BDI-P 为 OTS 反向净荷缺陷指示，用于向上游传递在 OTSn 终端宿功能中检测出的 OTSn 净荷信号失效状态。
- BDI-O 为 OTS 反向开销缺陷指示，用于向上游传递在 OTSn 终端宿功能中检测出的 OTSn 开销信号失效状态。

- PMI 为 OTS 净荷丢失指示，用于向下游传递在 OTS 信号源端的上游没有加入净荷的状态，从而压制后续的信号丢失状态的上报。

2. OMS 开销

OMS 开销用于支持光复用段的维护和运行功能，在 OMU 信号组装和分解处被终结。

- FDI-P 为 OMS 前向净荷缺陷指示，用于向下游方向传递 OMSn 净荷信号状态。
- FDI-O 为 OMS 前向开销缺陷指示，用于向下游方向传递 OMSn 开销信号状态。
- BDI-P 为 OMS 反向净荷缺陷指示，用于向上游方向传递在 OMSn 终端宿功能中检测出的 OMSn 净荷信号失效状态。
- BDI-O 为 OMS 反向开销缺陷指示，用于向上游方向传递在 OMSn 终端宿功能中检测出的 OMSn 开销信号失效状态。
- PMI 为 OMS 净荷丢失指示，用于向下游传递在 OMS 信号的源端上游没有一个 OCCp 包含光信道信号的信息，用于压制后续信号失效状态的上报。

3. OCh 开销

OCh 开销用于支持光通道故障的管理和维护功能，在 OCh 信号组装和分解处被终结。

- FDI-P 为 OCh 前向净荷缺陷指示，用于向下游方向传递 OCh 净荷信号的状态。
- FDI-O 为 OCh 前向开销缺陷指示，用于向下游方向传递 OCh 开销信号的状态。
- OCI 为 OCh 开放连接指示，向下游发送的信号，表示上游处于开放连接状态，其之后在 OCh 终端点处检测出的 OCh 信号丢失状态可能与上游开放状态有关。

6.2.3　OTN 维护信号和路径层次

OTN 维护信号和路径层次包括光层和电层的维护信号 FDI（前向失效指示）、AIS（告警指示信号）、BDI（反向缺陷指示）、PMI（净荷未装载指示）、OCI（开放连接指示）、LCK（锁定信号）、IAE/BIAE（引入对齐错误/后向引入对齐错误），以及 OTUk、ODUkP、ODUkT 各个层次的源宿功能。

OTN 路径层次
和维护信号

1. FDI

FDI（Forward Defect Indication）是 OMS 和 OCh 层送往下游的信号，指示已检测到的上游缺陷。其中，FDI-P 和 FDI-O 分别指示净荷和开销的前向缺陷。各项说明如下。

- OMS-FDI-P 指示 OTS 网络层中 OMS 服务层缺陷。
- OMS-FDI-O 指示由于 OOS 中的信号失效状态导致的经由 OOS 传送的 OMS 开销传送中断。
- OCh-FDI-P 指示 OMS 网络层中 OCh 服务层的缺陷，当终结 OTUk 时，OCh-FDI-P 作为 ODUk-AIS 信号延续。
- OCh-FDI-O 指示由于 OOS 中的信号失效状态导致的经由 OOS 传送的 OCh 开销传送中断。

FDI 信号在适配宿功能中产生，在路径终端宿功能中被检测出，用于压制下游因上游信号的传送中断而检测出的种种缺陷和失效。FDI 和 AIS 是类似的信号，当信号位于光域内时使用 FDI，当信号位于数字域内时使用 AIS。FDI 作为非随路开销在 OTM 开销信号（OOS）中传送。

2. AIS

AIS（Alarm Indication Signal）是电层 OTUk、ODUkP、ODUkT、客户层 CBR 送往下游的信号，指示已检测到上游缺陷，用于压制下游因上游信号的传送中断而检测出的种种缺陷和失效。其中，OTUk 层和客户层的 AIS 使用 PN-11 序列的通用 AIS（Generic AIS），采用反转 PN-11 处理方法检测；ODUkP 和 ODUkT 层的 AIS 采用全 1 图案的 AIS。请注意，OTUk-AIS 用于支持将来的新的服务层，目前仅要求能够检测这个信号，但不要求产生这个信号。依照建议，华为设备在实现上也支持检测 OTUk-AIS，但不下插 OTUk-AIS。CBR AIS 在 ODUk/CBRx 适配宿功能中产生，如果 SDH 接收到这个信号，就会被当作 LOF 检测出来。

ODUkP 和 ODUkT 级别的 AIS 采用图 6-26 所示的全 1 AIS 信号结构。

图 6-26　ODUkP 和 ODUkT 级别的全 1 AIS 信号结构

PM 和 TCMi 开销的 STAT 字段取值为 "111" 时表示检测到 ODUk-AIS 信号。使用 ODUkP 或 ODUkT 级别检测 AIS 时，只关注相应级别的 STAT 字段的取值。例如检测 TCM1 的 AIS，要看 TCM1 的 STAT 相应比特是否为 "111"；检测 PM 的 AIS，则看 PM 的 STAT 相应比特是否为 "111"。插入 AIS，则不区分是 ODUkP 还是 ODUkT，是同时插入 PM 和 6 级 TCM 的开销区域及所有净荷（不包括 FTFL 字节），因而统称为下插 ODUk-AIS 信号。ODUk-AIS 可能在 OTU 到 ODU 的适配宿功能或者在 ODUkT 的终结宿功能下产生。其中，OTU 到 ODU 的适配宿功能会因为服务层失效插入 ODUk-AIS；而 ODUkT 的终结宿功能在 TCM 为操作模式的情况下会因为检测到 LCK、OCI、TIM 而插入 ODUk-AIS，TIM 是否插入 AIS 是可设置的。清除 AIS 则清除本区域 STAT 的 111，例如清除 TCM1 的源功能，把 TCM1 的 STAT 由 "111" 改为 "001" 即可。

3. BDI

BDI（Backward Defect Indication）信号包括光层 OTS、OMS 层的 BDI，以及电层 OTUk、ODUkP 和 ODUkT 层的 BDI。

OTS 和 OMS 层的 BDI 由 BDI-P、BDI-O 分别指示净荷和开销的后向缺陷，如果连续 Xms 检测出导致 BDI 插入 OOS 的远端缺陷，则产生 BDI；如果连续 Yms 检测出导致插入 OOS 的 BDI-P 上游缺陷被清除，则清除 BDI-P，X 和 Y 的取值待进一步研究。

电层 OTUk、ODUkP 和 ODUkT 层的 BDI 在电层开销部分已经有所介绍，如果连续 5 帧的 SM、PM、TCMi 开销域中（第 3 字节第 5 比特）的 BDI 比特是 "1"，则产生 dBDI；如果连续 5 帧的 SM、PM、TCMi 开销域中（第 3 字节第 5 比特）的 BDI 比特是 "0"，则清除 dBDI。在信号失效的情况下，BDI 应被清除。

4. PMI

PMI（Payload Missing Indication）是 OTS 和 OMS 层送往下游的信号。PMI 信号在适配源功能时产生，在路径终端宿功能中检测，用于抑制在路径起始处引起净荷丢失的上游缺陷而导致路径终结宿处的下游 LOS 告警。如果连续 Xms 检测到信号源点处的上游或是所有支路时隙上均无光信号，或是光信号没有净荷，则产生 PMI；如果连续 Yms 净荷正常，则清除 PMI。X 和 Y 的取值待进一步研究。

5. OCI

OCI（Open Connection Indication）是光层 OCh 和电层 ODUkP、ODUkT 用于指示上游的信号没有

连接到路径终端源的信号。OCI 信号在连接功能中产生，通过该连接功能在每一个未连接至任何输入连接点的输出连接点上输出。OCI 信号在路径终端宿功能中检测。对于 OCh 层，如果连续 X ms 检测到输入和输出断开，则产生 OCI；如果连续 Y ms 检测到输入和输出连接正常或开销信号失效，则清除 OCI。X 和 Y 的取值待进一步研究。

图 6-27 所示为 ODUkP 和 ODUkT 层的 OCI 信号结构。检测 OCI 与检测 AIS 类似，看 STAT 的相应比特是否为"110"即可，例如检测 TCM1 的 OCI，则看 TCM1 的 STAT 相应比特是否为"110"；检测 PM 的 OCI，则看 PM 的 STAT 相应比特是否为"110"。插入 OCI，同时插入 PM 和 6 级 TCM 的区域及所有净荷，清除 OCI 则清除本区域 STAT 的"110"。在数据信号失效的情况下，OCI 应被清除。

图 6-27　ODUkP 和 ODUkT 层的 OCI 信号结构

6. LCK

为了支持运营商提出的锁定用户接入点信号的要求，ODUkP 和 ODUkT 层提供了 LCK 锁定维护信号，用于指示上游连接被"锁定"的信号。例如当运营者建立测试时，客户信号被锁定的（LCK）固定数字信号取代。它能通过服务层适配宿和源功能产生，发送到下游，下游的终结宿功能处会上报 LCK 告警，表示上游的连接被锁定，没有信号通过。图 6-28 所示为 ODUkP 和 ODUkT 层的 LCK 信号结构。检测 LCK，看 STAT 的相应比特是否为"101"。例如检测 TCM1 的 LCK，则看 TCM1 的 STAT 相应比特是否为"101"；检测 PM 的 LCK，则看 PM 的 STAT 相应比特是否为"101"。

图 6-28　ODUkP 和 ODUkT 层的 LCK 信号结构

插入 LCK，同时插入 PM 和 6 级 TCM 的区域及所有净荷；清除 LCK，则清除本区域 STAT 的"101"。例如在 TCM1 的源功能，需把 TCM1 的 STAT 由"101"改为"001"。插入 LCK 的优先级高于 AIS，就是说，如果用户设置插入 LCK，同时满足自动下插 AIS 的条件，执行的还是插入 LCK。

7. IAE/BIAE

电层 OTUk 和 ODUkT 提供 IAE（Incoming Alignment Error）和 BIAE（Backward Incoming Alignment Erro）维护信号。IAE 用于抑制 OTUk 和 ODUkT 信号的近端性能（误码块计数 EBC 和缺陷秒 DS），BIAE 用于抑制 OTUk 和 ODUkT 信号的远端性能（误码块计数 EBC 和缺陷秒 DS）。

（1）OTU*k*信号的 IAE

● 如果连续 5 帧的 SM 开销域中（第 3 字节第 6 比特）的 IAE 比特为"1"，则产生 dIAE。

● 如果连续 5 帧的 SM 开销域中（第 3 字节第 6 比特）的 IAE 比特为"0"，则清除 dIAE。

（2）ODU*k*T 信号的 IAE

● 如果接收到的 STAT 信息为"010"，则产生 dIAE。

● 如果接收到的 STAT 信息不为"010"，则清除 dIAE。在信号失效的情况下，dIAE 和 dBIAE 信号都应被清除。

（3）BIAE

BIAE 为回送给上游的信号，如果连续 3 帧的 SM、TCM*i* 开销域中（第 3 字节第 1 ~ 4 比特）的 BEI/BIAE 为"1011"，则产生 dBIAE；如果连续 3 帧的 SM、TCM 开销域中（第 3 字节第 1 ~ 4 比特）的 BEI/BIAE 比特不为"1011"，则清除 dBIAE。

6.3 OTN 产品

6.3.1 OptiX OSN 1800 设备

OptiX OSN 1800 系列产品包括 OptiX OSN 1800 I/II 紧凑型设备（简称紧凑型）、OptiX OSN 1800 II 分组型设备（简称分组型）、OptiX OSN 1800 V 分组增强型设备（简称分组增强型）多种形态的设备类型，支持各种业务类型接入，配置灵活，易安装，支持从传统 OTN 设备到 MS-OTN 设备的平滑升级，用户可以根据需要选择使用。图 6-29 ~ 图 6-35 展示了 OptiX OSN 1800 全系列产品。

图 6-29　OptiX OSN 1800 I 普通机盒斜视图（直流机盒）

图 6-30　OptiX OSN 1800 I 普通机盒斜视图（交流机盒）

图 6-31　OptiX OSN 1800 II 普通机盒斜视图（直流机盒）

图 6-32　OptiX OSN 1800 II 普通机盒斜视图（交流机盒）

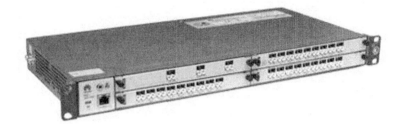

图 6-33　OptiX OSN 1800 OADM 插框斜视图

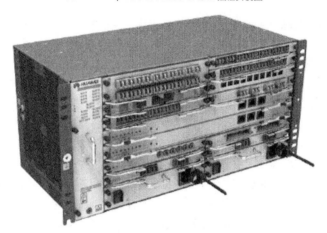

图 6-34　OptiX OSN 1800 V 机盒斜视图（直流机盒）

图 6-35　OptiX OSN 1800 V 机盒斜视图（交流机盒）

OptiX OSN 1800 系列设备定位于城域边缘层网络，包括城域汇聚层和城域接入层，可放置于有线宽带、移动承载上行方向等位置，可在城域接入层网络中将宽带、SDH、以太网等业务进行处理后送至城域传送网络汇聚点，配合现有 OptiX WDM 设备向接入层实现业务延伸。在容量比较小的网络中，OptiX OSN 1800 系列设备也可应用于核心层。图 6-36 所示为 OptiX OSN 1800 系列设备在网络中的位置。

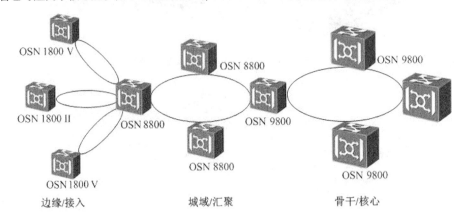

图 6-36　OptiX OSN 1800 系列设备在整个网络中的位置

OptiX OSN 1800 系列设备支持点到点、链形、环形组网等方式。网络建立初期，使用 CWDM 系统快速开通业务；随着宽带业务不断增长，后期业务量攀升，可平滑升级到 DWDM 系统。

它采用多种光层技术，包括 WDM 技术、光层业务调度技术和集成式与开放式结合系统兼容技术等。它可接入 1.5 Mbit/s～10 Gbit/s 速率的几乎所有类型业务，满足多业务接入的要求；能够提供基于 GE 业务颗粒的电层调度。OptiX OSN 1800 系列设备采用分布业务交叉方式，保证部分光波长 OTU 在 Layer 1 处理层中具有 2.5Gbit/s 以下速率 Any 业务颗粒的交叉调度特性，可提供子波长级别业务的汇聚和调度，在城域网为客户侧业务提供灵活可靠的组网配置方案和强大的业务汇聚及调度功能。通过光层交叉技术和电层交叉技术，OptiX OSN 1800 系列设备获得了更高的波长利用率、更长的无色散补偿传送距离和子波长层面的任意交叉连接能力。OptiX OSN 1800 系列设备可以动态配置网络结构和传送路由，根据网络资源进行优化配置，将波分网络从静态网络发展成动态网络，从而可以建立最佳的路由通道，快速提供业务。此外，它还提供完善的设备级电源保护机制和网络级保护机制。

6.3.2　OptiX OSN 3800 设备

OptiX OSN 3800 集成型智能光传送平台（简称 OptiX OSN 3800）以 3U 高的盒式机盒为基本工作单位，主要应用于城域汇聚层和城域接入层。机盒可独立供电，可接入直流或交流电源。OptiX OSN 3800 机盒可以在 ETSI 300mm 后立柱机柜、标准 ETSI 300mm 机柜、19 英寸和 23 英寸开放式机架中安装，如图 6-37 所示。

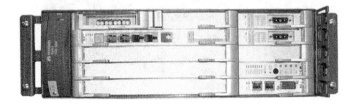

图 6-37　OptiX OSN 3800 机盒

OptiX OSN 3800 设备支持点到点、链形、环形等组网方式，并可以与其他 WDM、SDH/SONET 设备共同组网，实现完整的城域传送解决方案。采用 DWDM 技术和 CWDM 技术，可实现多业务、大容量、全透明的传输功能。

OptiX OSN 3800 设备采用 L0+L1+L2 的 3 层架构，L2 层实现基于以太网的交换，L1 层实现基于 GE/ODU1/Any 的交换，L0 层实现基于 λ 的交换。它支持的接入业务类型有 SDH（STM-1、STM-4、STM-16 和 STM-64）、SONET（OC-3、OC-12、OC-48 和 OC-192）、以太网业务（FE、GE、10GELAN 和 10GEWAN）、SAN 存储业务（FC100、FC200、FC400、FC800 和 FC1200 等）和 OTN 业务（OTU1、OTU2 和 OTU2e）。

采用 OptiX OSN 3800 设备的 CWDM 系统支持单纤双向传输方式，即收发两个方向的不同波长的光信号在同一根光纤中传输；支持采用 DWDM over CWDM 技术，可以将 DWDM 波长在 CWDM 的 1531~1551nm 窗口中传送，扩展 CWDM 系统能力。OptiX OSN 3800 设备提供了丰富的设备级保护和网络级保护功能，增强了设备的可靠性。

6.3.3　OptiX OSN 6800 设备

OptiX OSN 6800 设备具有 360Gbit/s 交叉容量、40Gbit/s 和 100Gbit/s 高速线路、高可靠性、绿色易维等产品特点，主要应用于区域干线、本地网、城域汇聚层和城域核心层，如图 6-38 所示。

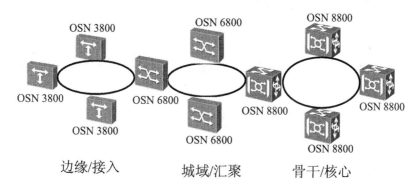

图 6-38　OptiX OSN 6800 设备在全网解决方案中的位置

OptiX OSN 6800 设备以子架为基本工作单位，如图 6-39 所示，高度为 9U，采取独立直流供电，共提供 21 个槽位。它支持的接入业务类型有 SDH（STM-1、STM-4、STM-16、STM-64 和 STM-256）、SONET（OC-3、OC-12、OC-48、OC-192 和 OC-768）、以太网业务（FE、GE、10GELAN 和 10GEWAN）、SAN 存储业务（FC100、FC200、FC400、FC800 和 FC1200 等）和 OTN 业务（OTU1、OTU2、OTU2e、OTU3 和 OTU3e）。

OptiX OSN 6800 设备同样采用 L0+L1+L2 的 3 层架构。其中，L2 层实现基于以太网的交换，L1 层实现基于 GE/10GE/ODU*k*/Any 的交换，L0 层实现基于 λ 的交换。采用 DWDM 技术可实现多业务、大容量、全透明的传输功能。目前，OptiX OSN 6800 设备能够复用 80 通道的业务在一根光纤中传输，即能够传输不同波长的 80 波载波信号；支持 OTN 交叉，任意颗粒的信号流都能够汇聚到 ODU*k* 管道中，且多个站点的多种业务可以混合在同一个 ODU*k* 中，实现了灵活业务调度及高带宽利用率；支持 ROADM（Reconfigurable Optical Add/Drop Multiplexer）技术，通过对波长的阻塞或交叉实现了波长的可重构，从而将静态的波长资源分配变成了灵活的动态分配。ROADM 技术配合 U2000 网管调配波长上下和穿通状态，可以实现远程动态调整波长状态，支持的调配波长数量最多可达 80 波，支持 1~9 维的灵活光层调度。除了支持传统的固定光谱的 ROADM 外，OptiX OSN 6800 设备还支持灵活光谱的 Flexible ROADM，还可以通过 L2 层交换网络实现公司总部与分部之间的专线或专网业务（如 EPL/EVPL 的专线业务和 EPLAN/EVPLAN 的专网业务）。

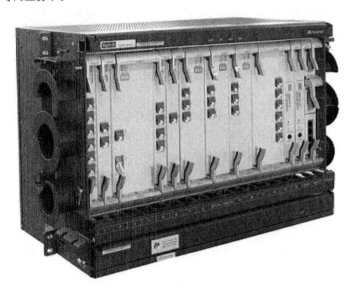

图 6-39　OptiX OSN 6800 设备

OptiX OSN 6800 设备提供了丰富的网络级保护和设备级保护功能，分别如表 6-9 和表 6-10 所示，提高了系统的稳定性。

表 6-9　网络级保护（OTN）

保　护	描　述
光线路保护	运用 OLP 单板的双发选收功能，在相邻站点间利用分离路由对线路光纤提供保护
板内 1+1 保护	运用 OTU/OLP/DCP/QCP 单板的双发选收功能，利用分离路由对业务进行保护
客户侧 1+1 保护	通过运用 OLP/DCP/SCS/QCP 单板的双发选收，对 OTU 单板及其 OCh 光纤进行保护
ODUk SNCP 保护	利用电层交叉的双发选收功能对线路板、PID 单板和 OCh 光纤上传输的业务进行保护。OptiX OSN 6800 设备支持交叉粒度为 ODUk 信号的 SNCP 保护
支路 SNCP 保护	运用电层交叉的双发选收功能对支路接入的客户侧 SDH/SONET 或 OTN 业务进行保护。OptiX OSN 6800 设备支持交叉粒度为 ODUk 信号的 SNCP 保护
SW SNCP 保护	运用单板电层交叉的双发选收功能对 OCh 通道进行保护
MS SNCP 保护	与跨网元、跨子架的 DBPS 保护配合使用，根据 DBPS 的保护状态调整 MS SNCP 的交叉连接，实现 DBPS 保护组和主备 BRAS 设备的同步倒换，实现数据单板与 BRAS 之间的链路保护
ODUk 环网保护	用于配置分布式业务的环形组网，通过占用两个不同的 ODUk 通道实现对所有站点间多条分布式业务的保护
光波长共享保护（OWSP）	用于配置分布式业务的环形组网，通过占用两个不同的波长实现对所有站点间一路分布式业务的保护
板级保护	是基于单板级别的冗余保护倒换。工作链路出现故障、端口出现故障或者单板出现故障时，实现单板级别的主备倒换

表 6-10　设备级保护

保　护	描　述
电源备份	两块 PIU 单板采用热备份的方式为系统供电,当一块 PIU 单板出现故障时,系统仍能正常工作
风扇冗余	风机盒中任意一个风扇坏掉时,系统可在 0℃～45℃ 环境温度下正常运转 96h
交叉板备份	交叉板采用 1+1 备份,主用交叉板和备用交叉板通过背板总线同时连接到业务交叉槽位,以便对交叉业务进行保护
系统控制通信板（SCC）备份	SCC 采用 1+1 备份,主用 SCC 单板和备用 SCC 单板通过背板总线同时连接到所有通用槽位。

6.3.4　OptiX OSN 8800 设备

OptiX OSN 8800 智能光传送平台（简称 OptiX OSN 8800）设备是华为新一代智能化的 MS-OTN 产品。它是根据以 IP 为核心的城域网发展趋势而推出的面向未来的产品,采用全新的架构设计,可实现动态的光层调度和灵活的电层调度,并具有高集成度、高可靠性和多业务等特点。其具有 6.4Tbit/s 交叉容量、40Gbit/s 和 100Gbit/s 高速线路、高可靠性、绿色易维等产品特点。

OptiX OSN 8800 设备可应用于长途干线、区域干线、本地网、城域汇聚层和城域核心层。OptiX OSN 8800 设备包括 8800 T16、T32、T64 等多种子架,其示意图如图 6-40～图 6-42 所示。其中,OptiX OSN 8800 T16 主要应用于城域汇聚层,OptiX OSN 8800 T32 和 OptiX OSN 8800 T64 主要应用于骨干核心层和城域核心层。

OptiX OSN 8800 设备采用 DWDM 技术和 CWDM 技术,可实现多业务、大容量、全透明的传输功能,可以与 OptiX OSN 1800 等 OTN 设备对接,组建完整的 OTN 端到端的网络。OptiX OSN 8800 设备支持的业务类型在 OptiX OSN 6800 支持业务的基础上扩展到了 100Gbit/s 速率,业务更丰富,调度更加灵活。

目前,OptiX OSN 8800 设备能够复用 80 通道的业务在一根光纤中传输,即能够传输不同波长的 80 波载波信号;支持 OTN 技术,业务 E2E 调度的灵活性得到保障,不同业务共享带宽得以实现。作为光交换（Optical Core Switching, OCS）设备,OptiX OSN 8800 设备具有交换容量大、组网方式灵活的特点,可以配置为链形、环形和网孔形等方式,能够进行 VC-4、VC-3、VC-12 粒度的调度,满足多种不同网络应用的需要。OptiX OSN 8800 设备除了支持传统的固定光谱的 ROADM 外,还支持灵活光谱的 Flexible ROADM。另外,还支持多种以太网业务,并且提供多种完善的承载方案。其网络级保护和设备级保护与 OptiX OSN 6800 设备类似,此处不再赘述。

注:1-单板区;2-走纤槽;3-风机盒;4-防尘网;5-盘纤架;6-子架挂耳

图 6-40　OptiX OSN 8800 T16 子架结构示意图

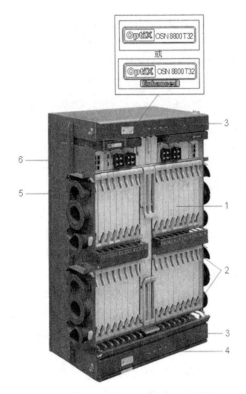

注：1-单板区；2-走纤槽；3-风机盒；4-防尘网；5-盘纤架；6-子架挂耳

图6-41　OptiX OSN 8800 T32 子架结构示意图

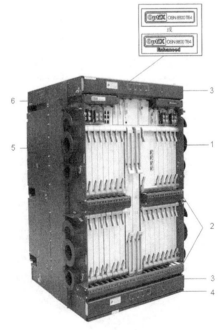

注：1-单板区；2-走纤槽；3-风机盒；4-防尘网；5-盘纤架；6-子架挂耳

图6-42　OptiX OSN 8800 T64 子架结构示意图

6.3.5　OptiX OSN 9600 和 OptiX OSN 9800 设备

为了满足超大交叉容量和带宽的要求，华为推出了 OptiX OSN 9600&9800 系列产品。OptiX OSN 9800 系列产品包括 OptiX OSN 9800 U64、OptiX OSN 9800 U32 和 OptiX OSN 9800 P18，OptiX OSN 9800 U32 和 OptiX OSN 9800 U64 设备如图 6-43 所示。OptiX OSN 9800 U64 和 OptiX OSN 9800 U32 应用于电层，采用了统一的软硬件平台，可以实现单板的共用。其配合 OptiX OSN 9800 P18/8800 平台子架/8800 T16/6800 等光子架，可实现 WDM/OTN 系统应用。

图 6-43　OptiX OSN 9800 U32（左）和 OptiX　OSN 9800 U64（右）设备

OptiX OSN 9600&9800 系列产品的主要特点：有超大容量交换能力，单子架 12.8Tbit/s 交叉实现了超大容量节点自由调度；功耗低，机房占地面积少，未来可扩展至 20Tbit/s 交叉；具备 VC/ODU/PKT 统一交换能力；能够进行 10Gbit/s、40Gbit/s 和 100Gbit/s 混合传输，支持低速率到高速率的平滑升级；100Gbit/s 支持高效的 ePDM-QPSK，免 DCM，简化了网络，可升级支持 400Gbit/s 和 1Tbit/s；提供了多种网络级保护方案、基于 ASON/GMPLS 的智能网络管理方案，可以全面保护线路光纤和业务；提供了立体的设备保护，如电源设备保护、风扇保护、主控 1+1 保护、交叉资源池动态保护；采用了超强节能技术，通过智能风扇兼 π 形风道设计、优异的芯片和系统设计等，提升了电源和功耗效率，降低了能源消耗；其智能电源池+可视化功耗管理，可根据单板数量多少灵活配置电源端子；实现了能耗可视化管理，可实时查看子架的功耗数据；网管界面实现了先进的带宽资源可视化管理和光性能 OSNR 监测；能实现和 OptiX OSN 8800/6800/3800/1800 设备的无缝对接，统一端到端管理网络。

6.4 本章小结

本章主要介绍了 OTN 技术的相关原理，如 OTN 体系组成和关系、OTN 的功能模块、OTN 的复用和映射；重点介绍了 OTN 丰富的开销，包括光层开销和电层开销；最后列举了华为 OTN 各个层次的系列产品和特点，并简要介绍了支持的相关功能和特性。

OTN 的显著特点就是客户无关性。理解和掌握 OTN 技术，需要充分理解网络层次，了解客户信号在 OTN 中的映射、封装、复用方式。对 OTN 开销的理解，能够帮助读者了解 OTN 的运维和故障排查，进而提升对当前应用最为广泛光通信网络的认知。

华为 OTN 产品是业内 OTN 产品的代表，无论是技术领域还是市场份额，都具有明显优势。通过了解华为 OTN 系列产品，读者可从接入层到汇聚层再到核心骨干层端到端整体理解 OTN，形成完备的知识体系架构。

6.5 练习题

1. OTN 的显著特点是什么?
2. 简述信号 ODUO 复用到 ODU2 的过程。
3. 简述段监视 SM 开销的组成和基本功能。
4. 简述 SDH 网络常见的业务类型。
5. 简述 OTN 维护信号的种类和功能。
6. 简述 OTN 的层次，列举各个层次的华为代表性产品。
7. 列举 OptiX OSN 8800 系列设备的分类和各自对应的网络层次。

7 Chapter

第 7 章
4G LTE 业务接入技术

伴随着无线业务的更新换代,与之相适应的承载技术也发生着巨大的变化。本章主要介绍 4G LTE 业务发展进程中主要涉及的 3 个主流接入技术,即 PTN、GPON、IPRAN,并简单介绍了国内三大运营商各自的承载技术。

课堂学习目标

- 了解无线业务接入技术的发展
- 熟悉 PTN 典型技术
- 了解 PTN 的典型应用
- 熟悉 IP RAN 基本原理
- 熟悉 GPON 技术原理和应用

7.1 PTN 接入技术

分组传输网（Packet Transport Network，PTN）是指这样一种光传输网络架构和具体技术：在 IP 业务和底层光传输介质之间设置了一个层面，它针对分组业务流量的突发性和统计的复用传送的要求而设计，以分组业务为核心，并支持多业务提供，具有更低的总体拥有成本（TCO），同时秉承光传输的传统优势，包括高可用性和可靠性、高效的带宽管理机制和流量工程、便捷的 DAM 和网管、良好的可扩展性、较高的安全性等。

PTN 是传输网络的主流产品之一。传统的传输网都是基于电路交换、时分复用的，在承载分组业务时存在一些问题，例如效率不高、不够灵活、扩展性不够好等。传输网业界首先认识到了这个问题，并且提出了不同的解决方案，其中一种就是 PTN，其网络架构示意图如图 7-1 所示。

图 7-1　PTN 网络架构示意图

简单讲，PTN 设备就是整合了 MPLS Router 的电信 IP 特性和 SDH 的维护特性的设备。

7.1.1 PTN 典型技术

PTN 常用技术为端到端伪线仿真（Pseudo-Wire Emulation Edge to Edge，PWE3），是 MPLS L2VPN 技术的一种。

1. VPN

虚拟专用网络（Virtual Private Network，VPN）是依靠 Internet 服务提供商（Internet Service Provider，ISP）和网络服务提供商（Network Service Provider，NSP）在公共网络中建立的虚拟专用通信网络，如图 7-2 所示。

VPN 具有以下两个基本特征。

（1）专用（Private）：对于 VPN 用户，使用 VPN 与使用传统专网没有区别。VPN 与底层承载网络之间保持资源独立，即 VPN 资源不被网络中非该 VPN 的用户所使用；且 VPN 能够提供足够的安全保证，确保 VPN 内部信息不受外部侵扰。

（2）虚拟（Virtual）：VPN 用户内部的通信是通过公共网络进行的，而这个公共网络同时也可以被其他非 VPN 用户使用，VPN 用户获得的只是一个逻辑意义上的专网。这个公共网络称为 VPN 骨干网。

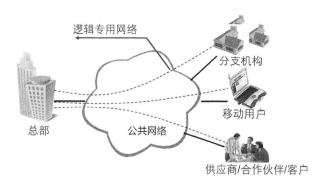

图 7-2 VPN 网络示意图

利用 VPN 的专用和虚拟的特征，可以把现有的 IP 网络分解成逻辑上隔离的网络。这种逻辑隔离的网络应用广泛，可以解决企业内部的互联、相同或不同办事部门的互联，也可以用来提供新的业务，如为 IP 电话业务专门开辟一个 VPN，以此解决 IP 网络地址不足、QoS 保证以及开展新的增值服务等问题。在解决企业互联和提供各种新业务方面，VPN，尤其是 MPLS VPN，越来越被运营商看好，成为运营商在 IP 网络提供增值业务的重要手段。

MPLS L2VPN 通过标签栈实现了用户报文（两层数据帧）在 MPLS 网络中的透明传输。由 MPLS 构建的 L2VPN 的基本架构如图 7-3 所示。

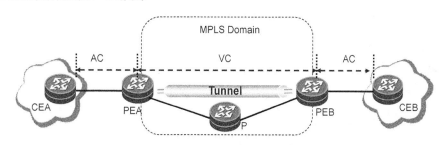

图 7-3 MPLS L2VPN 的基本架构

MPLS L2VPN 的架构可以分为 AC、VC 和 Tunnel 3 个部分。

（1）AC（Attachment Circuit，接入电路）是一条连接 CE（Custom Edge，用户边缘设备）和 PE（Provider Edge router，运营商边缘设备）的独立的链路或电路。AC 可以是物理接口或逻辑接口，属性包括封装类型、最大传输单元 MTU 以及特定链路类型的接口参数。

（2）VC（Vitual Circuit，虚电路）是在两个 PE 节点之间的一种逻辑连接，由 VC Type + VC ID 进行唯一标识。VC Type 表明 VC 的封装类型，例如 ATM、PPP 或 VLAN；VC ID 标识 VC。相同 VC Type 的所有 VC，其 VC ID 必须在整个 PE 内唯一。

（3）Tunnel（隧道）用于封装 VC 虚电路，实现 PE 之间透明传输用户数据。MPLS VPN 中普遍采用的隧道技术主要是 LSP（Label Switching Path，标签交换通道），通过标签交换转发数据包。

2. PWE3

PWE3 属于点到点方式的二层 VPN 技术，Martini 方式的 L2VPN 是 PWE3 的一个子集。PWE3 采用 Martini L2VPN 的部分内容，包括信令 LDP 和封装模式。同时，PWE3 对 Martini 方式的 L2VPN 进行了扩展。PWE3 的工作原理如图 7-4 所示。

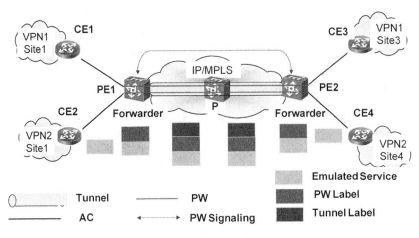

图 7-4　PWE3 工作原理

基本流程具体说明如下所述。

（1）CE2 通过 AC 把需要模拟的业务（TDM/ATM/Ethernet/FR 等）传送到 PE1。

（2）PE1 接收到业务数据后，选择相应的 PW 进行转发。

（3）PE1 把业务数据进行两层标签封装，内层标签（PW Label）用来标识不同的 PW，外层标签（Tunnel Label）指导报文的转发。

（4）通过公网隧道（Tunnel）业务被包交换网络转发到 PE2，并剥离 Tunnel Label。

（5）PE2 根据内层标签（PW Label）选择相应的 AC，剥离 PW Label 后通过 AC 转发到 CE4。

PTN 实现时，参考了 ITU-T G.8131 APS 保护机制，实现了 LSP 1+1/1:1 APS，是一种全局端到端的路径保护，错误检测是基于 ITU-T Y.1710/Y.1711 MPLS OAM 实现的。

7.1.2　PTN 的典型应用

PTN 作为传输网的产品，承载的业务主要为 2G、3G、4G、大客户客户专线，而且主要聚焦在城域内（本地网），通常配合 OTN 完成对业务的承载。PTN 承载的无线业务示意图如图 7-5 所示。

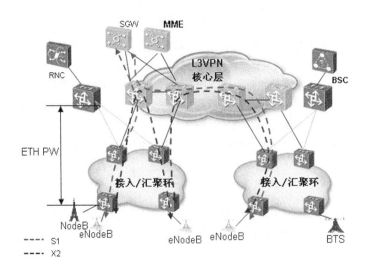

图 7-5　PTN 承载的无线业务示意图

- PTN 使用 PWE3 技术在基站（BTS）和基站控制器（BSC）之间构建透明的二层管道，完成对 TDM（2G）业务的仿真。
- PTN 使用 PWE3 技术在基站（NodeB）和基站控制器（RNC）之间构建透明的二层管道，完成对 ATM 或者 Ethernet（3G）业务的仿真。
- PTN 使用 PWE3+L3VPN 技术在基站（eNodeB）和 EPC（SGW/MME）之间构建透明的二层管道，完成对 Ethernet（4G）业务的仿真。

总体来讲，PTN 设计理念可简单概括如下。

（1）强大的网络管理能力，所有对设备和网络的操作、管理和维护都通过网管完成。网络可规划、可控、可管理，转发行为可预知。

（2）PTN 基于 MPLS/PWE 技术提供与业务无关的连接。

（3）提供基于连接的 OAM、保护、管理和业务。

7.2　IP RAN 接入技术

目前国内三大运营商都已过渡到第 4 代移动通信系统，对无线业务的接入技术提出了更高的要求。经过长时间的摸索之后，长期演进（Long Term Evolution，LTE）业务发展出了 3 种主流接入技术。除了以中国移动为主的 PTN 外，还有以电信和联通为主的 IP 化无线接入网（IP radio access network，IP RAN）。

IP RAN 方案是针对 2G、3G、LTE 无线网络传输技术 IP 化而设计的，基于 IP、多协议标签交换（Multiprotocol Label Switching，MPLS）网络的解决方案。通过对基站侧网关（Cell Site Gateway，CSG）到无线业务侧网关（Radio Service Gateway，RSG）之间的网络规划，来承载从基站侧到无线网络核心侧的通信业务。该方案构建的 IP 回传网络具备简单灵活的组网形式和优秀的固定网络与移动网络融合（Fixed Mobile Convergence，FMC）承载能力，采用基站侧网关组成接入网。汇聚侧网关（Aggregation Site Gateway，ASG）和无线业务侧网关组成汇聚网，可以根据 2G、3G 和 LTE 业务的承载需求进行灵活部署，亦可承载 VPN 专线业务。

IP RAN 方案部署方式灵活，可以承载大、中、小各种规模的网络，而且具备以下主要特点。

- 可采用环形、链形等多种类型组网结构。
- 可采用单归或双归到上层节点。
- 采用第三方网络作为承载中介。

图 7-6 所示为中国电信 IP RAN 网络建设时存在的 4 种场景，分别如下。

（1）3G 业务承载。

（2）LTE 业务承载（EPC 城市）。

（3）LTE 业务承载（无 EPC 城市-跨域组网）。

（4）LTE 业务承载〔无 EPC 城市-两级路由反射器（Route Reflector，RR）直连组网〕。

7.2.1　IP RAN 典型组网

1. 端到端（Edge to Edge，E2E）承载解决方案

IP RAN 网络中的常用技术为 PWE3 和 L3VPN（Layer 3 Virtual Private Network，三层虚拟专用网络）。

E2E VPN 场景是移动承载路由型解决方案的子场景之一，如图 7-7 所示，适用于客户网络需要 L3 到边缘且网络规模较小的情形（一般一对 RSG 节点下关联的 CSG 节点数量不超过 500 时可以使用，如果汇聚环有同时承载固网业务的需求，则所关联的 CSG 节点数量要根据固网的规模再做适当降低）。

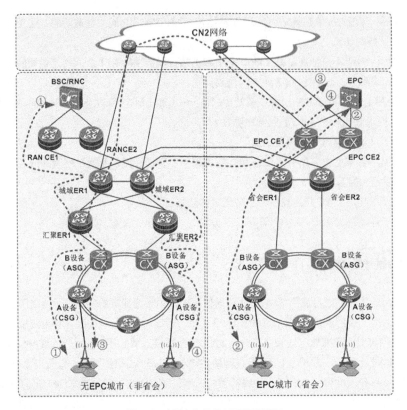

图 7-6　中国电信 IP RAN 组网拓扑图

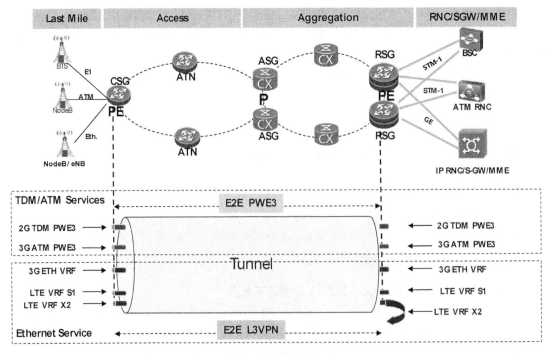

图 7-7　E2E 承载解决方案

2G TDM 业务和 3G ATM（Asynchronous Transfer Mode，异步传输模式）业务由 E2E PW 承载，以太网业务由 E2E L3VPN 承载。IP RAN 从层次上可分为最后一千米、接入层、汇聚层以及核心层，所承载的业务主要是 2G 以及 3G、4G 业务。其中，4G 的流量可分为 S1 和 X2 两种类型，S1 指的是基站与核心网之间形成的流量，X2 业务是当用户从基站切换到新的基站时，为了减少切换时间，驻留数据直接从原有基站转发到新基站产生的流量。对于这些业务产生的数据，采用 PWE3 及 L3VPN 建立私网路径，迭代到标签分发协议（Label Distribution Protocol，LDP）或者资源预留协议流量工程（Resource Reservation Protocol Traffic Engineering，RSVPTE）建立的隧道上进行转发。

2. 分层 VPN（Hierarchy VPN，HVPN）承载解决方案

HVPN 场景是路由型移动承载解决方案子场景之一，具备大规模动态组网能力，可以弱化盒式设备性能要求，分担顶端汇聚设备压力，也是中国联通所采用的方案。

此方案对所有接入环和汇聚环在协议层面做到了完全隔离，环内链路或节点故障仅在区域内同步并收敛，环外设备不感知。整网健壮性强，当基站归属关系需要调整或需要破环加点时，仅需调整接入环内的设备配置，汇聚环无须任何更改。

2G TDM 和 3G ATM 业务采用 MS-PW（Multi-Segment Psende Wire，多跳 PW）承载，以太网业务采用 Hierarchy L3VPN 承载，HVPN 承载解决方案如图 7-8 所示。

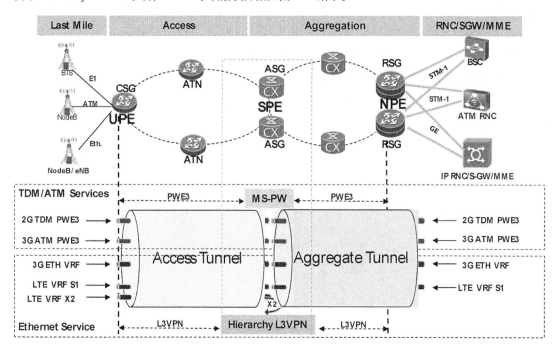

图 7-8　HVPN 承载解决方案

3. Mixed VPN（分层 VPN，hierarchy VPN）承载解决方案

Mixed VPN 场景是移动承载路由型解决方案场景的子场景之一，如图 7-9 所示，具备大规模动态组网能力，可以弱化盒式设备性能要求，分担顶端汇聚设备压力。

此方案对所有接入环和汇聚环在协议层面做到了完全隔离，环内链路或节点故障仅在区域内同步并收敛，环外设备不感知。整网健壮性强，当基站归属关系需要调整或需要破环加点时，仅需调整接入环内设备配置即可，汇聚环无须任何更改。

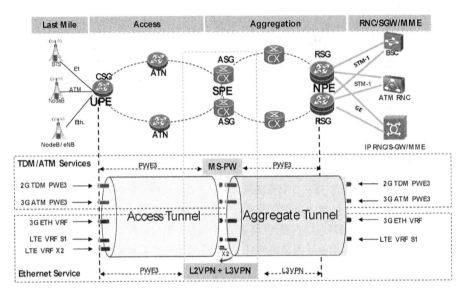

图 7-9 Mixed VPN 承载解决方案

该方案下的所有业务在接入环都采用 PW 接入，低速业务在 ASG 通过伪线 PW 交换，继续由 PW 承载至 RSG，以太网业务在 ASG 终结此二层虚拟专用网（Layer 2 virtual private network，L2VPN）后接入 L3VPN 进行转发，LTE X2、大客户 L3VPN 业务也必须先通过管道到 ASG 节点后才能进行三层交换。

4. Native IP+L3VPN 承载解决方案

Native IP 场景是移动承载路由型解决方案场景的子场景之一，Native IP+L3VPN 承载解决方案如图 7-10 所示，具备中等规模动态组网能力，可以弱化盒式设备性能要求，分担顶端汇聚设备的压力。

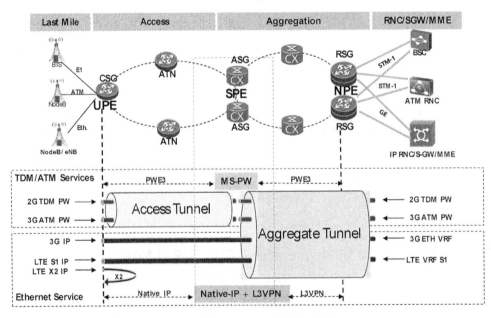

图 7-10 Native IP+L3VPN 承载解决方案

此方案接入环采用纯 IP 转发，业务封装效率高，技术复杂度是所有子场景中最低的。同时，由于其接入部分和汇聚部分采用了分层模型，故障隔离能力也很强。但是接入环安全性和业务隔离性较差。

以太网业务在接入环纯 IP 转发，汇聚环采用 L3VPN 转发，建议不承载 TDM/ATM 业务。如果必须承载，可根据网络规模选择端到端 PW 或者 MS-PW 进行，但此时接入环配置简单的优点也丧失了。

7.2.2　IP RAN 业务承载实现

1.　综合业务

IP RAN 解决方案使用 VPN 技术承载业务，2G/3G 的 TDM 语音业务使用二层 VPN 技术 PWE3 进行承载，将业务通过封装完成在 IP/MPLS 网络中的透传。

3G 数据、LTE 和固网等 ETH 业务主要通过三层 VPN 技术 MPLS BGP VPN 进行承载，根据不同的场景方案，在接入环位置采用 Native IP、PWE3 或者 Native IP，通过高效的标签技术完成在 IP/MPLS 中的转发。综合业务承载如图 7-11 所示。

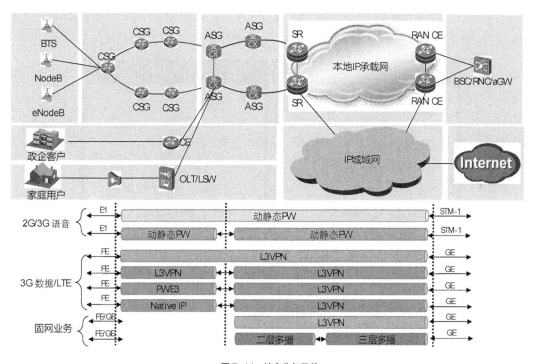

图 7-11　综合业务承载

2.　语音业务

对于 2G/3G 的 TDM 语音业务，在使用 IP RAN 方案进行承载时，只能采用 PW 封装的技术在 IP/MPLS 网络进行透传。创建 PW 的方式有两种：一是利用网管手动下发配置的静态方式，采用多协议标签交换流量监控（Multiprotocol Label Switching Traffic Policing，MPLSTP）标准，这是 PTN IP RAN 解决方案实现的主要方式；二是利用动态协议自动生成配置的动态方式，由设备自动完成计算和选路，无须人为控制。

对于 IP RAN 网络，语音业务的承载方式除了静态 PW 之外，还有动态的承载方式。动态 PW 承载方式使用动态协议来支撑，设备可以根据自己收集的路径信息自动选择最佳路径，也可以人为指定路径，实现机制灵活，减少了人为产生出错的可能。对于业务的承载，首先通过大管道隧道，然后根据标签分发协议自动选择传递业务的 PW。

TDM 业务流程：在转发的过程中，每跳都需要交换外层隧道标签，内层 PW 标签保持不变。

（1）TDM 业务从 E1 链路接入 CSG。

（2）CSG 根据入口将 TDM 业务封装到相应的 PW 中并透传给 RSG（RAN CE）。

（3）RSG（RAN CE）收到报文后解封装，并从相应的出口转发给 BSC。

对于 TDM 语音业务来说，使用 PWE3 技术承载是目前 IP/MPLS 网络唯一的解决方案，用户也可以根据实际需要选择相应的方案进行部署。

3. 以太网业务

在 LTE 的时代，更高的带宽给移动终端上网带来了便利，数据业务的占比也逐渐升高，这类数据业务在 IP RAN 中称为以太网业务，也可简称为 ETH 业务。如果基站使用 Ethernet（以太网）类型的接口，基站业务可以使用二层的 PW（无论静态还是动态）和三层 L3VPN 进行封装转发。二层 PW 转发类似于局域网通信，整个 IP RAN 的承载网络可视作交换机，基站和基站之间通过 MAC 地址完成通信；而三层 L3VPN 的转发，整个 IP RAN 的承载网可以视为路由器，通过 IP 的路由功能完成数据转发。对于承载效率来说，二层 PW 转发比三层 VPN 需要多封装 Ethernet 头部，效率低于三层，如图 7-12 所示。

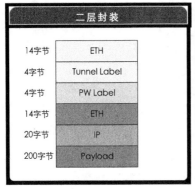
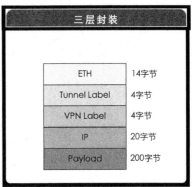

图 7-12　二、三层承载封装效率

当进行业务调整时，在三层组网中，设备通过动态协议通信，各个网元之间是相对独立的（业务逐段转发），自身的调整不会影响到网络中的其他网元。比如说基站调整，只需在 RNC 侧调整数据配置即可，基站归属调整网络会自动操作，提升效率的同时降低了业务割接风险。当进行破环加点时，由于三层网络具有逐段转发的特性，会自动计算路径，自愈强，所以在无线业务进行破环加点的时候，只需根据规划，将设备加入网络（配置只是针对该设备完成），即可完成操作。但对于二层组网而言，NodeB 和 RNC 是点对点的通信，所以在进行业务调整时，需要进行端到端的调整，人工工作量增加。

综合以上几点，对于以太网业务来说，L3VPN 承载是理想方案。在业务承载转发的过程中，首先使用网管下发建立隧道的指令，隧道通过协议自动建立，其次通过网管下发建立 L3VPN 的指令，建立实际业务转发通路。

在以太网业务转发流程中，每跳都需要交换外层隧道标签，内层 VPN 标签保持不变。

当以太网帧从基站设备发送到 CSG 时，CSG 会剥离掉二层以太网信息，根据数据包中的三层信息查询 IP 路由表，添加相应的 VPN（业务）标签，并根据目的设备地址添加相应的公网标签，即隧道标签，数据在隧道中进行转发。

4. LTE 业务

LTE 阶段承载业务的特点如下。

（1）大带宽、低时延、多业务承载。

（2）业务模式多为点到多点（P2MP）。

（3）海量基站，并且基站之间要有通道，可完成 X2 流量的转发。

（4）对无线业务而言，不但要求频率同步，更要求相位同步。

LTE 阶段基站之间存在流量，可以提升用户手机的切换体验，意味着基站和基站之间存在通信通道，如果使用二层转发，会存在连接过多的问题。所以在 LTE 阶段，三层功能到基站接入的边缘替代二层技术成了一种趋势，如图 7-13 所示。

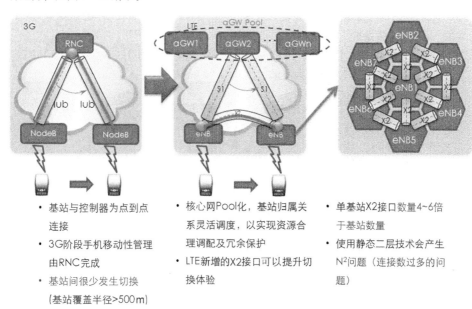

图 7-13　LTE 承载驱动三层 IP 到边缘

基于基站之间的流量的产生，对于 LTE 业务承载，使用分层的 L3VPN 承载更理想，而且可以节约隧道资源。LTE 业务庞大的带宽需要和设备能力，使用分层的 L3VPN 方案可以更好地满足。

5. 固网业务

IP RAN 不仅承载移动终端的业务，同时也可以实现固网与移动的融合。承载的固网业务方案大体可分为政企专线&下一代网络接入网关（Next Generation Network Access Gateway，NGN AG）承载方案和 IP 电视（Internet Protocol Television，IPTV）承载方案。

IPTV 承载方案在 IP RAN 网络的接入层直接使用光线路终端（Optical Line Terminal，OLT）设备接入用户设备，上行连接 ASG 设备；核心层开启三层多播，将多播流量引导到业务路由器（Service Router，SR）；汇聚层开启二层多播，将多播流量进一步引导到固定宽带接入网。

7.3　GPON 技术

7.3.1　PON 技术发展

随着宽带业务的发展，人们越来越意识到网络的接入部分（最后 1km）存在严重的带宽"瓶颈"。客户端和局端目前都已跨入吉比特级以上的速率，如客户广泛使用的计算机内部传送速率已达到吉比特速率；

而作为接入部分的另一头，城域网或国干网的每波长速率也已达到 2.5 ~ 10 Gbit/s，它们都比接入部分高出至少 3 个数量级。随着三网合一的推行，突破接入网瓶颈变得越来越迫切，只有突破接入部分的带宽"瓶颈"，才能使整个网络有效发挥宽带的作用，真正推动各种业务的发展，给运营商带来经济效益，也带来社会效益。从技术上讲，突破接入网瓶颈的方式有 3 种，一是高速数字用户线路（VDSL），二是基于无源光网络（PON）的光纤到户（FTTH），三是高速无线接入。

光纤接入从技术上可分为有源光网络（Active Optical Network，AON）和无源光网络（Passive Optical Network，PON）两大类。1983 年，BT 实验室首先发明了 PON 技术。PON 是一种纯介质网络，消除了局端与客户端之间的有源设备，能避免外部设备的电磁干扰和雷电影响，减少线路和外部设备的故障率，提高系统可靠性，同时可节省维护成本，是电信维护部门长期期待的技术。PON 的业务透明性较好，原则上可适用于任何制式和速率的信号。目前基于 PON 的实用技术主要有 APON/BPON、GPON、EPON、GEPON 等几种，其主要差异在于采用了不同的二层技术，如图 7-14 所示。

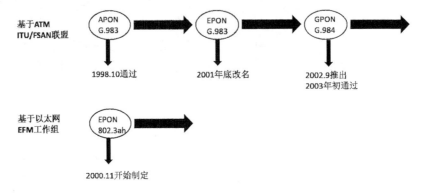

图 7-14　PON 的两个主要标准体系

APON 是 20 世纪 90 年代中期就被 ITU 和全业务接入网论坛（FSAN）标准化的 PON 技术。FSAN 在 2001 年底又将 APON 更名为 BPON。APON 的最高速率为 622Mbit/s，二层采用的是 ATM 封装和传送技术，因此存在带宽不足、技术复杂、价格高、承载 IP 业务效率低等问题，未能取得市场上的成功。

为更好地适应 IP 业务，第一英里以太网联盟（EFMA）于 2001 年初提出了在二层用以太网取代 ATM 的 EPON 技术，IEEE 802.3ah 工作小组对其进行了标准化。EPON 可以支持 1.25Gbit/s 对称速率，随着光器件的进一步成熟，将来速率还能升级到 10Gbit/s。由于以太网技术与 PON 技术的完美结合，因此成了非常适合 IP 业务的宽带接入技术。

在 EFMA 提出 EPON 概念的同时，FSAN 又提出了 GPON，FSAN 与 ITU 对其进行了标准化。GPON 在二层采用 ITU-T 定义的 GFP（通用成帧规程）对 Ethernet、TDM、ATM 等多种业务进行封装映射，能提供 1.25Gbit/s 和 2.5Gbit/s 下行速率，以及 155Mbit/s、622Mbit/s、1.25Gbit/s、2.5Gbit/s 几种上行速率，并具有较强的操作、维护、管理功能。随着当前 IPTV 业务的推进，4K 视频业务迅速发展，当前在高速率和支持多业务方面，GPON 非常具有优势，并且在业务的 QoS 方面也要好于 EPON。目前很多运营商逐渐往 GPON 转型。

光纤接入从 20 世纪 90 年代初就走上了舞台，总体来说是一种"说得多，做得少"的技术。PON 系统无疑是其中的佼佼者。EPON 与 GPON 各有千秋，无论是 EPON 技术还是 GPON 技术，其应用在很大程度上取决于光纤接入成本的快速降低和业务需求，而价格则是最核心因素，ADSL 的发展就充分证明了这一点。

FTTH 的成功取决于多方面的因素，如设备价格及部署成本继续下降，有更多的宽带应用驱动用户产生更高的带宽需求，FTTH 在与其他宽带接入技术（如 ADSL2、VDSL、BWA 等）的竞争中必须能显示出更充分的优势。此外，电信市场的进一步开放以及政府强有力的政策与经济支持，对推动 FTTH 的发展也至关重要。随着时间的推移，光纤光缆和光元器件成本在稳步下降，各种光电新技术的进步也为 FTTH 的实现创造了条件；IPTV 等各种宽带新业务的需求会进一步刺激 FTTH 的发展；现有铜缆网运行维护负担的加重，也促使运营商更加青睐光纤网；来自新兴运营商等竞争对手的压力有可能迫使传统电信运营商提前实施 FTTH，以便确保在宽带领域的竞争优势。因此，FTTH 应该有很广阔的发展前景。

实现全光纤的 FTTH 是宽带接入的发展方向，但是实现全部的光纤接入需要一个过程，设备、光纤、工程成本和应用的业务需求都是其广泛推广与使用的关键因素。首先从 FTTB 开始，充分利用 PON 技术和现有以太网的优势（成本低、使用广），然后逐步过渡到 FTTH，这是一种比较合理的选择。

FTTH/FTTB 的应用主要有如下模式。

（1）新兴运营商在管道/光纤资源紧张的区域利用 FTTB 快速开展业务，如网吧一条街、小区接入等。

（2）部分驻地网络运营商利用 FTTB 占领接入网和用户驻地网市场，然后为基础业务运营商提供公共接入平台。

（3）政府或设备制造商推动商用试验，主要为了实现"三网合一"的应用模式。

（4）主体运营商开展 FTTH 试验及局部商用，建立 FTTH 示范小区建设。

（5）作为新兴运营商展开业务竞争的切入手段。

（6）一些高档的应用场所（高档小区、写字楼）提升整体形象。

7.3.2　GPON 系统结构

1. 拓扑结构

与其他 PON 技术一样，GPON 技术采用点到多点的用户拓扑结构，利用光纤实现数据、语音和视频的全业务接入，一个典型的 Ethernet over PON 系统由 OLT、ONU、POS 组成，如图 7-15 所示。OLT 放在中心机房，ONU（Optical Network Unit，光网络单元）放在用户设备端附近或与其合为一体。POS（Passive Optical Splitter，无源分光器）是一个连接 OLT 和 ONU 的无源设备，它的功能是分发下行数据，并集中上行数据。

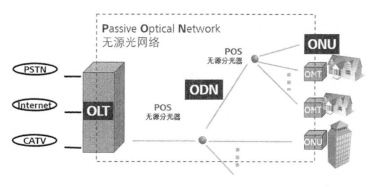

图 7-15　系统结构

在 ODN（基于 PON 设备的 FTTH 光缆网络）中，光纤连接 OLT 的分支最大可达 1：64，OLT 分支连接到 ONU。在 GPON 的传输汇聚层，OLT 到 ONU 的最大逻辑距离被定义为 60km，而最远 ONU 与最近 ONU 之间的距离最大为 20km，这样严格定义是为了使测距窗口不至于过大而影响业务质量。对于分光比，随着光模块的改进，传输汇聚层最大可支持的分光比可达到 1：128。

2．应用模式

根据 ONU 所处位置的不同，GPON 的应用模式又可分为 FTTC（光纤到路边）、FTTB（光纤到大楼）、光纤到办公室（FTTO）和光纤到家（FTTH）等多种类型，如图 7-16 所示。

在 FTTC 结构中，ONU 放置在路边或电线杆的分线盒边，从 ONU 到各个用户之间采用双绞线铜缆；若传送宽带图像业务，则采用同轴电缆。FTTC 的主要特点之一是，到用户家里面的部分仍可采用现有的铜缆设施，可以推迟入户的光纤投资。目前来看，FTTC 在提供 2Mbit/s 以下窄带业务时是 OAN 中最现实、最经济的方案，但如需提供窄带与宽带的综合业务，这一结构不太理想。

在 FTTB 结构中，ONU 被直接放到楼内，光纤到大楼后可以采用 ADSL、Cable、LAN，即 FTTB+ADSL、FTTB+Cable 和 FTTB+LAN 等方式接入用户家中。FTTB 与 FTTC 相比，光纤化程度进一步提高，因而更适用于高密度以及需提供窄带和宽带综合业务的用户区。对于 FTTO 和 FTTH 结构，均在路边设置 POS，并将 ONU 移至用户的办公室或家中，是真正全透明的光纤网络，它们不受任何传输制式、带宽、波长和传输技术的约束，是 OAN 发展的理想模式和长远目标。

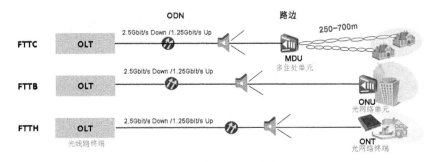

图 7-16　FTTX 场景

3．主要优点

GPON 的优点主要表现在如下方面。

（1）更远的传输距离：采用光纤传输，接入层的覆盖半径为 20km。

（2）更高的带宽：GPON 非对称上下行，上行速率 1.25Gbit/s，下行速率 2.5Gbit/s。

（3）分光特性：局端光纤经分光后引出多路到用户光纤，节省光纤资源。

4．传输速率

GPON 支持 7 种异步传输速率，如表 7-1 所示，目前华为采用的是上行 1.24416Gbit/s、下行 2.48832Gbit/s 的速率。

表 7-1　传输速率

上　行	下　行
0.15552Gbit/s	1.24416Gbit/s
0.62208Gbit/s	1.24416Gbit/s
1.24416Gbit/s	1.24416Gbit/s
0.15552Gbit/s	2.48832Gbit/s
0.62208Gbit/s	2.48832Gbit/s
1.24416Gbit/s	2.48832Gbit/s
2.48832Gbit/s	2.48832Gbit/s

7.3.3　GPON 系统数据复用方式

GPON 技术是 PON 的一种，支持上行 1.25Gbit/s、下行 2.5Gbit/s 的接入速率，支持 20km 的超长传输距离，同时支持 1∶64 的分光比，可以扩展支持 1∶128 的分光比，具有覆盖用户数量多、覆盖范围大等优点。GPON 采用单根光纤将 OLT、POS 和 ONU 连接起来，上下行采用不同的波长进行数据承载，上行采用 1310nm 波长，下行采用 1490nm 波长。GPON 系统采用波分复用的原理通过上下行的不同波长在同一个 ODN 网络上进行数据传输，下行通过广播的方式发送数据，而上行通过 TDMA 的方式按照时隙进行数据上传。GPON 的工作原理如图 7-17 所示。

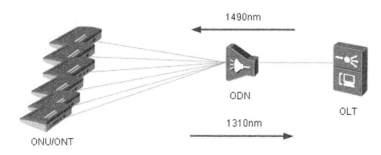

图 7-17　GPON 的工作原理

所有数据从 OLT 端广播到所有 ONU 上，ONU 再选择接收属于自己的数据，并将其他数据直接丢弃，具体原理如图 7-18 所示。

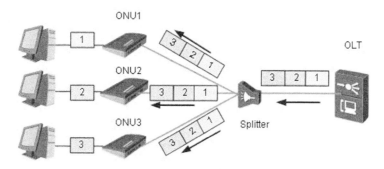

图 7-18　GPON 下行通信原理

ONU 在向 OLT 发送数据时，只能在 OLT 提前许可的时隙内发送数据，这样就可以保证每个 ONU 都能按要求和次序发送数据，避免了上行数据冲突，如图 7-19 所示。

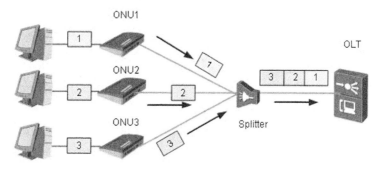

图 7-19　GPON 上行通信原理

7.3.4 GPON 协议

GEM（GPON Encapsulation Mode）帧是 GPON 技术中最小的业务承载单元，是最基本的封装结构。在 GPON 线路上，所有业务都要封装在 GEM 帧中传输，通过 GEM Port 标识。每个 GEM Port 由一个唯一的 Port-ID 来标识，由 OLT 进行全局分配，即 OLT 下的每个 ONU/ONT 都不能使用 Port-ID 重复的 GEM Port。GEM Port 标识的是 OLT 和 ONU/ONT 之间的业务虚通道，即承载业务流的通道，类似于 ATM 虚连接中的 VPI/VCI 标识。

T-CONT（流量容器）是 GPON 上行方向承载业务的载体，所有 GEM Port 都要映射到 T-CONT 中，由 OLT 通过 DBA 调度的方式上行。T-CONT 是 GPON 系统中上行业务流最基本的控制单元，每个 T-CONT 由 Alloc-ID 唯一标识。Alloc-ID 由 OLT 进行全局分配，即 OLT 下的每个 ONU/ONT 都不能使用 Alloc-ID 重复的 T-CONT，如图 7-20 所示。

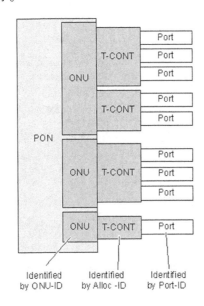

图 7-20　映射关系图

T-CONT 包括 5 种不同的类型，上行业务调度过程会根据不同类型的业务选择不同类型的 T-CONT。每种 T-CONT 带宽类型有特定的 QoS 特征。QoS 特征主要体现在带宽保证上，分为固定带宽、保证带宽、保证/最大带宽、最大带宽、混合方式（对应表 7-2 的 Type1～Type5，X 表示固定带宽值，Y 表示保证带宽值，Z 表示最大带宽值）。5 种 T-CONT 类型如表 7-2 所示。

表 7-2　5 种 T-CONT 类型

带宽类别	T-CONT 类型				
	Type1	Type2	Type3	Type4	Type5
Fixed BW（固定带宽）	X	No	No	No	X
Assured BW（保证带宽）	No	Y	Y	No	Y
Maximum BW（最大带宽）	Z=X	Z=Y	Z>Y	Z	Z≥X+Y

GPON 系统中的各种业务先在 ONT 上映射到不同的 GEM Port 中，GEM Port 携带业务映射到不同类型的 T-CONT 中进行上传。如图 7-21 所示，T-CONT 在 OLT 侧先将 GEM Port 单元解调出来，再送入

GPON MAC 芯片，将 GEM Port 静荷中的业务解调出来，接着送入相关的业务处理单元进行处理，其他处理步骤与交换机或者接入网相同；在下行方向，所有业务在 GPON 业务处理单元中被封装到 GEM Port 中发送，经分光器广播到该 GPON 接口下的所有 ONT 上，ONT 再根据 GEM Port ID 进行数据过滤，只保留属于该 ONT 的 GEM Port 并解封装，再将业务从 ONT 的业务接口送入用户设备中。

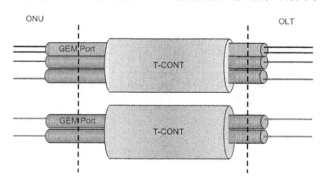

图 7-21 业务复用原理

GEM Port 是 GPON 系统的最小业务单元，一个 GEM Port 可以承载一种业务，也可以承载多种业务。每个 ONT 支持多个 T-CONT，并可以配置为不同的业务类型。T-CONT 可以承载多个 GEM Port，也可以承载一个 GEM Port，根据用户的具体配置而定。

如图 7-22 所示，GPON 下行帧长固定为 125μs，下行帧由物理控制块和 Payload 组成。物理控制块主要包括物理帧头控制字和上行带宽许可 BWmap（Bandwidth Map）。帧头控制字主要用来做帧定界、时钟同步和 FEC 等。BWmap 字段主要是通知每个 ONT 的上行带宽分配情况，确定每个 ONT 的所属 T-CONT 的上行开始时隙和结束时隙，确保所有 ONT 能按照 OLT 统一规定的时隙发送数据，避免数据冲突。GPON 上行采用 TDMA 的方式按照 T-CONT 进行业务调度，每个 GPON 端口下对于所有 ONT 都是共享上行带宽。按照 BWmap 的要求，ONT 必须在属于自己的时隙范围内进行上行数据发送。同时，ONT 会将自身需要发送的数据状态通过上行帧发送到 OLT，OLT 通过 DBA 方式分配好上行时隙定期每帧发送更新。

所有 GPON 速率下，上下行帧长度都相同。每个上行帧包含了一个或者多个 T-CONT 传送的内容。而下行帧里的 BWmap 标识了所有 T-CONT 传送的起止时刻。每当一个 ONU 从另一个 ONU 那里接过 PON 的媒介访问权时，它都必须先发送一份 PLOu 数据。如果一个 ONU 分配了两个连续的 Alloc – ID（即一个的结束时间比另一个的开始时间小 1），则 ONU 应该抑制发送第二个 Alloc – ID 的 PLOu 数据。上行帧净荷区段可能包含 ATM 信元、GEM 帧、DBA 报告。

GPON 上行帧由 PLOu、PLOAMu、PLSu、DBRu、Payload 字段构成，如图 7-23 所示，具体含义说明如下。

（1）PLOu：物理控制头，主要为了帧定位、同步，以及标明此帧是哪个 ONU 的数据。

（2）PLOAMu：上行数据的 PLOAM 消息，主要是上报 ONU 的维护、管理状态等管理消息（不是每帧都有，可以不发，但是需要协商）。

（3）DBRu：主要是上报 T-CONT 的状态，为了给下一次申请带宽，完成 ONU 的动态带宽分配（不是每帧都有，可以不发，但是需要协商）。

（4）Payload：数据静荷，可以是 DBA 状态报告，也可以是数据帧。如果是数据帧，可以分为 GEM Header 和 Frame。

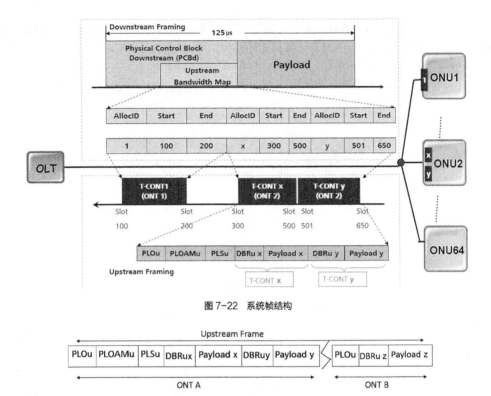

图 7-22　系统帧结构

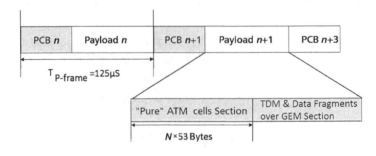

图 7-23　GPON 上行帧结构

GEM Header：GEM 帧头，主要用于区别不同的 GEM Port 中的数据。GEM Port 类似于 ATM 中的 PVC 的概念，每种上行业务必须映射到 GEM Port 中去，GEM Port 再映射到 T-CONT 中进行传输。GEM Header 字段有 PLI、Port-ID、PTI 和 HEC，具体的含义说明如下。

- PLI：数据静荷的长度。
- Port-ID：唯一标明不同的 GEM Port。
- PTI：静荷类型标识，主要是为了标识目前所传送的数据的状态和类型，如是否是操作、维护、管理消息，是否已经将数据传送完毕等信息。
- HEC：前向纠错编码，提高传输质量。

GPON 系统在下行方向采用 2.488Gbit/s 下行速率，下行帧长为 38880Bytes，每 125μs 一帧，如图 7-24 所示。

图 7-24　GPON 下行帧结构

　　OLT 以广播的方式向 ONU 发送 PCBd（Physical Control Block downstream，下行物理层控制块），每个 ONU 都会收到整个 PCBd，然后会根据相关的信息执行动作。

　　PCBd 里包含帧同步信息、物理层 OAM、BIP 校验字段等。其中，US BW Map（上行带宽映射）是 OLT 发送给每个 T-CONT 的各自的上行传输带宽映射。这正是通过下行帧的 PCBd 里的带宽映射字段来完成的，实现了 MAC 控制功能，如图 7-25 所示。

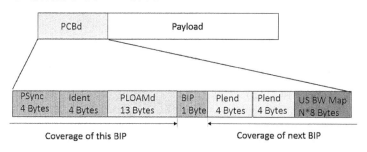

图 7-25　PCBd 结构

　　由于 GPON 上行方向采用 TDM，如果多个 ONU 同一时刻发送上行数据，则会产生冲突。GPON 里使用的机制是 OLT 在下行帧通告每个 ONU 所能使用的上行传输时隙。

7.3.5　GPON 关键技术

　　GPON 技术主要包括的关键技术为突发光电技术、测距、FEC（前向纠错编码）、下行加密技术和 DBA（动态带宽分配），这里主要介绍测距、DBA、下行加密 3 种关键技术。

1. 测距

　　GPON 系统是一个要求严格同步的系统，要保证每个 ONU 都能正常按照规定的时隙发送数据，就要求必须实现全网严格同步，所有 ONU 遵从统一的时钟要求。但是，不同的 ONU 与 OLT 的物理距离不同，要实现所有 ONU 同步，就必须先把每个 ONU 的实际物理距离计算出来，按照最远的逻辑距离对每个 ONU 进行不同的延时补偿，这样就等于每个 ONU 与 OLT 的逻辑距离是一样的，也就实现了整个 GPON 接口下所有 ONU 的同步。GPON 系统中的测距原理主要体现在测试 OLT 到 ONU 的延时参数，再根据最大的逻辑距离和每个 ONU 的往返时间进行延时补偿，最后完成全网同步。

　　测距的方法如图 7-26 所示。

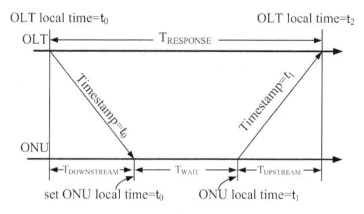

图 7-26　GPON 测距方法

（1）基本公式为 EqD（n）= Teqd – RTD（n），其中，Teqd 为固定值，是指该 GPON 系统可能的最大时延（比如 OLT 到 ONU 的最大距离为 20km，则 Teqd 为 200 + 50 = 250μs），而 RTD 是 OLT 测量出的每个 ONU 的往返传输时延。

（2）为了测量 RTD，OLT 会发送一个测距请求消息给 ONU，ONU 会响应该消息。

（3）RTD 的时间是从传输下行测距请求消息的第一个比特或者字节到接收到测距响应消息的最后一个比特或者字节之间间隔的时间。

参数说明如下。

（1）$T_{DOWNSTREAM}$：下行传输时延。

（2）T_{WAIT}：ONU 处的等待时间，t1 – t0。

（3）$T_{RESPONSE}$：OLT 的响应时间，t2 – t0。

（4）RTD = $T_{DOWNSTREAM}$ + $T_{UPSTREAM}$ = $T_{RESPONSE}$ – T_{WAIT} = (t2 – t0) – (t1 – t0) = t2 – t1。

2. DBA 技术

在 GPON 系统中，OLT 通过向 ONU 发送授权信号来控制上行数据流。PON 结构需要一个有效的 TDMA 机制控制上行流量，这样来自多个 ONU 的数据包在上行过程中才不会发生碰撞。然而，使用基于碰撞的机制需要在 PON 的无源 ODN 里管理 QoS，这在物理上是不可能实现的，或者需要承受效率的严重损失。鉴于这些问题，管理上行 GPON 流量的机制一直是 GPON 流量管理标准化过程中的首要关注焦点。这促使了 ITU-T G.983.4 推荐标准的发展，该标准定义了用于管理上行 PON 流量的动态带宽分配（Dynamically Bandwidth Assignment，DBA）协议。

在 GPON 系统结构中，通过向 ONU 内部的每个 T-CONT 分配数据授权来控制上行流量。为确定分配给一个 T-CONT 的授权数目，OLT 需要知道该 T-CONT 的流量状态。ONU 通过上行帧中的 DBRu 字段或者 Payload 字段发送 ONU 的数据状态报告给 OLT，OLT 收到数据状态报告后通过 DBA 算法根据目前的 ONU 上等待发送的数据状态定时刷新上行的 BWmap 信息，并通过下行帧通知所有 ONU。这样就能保证每个 ONU 可以根据实际的发送数据流量动态调整上行带宽，提升上行带宽的利用率，DBA 原理如图 7-27 所示。

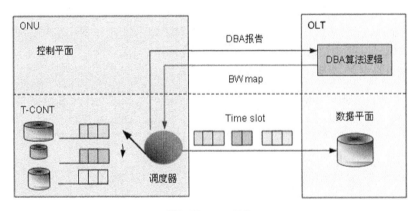

图 7-27　DBA 原理

3. 下行加密技术

GPON 系统中的下行数据采用广播的方式发送到所有 ONU 上，这样无疑会给非法用户提供窃听其他 ONU 的下行数据的机会，甚至可以窃听到所有用户的数据。同时，GPON 系统又具有独特的高数据方向性特点，几乎所有的 ONU 都不能监听到其他 ONU 的上行数据，这就允许一些私有信息（如密钥等）能够在上行方向上安全地传送。

GPON 系统采用 AES128 加密机制对线路的安全进行控制，有效地防止了数据盗用等安全问题。在 AES128 加密系统中，OLT 支持密钥更换和切换功能。若要实施密钥更换，由 OLT 发起密钥更换请求，ONU 响应并生成新的密钥，由于 PLAOM 消息的长度有限，密钥会分两部分发给 OLT，并重复发送 3 次。如果 OLT 没有收到 3 次传送中的任意一次，OLT 都将重新发送密钥更换请求，直到 3 次收到相同的密钥为止。当 OLT 收到了新的密钥后，就开始进行密钥切换。OLT 将使用新密钥的帧号通过相关的命令通知 ONU，这个命令一般会发送 3 次，只要 ONU 成功收到一次，就会在相应的数据帧上切换校验密钥。下行加密机制原理如图 7-28 所示。

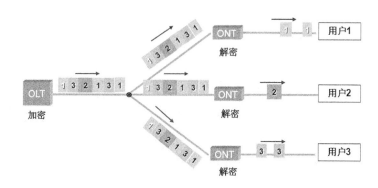

图 7-28　下行加密机制原理

7.3.6　GPON 终端认证及管理

1. GPON 终端认证

GPON 终端认证是指 OLT 基于 ONU 的 SN 或 Password 对 ONU 的合法性进行认证，拒绝非法 ONU 的接入。在 GPON 系统中，只有通过认证的合法 ONU 才能接入 PON 系统，这样运营商可以实现灵活的、便于维护的管理方式。

GPON ONU 支持的认证方式有 SN 认证、SN+Password 认证、Password 认证。ONU 认证上线后就可以传输数据了，ONU 对下行数据是根据 GEM Port 进行选择接收的。各个 ONU 监测接收到的数据帧的 GEM Port，以决定是否接收该帧。如果该帧所包含的 GEM Port 与 ONU 自身的 GEM Port 相同或者为多播 GEM Port（默认为 4095，支持修改，设置范围为 4000 ~ 4095），则接收该数据帧，否则做丢弃处理。ONU 的认证部分主要是针对 OLT 上已经预配置的 ONU 而言的，对于在 OLT 上未预配置 ONU 的处理如图 7-29 所示。

（1）SN 和 SN + Password 认证

首先，ONU 在 OLT 上被预配置为 SN 认证或者 SN + Password 认证，在 PON 口下接入该 ONU。该 ONU 注册上线流程与未预配置 ONU 的注册流程差异体现在如下方面。

① OLT 收到 ONU 的序列码回应消息后，如果发现该 ONU 已经配置，则判断 OLT 上是否有相同 SN 的 ONU 在线。如果有相同 SN 的 ONU 在线，则向主机命令行和网管上报 SN 冲突告警，否则直接分配用户指定的 ONUID 给该 ONU。

② ONU 进入操作状态后，对于 SN 认证方式的 ONU，OLT 不进行 Password 请求，直接为该 ONU 配置用于承载 OMCI 消息的 GEM Port，然后让 ONU 上线。配置时可以由 OLT 自动配置，使得承载 OMCI 的 GEM Port 与 ONUID 相同，并向主机命令行或者网管上报 ONU 上线告警。对于 SN + Password 认证的

ONU，OLT 会向 ONU 进行 Password 请求，并将 ONU 回应的 Password 与本地配置的 Password 进行比较，如果 Password 与本地配置相同，则判断 OLT 上是否有相同 SN + Password 认证的 ONU 在线。如果有相同 SN + Password 认证的 ONU 在线，则向主机命令行或者网管上报 Password 冲突告警，否则直接为 ONU 配置用于承载 OMCI 消息的 GEM Port，然后让 ONU 上线，并向主机命令行或者网管上报 ONU 上线告警；如果 Password 与本地配置不同，即使 PON 口开启了 ONU 自动发现功能，也不会上报 ONU 自动发现，OLT 会发送 Deactivate_ONU-ID PLOAM 消息去注册该 ONU。

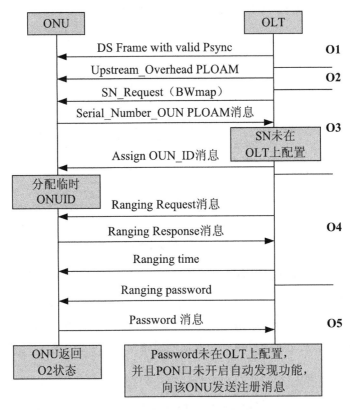

图 7-29　未预配置 ONU 注册流程图

（2）Password 认证

① Password 认证有两种模式，一个是 Always-on，另一个是 Once-on。

首先预添加 Password 认证方式的 ONU，然后在 PON 口下接入该 ONU。Password 认证之前的处理与未预配置 ONU 的注册流程相同。

② 选择 Once-on 模式时，可以使用 aging-time，范围为 1～168h。设置为 aging-time 时，ONU 必须在设定的时间范围内注册上线，否则一旦 ONU 的实际注册上线时间超过了设置的时间，就不允许该 ONU 注册上线了。选择 Always-on 模式，任何时间都可以接入 ONU 进行注册上线。

③ Once-on 认证方式要求 ONU 在规定的时间内完成认证，超出该时间就不允许认证，并且一旦 ONU 认证成功后就不允许再修改 SN。也就是说，对于 Once-on 认证模式，只有首次认证是基于 Password 认证的，非首次认证时，使用的是 SN + Password 认证。Once-on 的应用场景是运营商为用户分配 Password 账号后，要求用户在规定时间上线，并且上线后就不允许再更换 ONU。如果有更换 ONU 的需求，需要通知运营商进行处理。

④ Always-on 认证方式下，对用户接入上线时间无限制，首次上线时使用 Password 认证，认证上线成功后，OLT 根据用户的 SN 和 Password 生成 SN+Password 绑定表项。非首次上线时，如果 ONU 的 SN 和 Password 与首次上线成功 ONU 的 SN 和 Password 相同，则使用 SN+Password 认证；如果用户更换了相同 Password、不同 SN 的 ONU，则根据 Password 进行认证，认证上线成功后，更新 SN+Password 的绑定表项。因此，对于 Always-on 认证模式，无论什么时候接入 ONU，只要 ONU 的 Password 正确，都可以上线。运营商为用户分配 Password 后，用户可以随意更换使用相同 Password、不同 SN 的 ONU，在更换 ONU 后不需要通知运营商。

ONU 进行 Password 认证时，如果单板软件发现该 ONU 的 SN 或者 Password 与 OLT 上的已在线 ONU 冲突，则将该 ONU 进行去注册处理，并向主机命令行和网管上报 SN 冲突或者 Password 冲突，但不会对在线 ONU 造成任何影响；对于 Password 认证失败的处理参照未预配置 ONU 的注册处理流程，在此不做赘述。

对于 Once-on 模式认证的 ONU，在 GPON 单板配置恢复完成后，单板软件启动注册超时定时器。在 ONU 注册超时时间到达之前，如果 GPON 单板复位了，则 ONU 注册超时时间会清零，重新开始计算。在 ONU 注册时间超时或者 ONU 首次注册成功之前，只有 ONU 的发现状态为 ON 时才允许 ONU 注册上线。在 ONU 注册时间超时或者首次注册成功后，OLT 会将 ONU 的发现状态设置为 OFF。对于注册时间超时的 ONU，不允许该 ONU 注册上线，需要在局端清除该 ONU 的注册时间超时标志，然后才能上线；对于首次注册成功的 ONU，允许该 ONU 再次注册上线。ONU 的注册时间超时后，单板会向主机命令行和网管上报告警，ONU 的发现状态设置支持系统主备倒换和配置恢复。

2. 终端管理

GPON 系统的 ONU 管理通过 PLOAM（Physical Layer OAM，物理层 OAM）和 OMCI（ONU Management and Control Intertace，光网络终端管理控制接口）消息进行管理。PLOAM 消息主要用来交互 GPON 物理层和 TC 层的管理维护信息，如 DBA 信息、DBRu 等。OMCI 消息主要用于业务层次的管理维护，如设备的硬件能力发现、各种告警维护信息和业务能力配置等。OMCI 消息完全符合 G.984.4 协议，终端管理示意图如图 7-30 图所示。

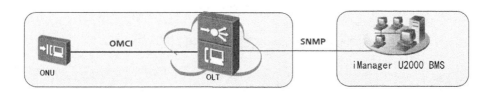

图 7-30　终端管理示意图

（1）SNMP：Simple Network Management Protocol，简单网管协议。

（2）GPON 系统的 ONU 管理主要通过 OMCI 消息进行。

- OMCI 是主从式管理协议。OLT 是主设备，ONU 是从设备。OLT 通过 OMCI 通道控制下面连接的多个 ONU。
- ONU 完成注册过程后，建立起 OMCI 通道，OLT 通过 OMCI 通道控制 OLT 下面连接的多个 ONU 设备。
- OMCI 支持对 ONU 的离线配置，由于 ONU 本地不需要保存配置信息，所以便于业务发送放。

7.3.7 GPON 组网

通过 GPON 系统的应用，OLT 与 ONU（或 ONT）可以实现 FTTH、FTTO、FTTB、FTTC、FTTM 的各种组网应用，如图 7-31 所示。

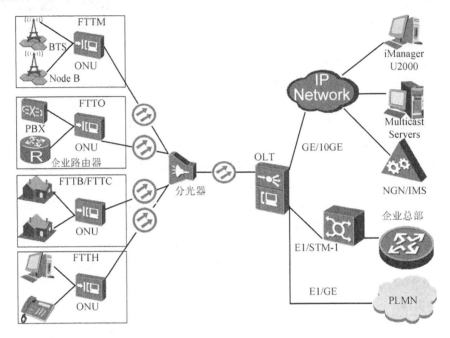

图 7-31 GPON 组网

对图 7-31 中的部分内容解释如下。

● NGN：Next Generation Network，下一代网络。

● IMS：IP Multimedia Subsystem，IP 多媒体子系。

● PBX：Private Branch（Telephone）Exchange，专用分组交换机。

● BTS：Base Transceiver Station，基站。

● PLMN：Public Land Mobile Network，公用陆地移动网。

7.4 本章小结

本章介绍承载 4G LTE 业务发展出的 3 种主流接入技术，介绍了以中国移动为主的 PTN，以中国电信和中国联通为主的 IP RAN。此外，GPON 技术也开始渗透到无线业务的接入网络中。

PTN 技术模块包括 PTN 的基本概念以及产品发展、PTN 的核心技术中的 MPLS L2VPN、PTN 产品在无线中的应用。

IP RAN 方案是针对 2G/3G/LTE 无线网络传输技术 IP 化而设计的，基于 IP/多协议标签交换网络的解决方案，部署方式较 PTN 网络更为灵活。掌握这两种主流技术，重点和难点也就落在了应用组网上。

最后介绍了 GPON 技术原理和应用，其因设备价格及部署成本上的优势，开始渗透到无线业务的接入网络中，需要引起重点关注。

7.5　练习题

1. PTN 技术相对于 SDH 有哪些优点?
2. 在标准的 L2VPN 架构中应保护哪些部分?
3. 简述 PWE3 业务转发流程。
4. 列举 IP RAN 网络有几种典型组网并描述其特点。
5. 简述 TDM 语音业务的封装流程。
6. 简述对于 IP RAN 网络中 ETH 业务二层封装和三层封装的异同。
7. GPON 网络架构是由哪几部分组成的?
8. GPON 系统数据复用上行采用哪种方式?
9. GPON 组网有哪些应用场景?

Chapter

8

第 8 章
综合应用案例

本章从当前传输网的主流承载解决方案入手，结合现网优秀的案例实践，分层次、分场景、分业务对比阐述传输网在通信网中的实际应用。此外，简单介绍华为网络产品的管理系统——iManager U2000。

课堂学习目标

● 了解 OTN 承载解决方案

● 了解 PTN 承载解决方案

● 了解 iManager U2000 简介

8.1 OTN 业务承载解决方案

OTN 作为当前技术最成熟、应用最为广泛的光通信网络，在运营商网络和政企网络中扮演着越来越重要的角色。本章依据几种典型的 OTN 承载案例，介绍 OTN 业务承载的相关方案。

8.1.1 移动承载：提供大带宽、低延迟、低成本、快速部署的解决方案

随着移动网络从 2G 到 3G、4G 演进，对传输网提出了更高的要求，通过端到端的 MS-OTN（Mult-Service OTN，多业务 OTN）移动承载解决方案，可以应对 MBB（Mobile Broad Band，移动承载）演进带来的问题，提供低成本、快速、部署完善的解决方案。

MBB 对传输网的主要要求包括 4 个方面：一是大带宽，数据业务的快速发展，带来承载带宽的急剧增长；二是低延迟，从 2G 时代的 200ms 降低到 4G 的 50ms；三是多层结构，Macro/Micro/Pico 三层覆盖，基站数目爆炸式增长；四是 X2 接口，eNodeB 之间 Mesh 互联，连接数量呈几何指数上升，部署复杂。

MS-OTN 移动承载解决方案可同时承载 2G/3G/4G 的业务，2G 基站 BTS 多以 E1 链路接入网络，3G/4G 基站 NodeB/eNodeB 多以 FE/GE 链路接入网络。MS-OTN 网络内采用 MPLS-TP 专线或专网承载，通过 UNI 接口与路由器对接，路由器终结二层 VLAN 报文，并进行 IP 转发或 L3VPN 转发，其示意图如图 8-1 所示。

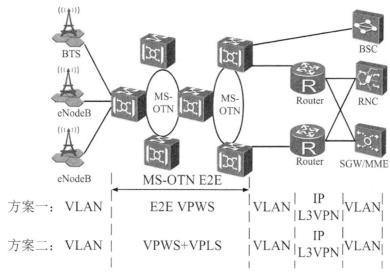

图 8-1 MS-OTN 移动承载解决方案示意图

VPWS（Virtual Private Wire Service，虚拟标签专线服务）是指在分组网络中尽可能真实地模仿以太网、低速 TDM 等业务的基本行为和特征的一种二层专线业务承载技术。

VPLS（Virtual Private LAN Service，虚拟专用局域网服务）也称为透明局域网服务（Transparent LAN Service，TLS）或虚拟专用交换网服务（Virtual Private Switched Network Service，VPSNS），是一种基于 MPLS 和以太网技术的二层专网业务承载技术。

承载方案对比如表 8-1 所示。

表 8-1 MS-OTN 移动承载方案对比

方 案	应用场景
E2E MPLS-TP 专线（VPWS）	适用于传送无线联合规划 VLAN 的场景，各基站业务通过不同的 VLAN 区分
MPLS-TP 专线+专网（VPWS+VPLS）	适用于传送无线设备无法联合规划 VLAN 的场景，各基站可以规划相同的 VLAN，核心设备根据 MAC 地址将业务转发到正确的目的地

8.1.2 城域宽带承载：解决带宽和光纤不足的困境

城域宽带是固网承载的主要场景，MS-OTN 应用于城域宽带网络，能够解决带宽和光纤不足的问题，同时提供更高的业务传送品质。

城域网络有如下两个明显的发展趋势，都对城域宽带网络提出了更高的要求。

其一，带宽迅猛增长，需要一台设备能同时解决带宽和光纤不足的问题，让网络扁平化。

城域网带宽在未来几年的年均复合增长率将超过 35%，即 5 年后的带宽将是现在的 4 倍。驱动带宽增长的主力已不再是具有高收敛比的上网业务，而是在网络传送过程中基本没有收敛的视频业务。据此推算，5 年后城域网需要扩容 20 倍。在交换机或路由器构建的典型传统城域网中，单台设备将难以满足扩容后的带宽需求，在机房中不断增加设备又将带来光纤资源不足的难题。因此，用一台设备同时解决带宽和光纤不足的问题，让网络扁平化，成为城域网络发展的主要诉求之一。

其二，新应用、新业务发展迅速，需要更高品质的网络来承载。

现在，微博、微信、IPTV、视频电话等新业务种类繁多，而新出现的业务对网络品质有更高的要求，例如，视频电话要求大带宽、低时延且双向流量稳定；而 IPTV 下行流量大，在时延、丢包、保护等方面要求严格。传统城域网很难在时延、可靠性等方面全方位满足高品质业务传送需求。

在这样的趋势下，在城域宽带网络中使用 MS-OTN 成了理想选择。它能够带来如下显著改观。

（1）大容量：设备容量大，单根光纤承载容量大，不仅能解决当前带宽和光纤不足的问题，更能适应未来长远的发展。

（2）网络扁平化："All in One"的 MS-OTN 可以解决设备堆叠问题，不仅能减少设备数量，节省能耗，减少机房空间占用，更可以简化网络层次。

（3）高可靠性：对于网络中的设备节点、光纤或业务故障，MS-OTN 均能提供完善的保护方案，且满足电信级 50ms 保护倒换需求。

（4）易运维：通过可视化的运维系统，在业务发放、调测、运维、诊断方面多维度提供全方位的保障，提升网络品质。

城域宽带网承载方案示意图如图 8-2 所示。

应用层包括 Internet、IPTV、VOIP 软交换等，可向用户提供各种内容服务；城域骨干网负责端口汇聚与速率转换，例如在接入点以 10Gbit/s 端口接入，经汇聚传送，在汇聚点以 100Gbit/s 端口连接至核心路由器；宽带业务网关（Broadband Network Gateway，BNG）负责用户认证、协议和地址转换等；城域汇聚网负责业务分发、传送、距离拉远等；接入网（Access）提供 xDSL 等应用，实现用户业务与 IP/Ethernet 的相互转换；家庭/企业（Home/Business）网络为终端用户网络，可以向用户提供 TV、上网和电话等接口。

8.1.3 租赁专线：承载多种类型与速率的专线业务

租赁专线一直是网络运营中的重要组成部分。MS-OTN 能够承载各种类型与速率的专线业务，具备高带宽、高可靠性、高安全性、高灵活性以及低成本的特点。

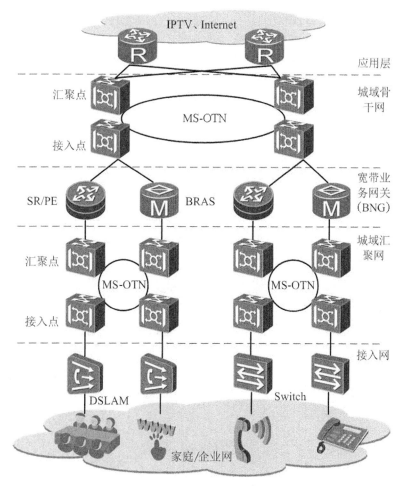

图 8-2 城域宽带承载方案示意图

历史上，在专线网络中，E1 业务占据绝对主流。然而，随着政府和企业信息化水平的不断提升，视频会议、云计算等新应用快速发展，专线网络正在向 FE/GE 业务占主流的方向发展，正在形成多种不同类型、不同速率的专线业务长期并存的状态。传统的解决方法是使用 SDH、交换机、WDM 等不同类型的设备完成不同类型和速率的专线业务承载，然而大量的设备堆叠不仅浪费机房空间和能耗，也使得网络运维变得很难。

MS-OTN 设备能够通过"刚柔并济"的管道技术实现线路带宽灵活调整，高效地承载任意颗粒的专线，可以有效解决不同类型的专线业务需要不同类型的设备承载的设备堆叠和运维难的问题。租赁专线可分为 P2P（点到点）、P2MP（点到多点）和 MP2MP（多点到多点）3 类模型，如图 8-3 所示。其中，P2MP 和 MP2MP 需要具备二层交换功能才能实现。

MS-OTN 可以根据业务的交叉平面分别基于 OTN 平面和 PKT（分组）平面为各种业务提供专线承载方案，以满足专线用户的差异化需求。在 MS-OTN 中，基于不同平面的专线最终都可以分别封装到不同的低阶 ODUk 中，然后映射到相同的高阶 ODUk，实现统一传送。基于 OTN 平面的专线主要将接入的业务直接封装为 ODUk 的颗粒在 MS-OTN 网络中传送，通过 ODUk 交叉完成业务调度。以 GE 业务为例，基于 OTN 平面的专线方案示意图如图 8-4 所示。

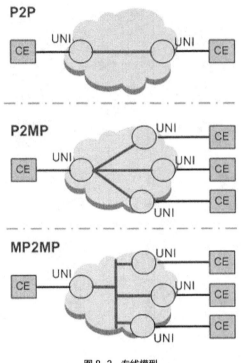

图 8-3　专线模型

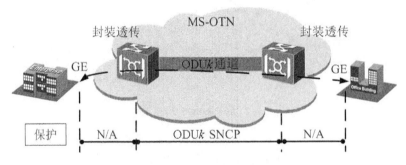

图 8-4　基于 OTN 平面的 GE 专线示意图

基于 PKT 平面的专线主要对接入的业务进行二层交换，之后经 PWE3 封装后进入 MPLS Tunnel，通过分组交叉完成业务调度。以以太网业务为例，基于 PKT 平面的专线方案示意图如图 8-5~图 8-7 所示。

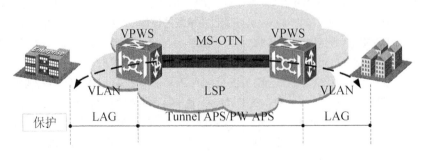

图 8-5　基于 PKT 平面的 P2P 专线

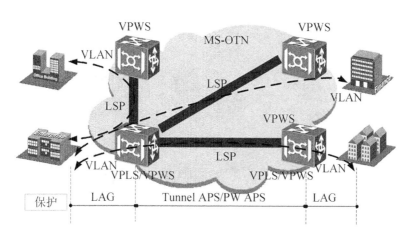

图 8-6　基于 PKT 平面的 P2MP 专线

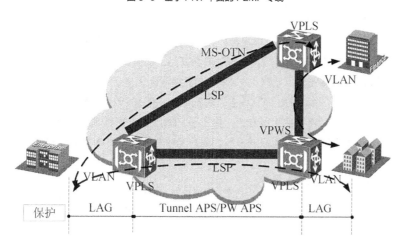

图 8-7　基于 PKT 平面的 MP2MP 专线

基于 PKT 平面的专线可以开启 QoS 功能，对不同的专线提供不同的服务质量，并通过操作、维护、管理功能对网络故障进行有效检测、识别和定位。表 8-2 对基于不同平面的专线方案进行了对比说明。

表 8-2　MS-OTN 专线方案

方案名称	特　　点
基于 OTN 平面的专线	面向大颗粒的高端专线场景，以 ODUk 硬管道为主
基于 PKT 平面的专线	面向灵活调度、带宽可调的灵活专线场景，以 E2E MPLS-TP 专线为主

8.1.4　固网移动综合承载：一个网络承载宽带+移动+专线

固网移动综合承载应用也称为 FMC（Fixed Mobile Convergence），其核心理念是通过一个网络实现对固定宽带、移动业务以及专线业务的综合承载，如图 8-8 所示。随着网络运营业务的快速发展，很多网络运营商在原来单纯固定网络业务的基础上增加运营移动网络业务，或者在单纯运营移动网络业务的基础上扩展运营固定网络业务，新业务需求旺盛。固网移动综合承载的特点是业务类型和种类多，包括移动业务、专线业务以及宽带业务等。MS-OTN 可以采用 E2E MPLS-TP 方式实现多种业务的综合承载。

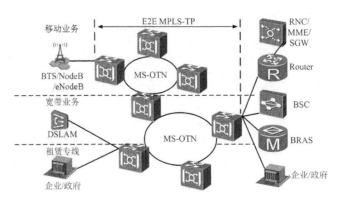

图 8-8　固网移动综合承载方案

8.2　PTN 业务承载解决方案

PTN 设备是基于分组交换的多业务传送平台,可用于组建 2G/3G 移动通信、大客户专线承载网络。组网方式主要包括 PTN 设备自组网与作为网关穿越第三方网络。本节将从典型组网拓扑、业务承载方式、组网方案几个方面介绍 PTN 设备自组网实现 2G/3G 移动通信、大客户专线承载网络的解决方案。对于 PTN 设备自组网,整个网络或者子网都是由 PTN 设备连接而成的,所有 PTN 设备之间没有其他设备或者网络。对于穿越一层网络(如 SDH 网络)的组网方式,相当于 PTN 直连,所以也属于 PTN 自组网。

PTN 设备自组网实现 2G/3G 移动承载网络和大客户专线承载网络的典型组网拓扑如图 8-9 所示。

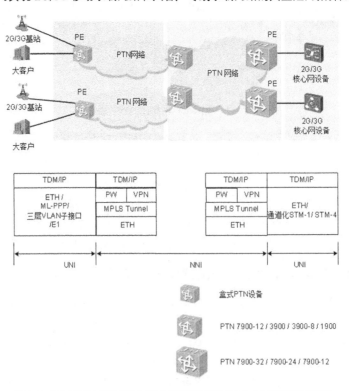

图 8-9　PTN 设备自组网实现 2G/3G 移动承载网络和大客户专线承载网络拓扑

为方便业务的部署和管理，一般采用层次化环形拓扑结构，用于移动业务和大客户专线业务的传送。PTN 传输网络可以划分为核心层、汇聚层、接入层。根据网络规模的大小，某些层次可以合并，例如核心层与汇聚层。各层所处的地位不同，所采用的设备也不尽相同。

OptiX PTN 7900-32/7900-24/7900-12 主要应用于传输网络的核心层，将业务报文进行转换处理后，通过各种接口传送到用户骨干设备落地。OptiX PTN 7900-12/3900/3900-8 主要应用于传输网络的汇聚层，将业务报文进行转换处理后，通过各种接口传送到用户汇聚设备落地。OptiX PTN 1900/960/950 主要应用于传输网络的汇聚层和接入层。OptiX PTN 盒式设备主要应用于传输网络的接入层，通过各种类型的链路接口接入终端用户设备的业务，进行转换处理后传送到汇聚层和核心层。

网络末端的接入设备通过丰富的链路接口接入各类用户业务并进行转换处理，然后将业务报文通过汇聚层设备传送到核心层设备。核心层设备将业务报文进行转换处理后，通过各种接口传送到用户汇聚设备落地。各类用户业务在 PTN 传输网上的典型承载方式如表 8-3 所示。

表 8-3　各类用户业务在 PTN 传输网上的典型承载方式

用户业务类型	PTN 传输网承载业务类型	接入侧 UNI 接口类型	业务标识	PTN 传送网通道	汇聚侧/骨干侧 UNI 接口类型
2G 无线移动 TDM 业务	CES 仿真业务	E1	低阶通道	MPLS Tunnel（PWE3）/ETH	通道化 STM-1/STM-4
3G/4G 无线移动 IP 业务/大客户 IP 业务	以太网专线业务	ETH	物理端口；物理端口+VLAN	MPLS Tunnel（PWE3）/ETH	ETH
	以太网专网业务	ETH	MAC 地址 MAC 地址+VLAN	以太物理端口	
	主要用于多点对多点的大客户专线；对于移动业务，只有在 VLAN 资源受限时使用				
	L3VPN 业务（一般在汇聚层实现业务的灵活调度与管理）	ETH/ML-PPP/三层 VLAN 子接口	三层物理端口三层逻辑端口	MPLS Tunnel（VPN）/ETH	

8.2.1　PTN LTE 承载解决方案

4G-LTE 是一种从 3G 网络向 4G 网络演进的主流技术，本小节介绍 PTN 设备支持的各种 LTE 承载解决方案。LTE 网络架构主要由 eNodeB 和接入网关两部分构成，如图 8-10 所示。两者之间通过承载网连接。与 3G 网络相比，LTE 网络少了 RNC，具有网络架构扁平化的特点。

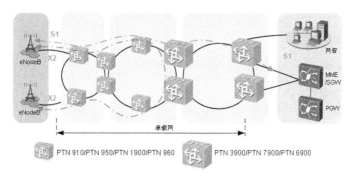

图 8-10　LTE 网络架构

eNodeB 除具有 NodeB 的功能外，还承担了 RNC 的大部分功能。接入网关作为核心网的一部分，包括 MME（Mobility Management Entity，移动管理实体）、SGW（Service Gateway，服务网关）和 PGW（PDN Gateway，分组数据网网关）3 种功能实体。在架构扁平化的基础上，LTE 网络引入了 S1 和 X2 接口，如图 8-11 所示。S1 接口为承载 eNodeB 和接入网关之间业务的接口。按照承载的业务不同，S1 接口又可以分为 S1-U 和 S1-C 两种。S1-U 主要承载用户面数据，用于连接 eNodeB 和 SGW；S1-C 主要承载控制面数据，用于连接 eNodeB 和 MME。X2 接口为承载相邻 eNodeB 之间业务的接口，作用在于，用户终端在两个不同 eNodeB 之间漫游时，业务报文可以在两个 eNodeB 之间直接进行交换，从而降低转发时延。

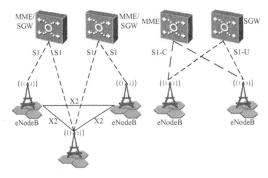

图 8-11　S1 和 X2 接口

目前，LTE 技术主要有 LTE TDD 和 LTE FDD 两类，两者的区别主要在于双工模式不同。LTE TDD 也称为 TD-LTE，采用 TDD（Time Division Duplex，时分复用）双工模式，收发数据采用相同频段，在不同时间段进行。LTE FDD 采用 FDD（Frequency Division Duplex，频分复用）双工模式，收发数据采用不同频段，可以在同一时间段进行。对用户来说，LTE 在 20MHz 频谱带宽下能够提供下行 100Mbit/s、上行 50Mbit/s 的峰值速率，网速与 2G 和 3G 网络相比有了很大提高。另外，LTE 能够有效改善小区边缘用户的体验，提高小区网络容量，降低网络延迟。

对于运营商来说，LTE 一方面改进并增强了 3G 的空中接入技术，并引入了 OFDM 和多天线 MIMO 等关键传输技术，显著增加了频谱效率和数据传输速率，而且支持多种频谱（1.4MHz、3MHz、5MHz、10MHz、15MHz 和 20MHz 等）分配，频谱分配更加灵活。另一方面，LTE 扁平化的网络结构使得运营维护成本大大降低。

PTN LTE 承载解决方案的业务配置模型如图 8-12 所示，其中 PTN1 为 L2 设备，PTN2 和 PTN3 为 L2-L3 设备，PTN4 和 PTN5 为 L3 设备。

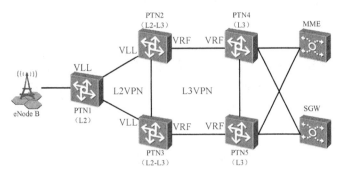

图 8-12　PTN LTE 承载解决方案的业务配置模型

在图 8-12 中，VLL（Virtual Leased Line，虚拟租用线用来代表 L2VPN 业务中的 E-Line 业务；VRF（VPN Routing and Forwarding，虚拟专用路由转发）用来代表 L3VPN 业务。

在 PTN LTE 承载解决方案中，根据接入业务的不同，设备分为 L2 设备、L2-L3 设备和 L3 设备。其中，L2 设备仅接入二层业务；L2-L3 设备既接入二层业务，又接入三层业务；L3 设备仅接入三层业务。

VE 组只存在于 L2-L3 设备上，一个 VE 组包括一个 L2VE 接口和一个 L3VE 接口。L2VE 接口即二层以太虚接口，L3VE 接口即三层以太虚接口。L2VE 接口作为 L2 业务的 UNI；L3VE 接口上则配置一个或多个 VLAN 汇聚子接口，这些 VLAN 汇聚子接口用来作为 L3 业务的 UNI。通过创建 VE 组，即可实现 L2 业务和 L3 业务在同一个 L2-L3 设备上的交换。VLAN 汇聚子接口配置在 L3VE 接口上，用于接入静态 L3VPN 业务。用户可在一个 VLAN 汇聚子接口上配置多个 VLAN 和一个 IP 地址，这些 VLAN 对应 VLAN 汇聚子接口下挂的多个 eNodeB 的接入业务 VLAN，IP 地址则为这些 eNodeB 的网关地址。通过在 L3VE 接口上配置多个 VLAN 汇聚子接口，不同网段、不同 VLAN 间的 eNodeB 报文就可以在三层路由上互相转发，实现互通。

8.2.2 地市 L3VPN 直接对接 EPC

地市 L3VPN 直接对接 EPC 方案的典型组网示意图如图 8-13 所示。L2 节点和 L2-L3 节点之间配置静态 L2VPN 业务；L2-L3 节点和 L3 节点之间配置静态 L3VPN 业务。L2-L3 节点上通过配置 VE Group，可以实现 L2VPN 接入 L3VPN 的功能。

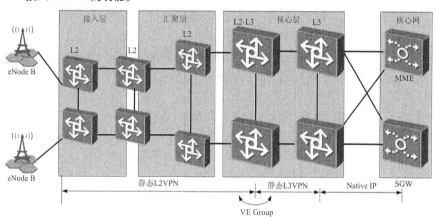

图 8-13 地市 L3VPN 直接对接 EPC 方案的典型组网示意图

地市 L3VPN 直接对接 EPC 方案的典型配置如图 8-14 所示。

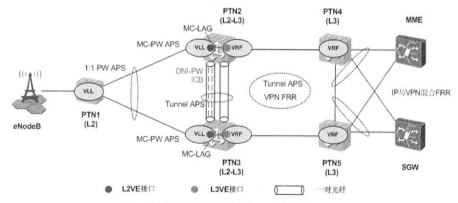

图 8-14 地市 L3VPN 直接对接 EPC 方案的典型配置

1. L2VPN 配置

在 L2-L3 节点（PTN2、PTN3）上配置 VE Group，包含一个 L2VE 接口和一个 L3VE 接口。在 L2-L3 节点的 L2VE 接口上配置手工模式的非负载分担 MC-LAG，绑定 ICB 协议通道，并通过配置 LAG 系统的优先级，确定主设备和备设备。在 L2 节点（PTN1）与 L2-L3 节点间配置 MC-PW APS，以太网专线业务终结在 L2VE 接口上。承载 DNI-PW 的 Tunnel 需要配置 Tunnel APS。若 L2-L3 节点不是 PTN 7900 设备，而是 PTN 3900 设备，则承载 DNI-PW 的 Tunnel 需要配置两点环。

2. L3VPN 配置

在 L2-L3 节点的 L3VE 接口上配置 VLAN 汇聚子接口（主备 L2-L3 节点的 VLAN 汇聚子接口配置相同 IP 及相同 MAC），作为 eNodeB 的网关；VLAN 汇聚子接口配置为 VLAN 批量终结类型，且配置的 VLAN 段与该子接口下接入的基站的 VLAN 段保持一致；VLAN 汇聚子接口使能 DHCP Relay；对于同一对 L2-L3 节点下挂基站 IP 地址同网段的情况，支持配置 ARP Proxy，用于支持同一网段内 X2 业务的 ARP 学习；在 L2-L3 节点和 L3 节点（PTN2、PTN3、PTN4、PTN5）间配置 VPN PEER、静态 L3VPN、静态 Tunnel、Tunnel ECMP 及 Tunnel APS、VPN FRR、IP 与 VPN 混合 FRR。

3. 与核心网设备对接的配置

（1）SGW/MME 为负载分担模式，使用主备静态路由方式与 SGW/MME 对接，在 L3 节点上配置去往 SGW/MME 的静态路由。在 L3 节点配置 IP 与 VPN 混合 FRR 保护，实现 L3 节点与 SGW/MME 间链路故障时的快速倒换。需要配置 BFD 检测链路故障，IP 与 VPN 混合 FRR 跟踪 BFD 状态。对接端口如果为 GE，则需要设置为自协商模式；如果为 10GE，则需要使能 802.3ae；如果为 40GE\100GE，则需要使能 802.3ba。对于 PTN 7900 设备，还需要使能端口延迟 UP；SGW 与 L3 节点间若存在多条链路，则需要配置负载分担 LAG 组。

（2）SGW/MME 为主备端口模式，使用主备静态路由方式与 SGW/MME 对接，在 L3 节点上配置去往 SGW/MME 的静态路由。在 L3 节点配置 VRRP 保护，实现 L3 节点与 SGW/MME 间链路故障时的快速倒换。为 VRRP 保护组配置 Link BFD 和 Peer BFD，下一跳为 AC 侧的静态路由则跟踪 Link BFD，下一跳为另一个 L3 节点的静态路由则跟踪 Peer BFD。SGW 与 L3 节点间若存在多条链路，若 SGW 支持主备模式下的 LAG 保护，则将多条链路配置 LAG 保护进行负载分担；若 SGW 不支持主备模式下的 LAG 保护，则需要提供多个业务 IP 地址，通过多个目的 IP 路由配置手工负载分担。

8.2.3 静态 L2VPN+动态 L3VPN 方案

静态 L2VPN+动态 L3VPN 方案的典型组网如图 8-15 所示，L2 节点和 L2-L3 节点之间配置静态 L2VPN 业务；L2-L3 节点和 L3 节点之间配置动态 L3VPN 业务；L2-L3 节点上通过配置 VE Group 实现 L2VPN 接入 L3VPN 的功能。

静态 L2VPN+动态 L3VPN 方案的典型配置如图 8-16 所示。

1. L2VPN 配置

在 L2-L3 节点（PTN2、PTN3）上配置 VE Group，包含一个 L2VE 接口和一个 L3VE 接口。在 L2-L3 节点的 L2VE 接口上配置手工模式的非负载分担 MC-LAG，绑定 ICB 协议通道，并通过配置 LAG 系统优先级来确定主设备和备设备。在 L2 节点（PTN1）与 L2-L3 节点间配置 MC-PW APS，以太网专线业务终结在 L2VE 接口上。承载 DNI-PW 的 Tunnel 需要配置 Tunnel APS。若 L2-L3 节点不是 PTN 7900 设备，而是 PTN 3900 设备，则承载 DNI-PW 的 Tunnel 需要配置两点环。

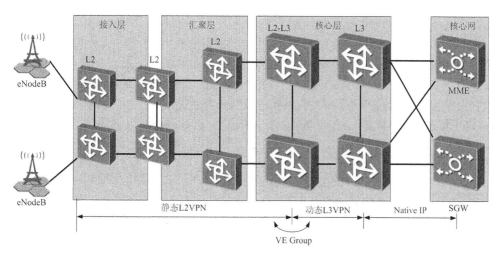

图 8-15　静态 L2VPN+动态 L3VPN 方案典型组网

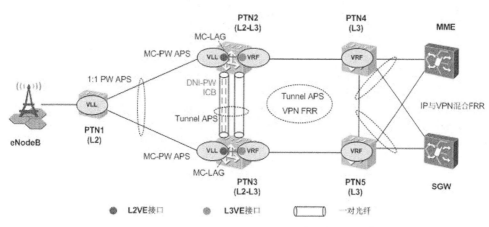

图 8-16　静态 L2VPN+动态 L3VPN 方案典型配置

2. L3VPN 配置

在 L2-L3 节点的 L3VE 接口上配置 VLAN 汇聚子接口（主备 L2-L3 节点的 VLAN 汇聚子接口配置相同 IP 及相同 MAC），作为 eNodeB 的网关。VLAN 汇聚子接口配置为 VLAN 批量终结类型，且配置的 VLAN 段与该子接口下接入的基站的 VLAN 段保持一致。对于同一对 L2-L3 节点下挂基站 IP 地址同网段的情况，支持配置 ARP Proxy，用于支持同一网段内 X2 业务的 ARP 学习。在 L2-L3 节点和 L3 节点（PTN2、PTN3、PTN4、PTN5）间配置 BGP PEER、动态 L3VPN、动态 Tunnel 及 Tunnel APS、VPN FRR、IP 与 VPN 混合 FRR。

3. 与核心网设备对接的配置

SGW/MME 为负载分担模式时使用主路由静态路由方式、备路由 BGP 路由方式与 SGW/MME 对接，在 L3 节点上配置去往 SGW/MME 的静态路由。在 L3 节点配置 IP 与 VPN 混合 FRR 保护，实现 L3 节点与 SGW/MME 间链路故障时的快速倒换。需要配置 BFD 检测链路故障，IP 与 VPN 混合 FRR 跟踪 BFD 状态。对接端口如果为 GE，则需要设置为自协商模式；如果为 10GE，则需要使能 802.3ae；如果为 40GE\100GE，则需要使能 802.3ba。对于 PTN 7900 设备，还需要使能端口延迟 UP。SGW 与 L3 节点间若存在多条链路，则需要配置负载分担 LAG 组。

SGW/MME 为主备端口模式时，使用主路由静态路由方式、备路由 BGP 路由方式与 SGW/MME 对接，在 L3 节点上配置去往 SGW/MME 的静态路由。在 L3 节点配置 VRRP 保护，实现 L3 节点与 SGW/MME 间链路故障时的快速倒换。为 VRRP 保护组配置 Link BFD 和 Peer BFD，下一跳为 AC 侧的静态路由则跟踪 Link BFD，下一跳为另一个 L3 节点的静态路由则跟踪 Peer BFD。SGW 与 L3 节点间若存在多条链路，若 SGW 支持主备模式下的 LAG 保护，则将多条链路配置 LAG 保护进行负载分担；若 SGW 不支持主备模式下的 LAG 保护，则需要提供多个业务 IP 地址，通过多个目的 IP 路由配置手工负载分担。

8.2.4　动态 L2VPN+动态 L3VPN 方案

动态 L2VPN+动态 L3VPN 方案的典型组网示意图如图 8-17 所示。L2 节点和 L2-L3 节点之间配置动态 L2VPN 业务；L2-L3 节点和 L3 节点之间配置动态 L3VPN 业务；L2-L3 节点上通过配置 VE Group，实现 L2VPN 接入 L3VPN 的功能。

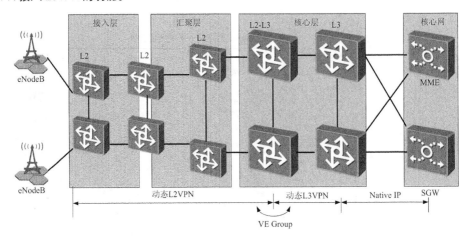

图 8-17　动态 L2VPN+动态 L3VPN 方案典型组网

动态 L2VPN+动态 L3VPN 方案的典型配置如图 8-18 所示。

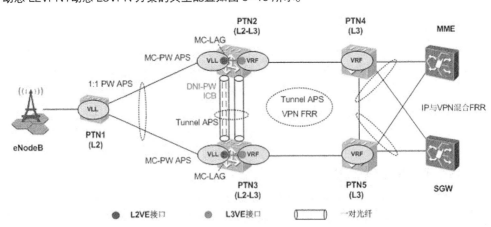

图 8-18　动态 L2VPN+动态 L3VPN 方案的典型配置

1. L2VPN 配置

在 L2-L3 节点（PTN2、PTN3）上配置 VE Group，包含一个 L2VE 接口和一个 L3VE 接口。在 L2-L3

节点的 L2VE 接口上配置手工模式的非负载分担 MC-LAG，绑定 ICB 协议通道，并通过配置 LAG 系统优先级，确定主设备和备设备。在 L2 节点（PTN1）与 L2-L3 节点间配置 MC-PW APS，以太网专线业务终结在 L2VE 接口上。承载 DNI-PW 的 Tunnel 需要配置 Tunnel APS。若 L2-L3 节点不是 PTN 7900 设备，而是 PTN 3900 设备，则承载 DNI-PW 的 Tunnel 需要配置两点环。

2. L3VPN 配置

在 L2-L3 节点的 L3VE 接口上配置 VLAN 汇聚子接口（主备 L2-L3 节点的 VLAN 汇聚子接口配置相同 IP 及相同 MAC），作为 eNodeB 的网关。VLAN 汇聚子接口配置为 VLAN 批量终结类型，且配置的 VLAN 段与该子接口下接入的基站的 VLAN 段保持一致。对于同一对 L2-L3 节点下挂基站 IP 地址同网段的情况，支持配置 ARP Proxy，用于支持同一网段内 X2 业务的 ARP 学习。在 L2-L3 节点和 L3 节点（PTN2、PTN3、PTN4、PTN5）间配置 BGP PEER、动态 L3VPN、动态 Tunnel 及 Tunnel APS、VPN FRR、IP 与 VPN 混合 FRR。

3. 与核心网设备对接的配置

SGW/MME 为负载分担模式时使用主路由静态路由方式、备路由 BGP 路由方式与 SGW/MME 对接，在 L3 节点上配置去往 SGW/MME 的静态路由。在 L3 节点配置 IP 与 VPN 混合 FRR 保护，实现 L3 节点与 SGW/MME 间链路故障时的快速倒换。需要配置 BFD 检测链路故障，IP 与 VPN 混合 FRR 跟踪 BFD 状态。对接端口如果为 GE，则需要设置为自协商模式；如果为 10GE，则需要使能 802.3ae；如果为 40GE\100GE，则需要使能 802.3ba。对于 PTN 7900，还需要使能端口延迟 UP；SGW 与 L3 节点间若存在多条链路，则需要配置负载分担 LAG 组。

SGW/MME 为主备端口模式时，使用主路由静态路由方式、备路由 BGP 路由方式与 SGW/MME 对接，在 L3 节点上配置去往 SGW/MME 的静态路由。在 L3 节点配置 VRRP 保护，实现 L3 节点与 SGW/MME 间链路故障时的快速倒换。为 VRRP 保护组配置 Link BFD 和 Peer BFD，下一跳为 AC 侧的静态路由则跟踪 Link BFD，下一跳为另一个 L3 节点的静态路由则跟踪 Peer BFD。SGW 与 L3 节点间若存在多条链路，若 SGW 支持主备模式下的 LAG 保护，则将多条链路配置 LAG 保护进行负载分担；若 SGW 不支持主备模式下的 LAG 保护，则需要提供多个业务 IP 地址，通过多个目的 IP 路由配置手工负载分担。

8.3 iManager U2000 简介

随着 IT 和 IP 技术的发展，电信、IT、媒体和消费电子行业逐步融合，电信业正面临着巨大的变革。宽带化、移动化、网络融合成为电信网络的主流趋势，运营商的市场定位和商业模式也将随之改变。ALL IP 架构的趋势，使得现在以技术和业务划分的"垂直网络"向"扁平化的水平网络"转移。FMC（Fixed-Mobile Convergence）的驱动力来自用户体验的提升，也是减低运营成本和提升效率的需要。

面向未来网络发展趋势，U2000 实现了 ALL IP 和 FMC 融合管理方案，实现了承载与接入设备的统一管理。U2000 不仅能够实现多域设备管理的融合，而且实现了网元层与网络层管理的融合，打破了分层的管理模式，更好地满足"垂直网络"向"扁平化的水平网络"转移的管理要求。U2000 融合了多域网管，最大程度上降低了客户运维成本，提升了网络价值。

U2000 定位于华为技术有限公司设备管理系统，是华为技术有限公司面向未来网络管理的主要产品和解决方案，具备强大的网元层、网络层管理功能。

U2000 在 TMN 的结构中处于网元管理层和网络管理层，具有全部网元级和网络级的功能，如图 8-19 所示。

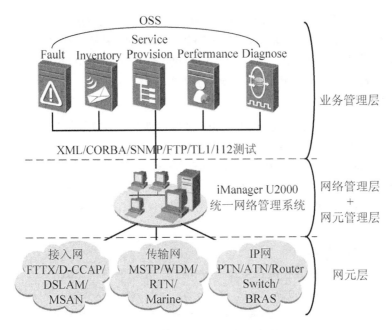

图 8-19 U2000 在 TMN 中的网络位置

U2000 是通过提升融合管理能力，提高扩展性、易用性，构建的以客户为中心、面向未来的新一代管理系统，可以提供接口统一、标准领先、类型丰富的北向接口，能够全面满足客户的 OSS 集成需求。统一的北向接口，功能覆盖 U2000 全域设备，包括传输网、接入网、IP 网；丰富的北向接口类型，满足多种集成需求，包括 XML、CORBA、SNMP、TL1、性能文本接口及 112 测试北向接口。

U2000 能够对传输设备、接入设备、IP 设备进行统一管理，可管理华为 MSTP、WDM、OTN、RTN、Router、Switch、ATN、PTN、MSAN、DSLAM、FTTx 及 FireWall 等设备和业务。同时，U2000 还提供了 E2E 业务管理能力，如 MSTP、WDM、RTN、PTN 等网络业务管理。

U2000 基于华为技术有限公司统一的综合管理应用平台（Integrated Management Application Platform，IMAP），支持 Sun 工作站、PC 服务器硬件平台，支持 Sybase 数据库、SQL Server 数据库，支持 Solaris、Windows、SUSE Linux 操作系统。U2000 网管系统作为独立的应用，可以安装在不同的操作系统、数据库之上，实现了多操作系统兼容。U2000 既可提供大规模网络的高端解决方案，同时也可适用于中、小规模低成本的解决方案。

U2000 采用目前成熟并应用广泛的 C/S（Client/Server）结构，如图 8-20 所示，支持数据库系统、业务处理系统和客户端应用系统的分布式及层次化，采用可伸缩的模块化架构设计，可拆可合，能适应复杂、大型网络的管理需求。

U2000 采用多进程、模块化、面向对象的组件化架构设计，各网元管理组件耦合性小，支持从单域到多域平滑扩展管理能力（要求安装的是多域网管），支持灵活多样的北向接入集成能力。U2000 支持多客户端同时登录同一个服务器，不同用户可以在不同的客户端上看到相同或定制范围内的网络数据，可以同时操作客户端。

U2000 提供了 GUI 风格统一的告警、拓扑、性能、安全和配置管理界面，提供了友好的错误提示信息，提示出现错误的原因和解决问题的方法；支持以业务为中心的可视化监控管理，用户可以通过告警直接查询受影响的业务；可以基于业务提供丰富的检测诊断手段，实现业务的快速联通性检测和故障排查；提供了基于业务的图形化性能查看、阈值预警、趋势分析功能；通过实时路径的展现，解决了承载路径的不可见问题；基于路径提供了完善的故障定位手段，可以实现快速的网络及业务故障定位。

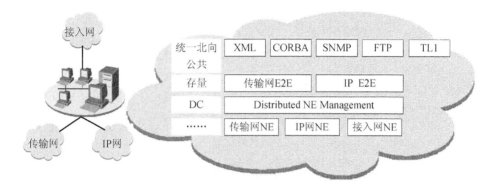

图 8-20　可伸缩的网管架构

U2000 支持保护路径发现，5 种保护方案（PW 主备、VPN FRR、VRRP、E-APS、TE Hotstandby）覆盖现网，支持主、备份路径发现和展现，可满足业务倒换类故障定位要求；支持路径分层（分为业务、隧道、路由、链路）展示，可直观显示故障具体位置；支持对 ME VPLS、HVPLS 场景的路径发现和基于路径的可视化故障定位；根据 MBB 场景和故障类型（中断、劣化、时钟倒换等）可自动确定针对性的诊断流程，300 个检查项覆盖 MBB 关键特性，提高了准确度和效率；支持基于时钟视图和多播 eMBMS 的可视化排障；通过配置模板，实现了业务相关参数一站式配置，减少了参数输入；能够批量下发业务，提升配置效率；支持网管自动计算静态 CR Tunnel 路由，并可实现标签自动分配，不需要人工干预；对业务关联 Tunnel，对 Tunnel 关联路由，通过这样层次化的对象关系，有助于轻松掌握承载关系；在故障发生时，通过承载关系，可快速定位故障位置，实现快速排障。

U2000 还支持时钟（物理层时钟、PTP 时钟、ACR 时钟、PON 时钟）拓扑的自动发现，提供全网时钟的统一拓扑视图，网络发生故障时，可实时刷新时钟拓扑跟踪关系和时钟同步状态；可实现时钟状态的实时监控，实时显示时钟告警、跟踪关系、保护状态；支持时钟批量配置，在主拓扑先选择链路，在时钟配置界面可完成批量配置，配置过程无界面切换，可快速完成环、链时钟配置。

U2000 支持跨 TDM 微波和 MSTP 网络的 E2E TDM 业务发放和管理，加速了海量微波的网络部署和业务发放；支持跨 IP 微波和 PTN/Hybrid MSTP 网络的 E2E 分组业务发放和管理，加速了 IP 网络业务发放；支持跨 PTN 与 MSTP、RTN、Switch、NE 系列设备的 ETH、CES、ATM 业务、MPLS/PW 管道的 E2E 管理，加速了固定 FMC 市场的发展；支持跨 ATN 与 CX、路由器网络，跨 PTN 和 CX、路由器网络的 E2E 业务发放，实现了 ETH、CES、ATM 业务、MPLS/PW 管道的 E2E 管理，加速了移动 FMC 市场的发展；支持统一的 GPON+IP 业务拓扑，实现了从 ONU 到 ONU 的端到端以太网专线可视化配置和管理；支持 RTN+PTN 和 ATN+RTN+CX 的分组业务发放。

8.4　本章小结

本章主要介绍了传输应用解决方案。目前主流的承载有 OTN 承载和 PTN 承载两类，两种承载方案都有各自的特点，OTN 侧重于通道级别，提供大容量、高速率的传输通道。近年来，MS-OTN 也开始关注具体业务，基于业务需求为不同业务提供合适的传输通道。PTN 更加贴近业务的行为，基于业务需求提供不同的承载方式。静态、动态与 L2VPN、L3VPN 相互组合，端到端提供不同业务的承载方案。

此外，本章还介绍了华为 iManager U2000 网管系统的基本组成和功能。传输网功能的强大，与强大的 U2000 网管系统是分不开的。因此，需要将它们结合起来，作为一个整体去学习，去理解。

8.5 练习题

1. 简述 OTN 租赁专业承载方式。
2. 简述静态 L2VPN+动态 L3VPN 组网方案。
3. 简述 U2000 网管系统的基本功能。

9

第 9 章
实训：SDH&OTN 常见业务配置

本章从传输网的典型网络配置入手，分别介绍常用业务典型场景的配置方法，如 SDH 保护业务和以太网业务的配置方法，OTN 常见业务的配置方法。

课堂学习目标

- 掌握 SDH 保护业务配置
- 掌握 SDH 以太网业务配置
- 掌握 OTN 业务配置

9.1 SDH 配置

9.1.1 复用段线性 1+1 保护的业务配置

本小节介绍的复用段线性 1+1 保护的业务配置中，网元 NE1 和网元 NE2 选用 PQ1 单板作为支路板上下业务，选用 SL16 单板作为线路板完成 SDH 业务的传输，如图 9-1 所示。

Tributary Board	2-PQ1
Line Board	8-SL16
Line Board	11-SL16

Tributary Board	2-PQ1
Line Board	8-SL16
Line Board	11-SL16

图 9-1　复用段线性 1+1 保护组网

1. 业务信号流和时隙分配

在已经创建好复用段线性 1+1 保护的前提下，可以直接配置业务从源网元进入，在宿网元下业务。

图 9-2 所示为复用段线性 1+1 保护业务的信号流和时隙分配，介绍如下。

（1）NE1 到 NE2 的业务流向为 NE1→NE2。从源网元 NE1 上业务，业务信号在工作线路和保护线路同时进行传输；在宿网元 NE2 下业务，宿网元 NE2 选收工作线路上的业务信号。

（2）NE2 到 NE1 的业务流向为 NE2→NE1。从源网元 NE2 上业务，业务信号在工作线路和保护线路同时进行传输；在宿网元 NE1 下业务，宿网元 NE1 选收工作线路上的业务信号。

（3）NE1←→NE2 的业务占用 NE1 和 NE2 间 SDH 链路上 1 号 VC-4 的 1~5 号 VC-12 时隙（VC4-1:VC12:1-5），业务大小为 5 个 E1 业务。

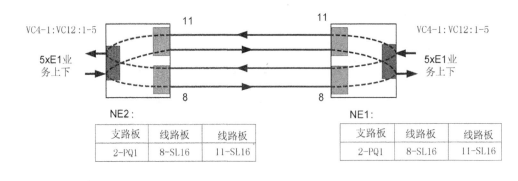

NE2：

支路板	线路板	线路板
2-PQ1	8-SL16	11-SL16

NE1：

支路板	线路板	线路板
2-PQ1	8-SL16	11-SL16

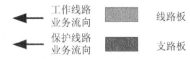

工作线路业务流向　　线路板
保护线路业务流向　　支路板

图 9-2　复用段线性 1+1 保护业务的信号流和时隙分配

2. 配置过程及操作步骤

步骤 1 在 NE1 配置源网元的 SDH 业务，设置参数如表 9-1 所示。

步骤 2 在 NE2 完成宿网元的 SDH 业务配置，设置参数如表 9-2 所示。

表 9-1　NE1 交叉连接配置

参数项	本例中取值	取值说明
等级	VC-12	本例中的业务为 E1 业务，设置对应业务"等级"为"VC12"
方向	双向	本例中接收和发送的业务经过相同的路由，即为"双向"业务
源板位	2-PQ1	本例中规划使用 NE1 的 2 号板位的 PQ1 单板作为源支路板，详见图 9-2
源时隙范围（如 1，3~6）	1~5	本例中的 NE1~NE2 之间有 5 个 E1 业务,因此设置业务源占用 1~5 号 VC-12 时隙
宿板位	11-N2SL16-1（SDH-1）	本例中规划使用 NE1 的 11 号板位的 SL16 单板作为宿线路板，详见图 9-2
宿 VC-4	VC4-1	业务宿所在 VC-4 的编号为 1 号 VC-4
宿时隙范围（如 1，3~6）	1~5	本例中的 NE1~NE2 之间有 5 个 E1 业务,因此设置业务宿占用 1~5 号 VC-12 时隙
立即激活	是	—

表 9-2　NE2 交叉连接配置

参数项	本例中取值
等级	VC-12
方向	双向
源板位	2-PQ1
源时隙范围（如 1，3~6）	1~5
宿板位	11-N2SL16-1（SDH-1）
宿 VC-4	VC4-1
宿时隙范围（如 1，3~6）	1~5
立即激活	是

步骤 3 进行 SDH 路径搜索，形成 SDH 路径。

说明：复用段线性 1+1 保护业务只能配置在工作通道上。

9.1.2　二纤双向复用段环业务配置

如图 9-3 所示，4 个 MSTP 设备组成二纤双向复用段环，环网上源网元 NE1 和宿网元 NE3 选用 PQ1 单板作为支路板上下业务，选用 SL16 单板作为线路板完成 SDH 业务的传输。

1.　业务信号流和时隙分配

业务信号流和时隙分配如图 9-4 所示。本例设定业务从网元 NE1 上到环网中，穿通网元 NE2，在宿网元 NE3 下业务，业务大小为 5 个 E1 业务。

2.　配置过程及操作步骤要点

在已经创建二纤双向复用段环的前提下,按照传统 2Mbit/s 业务配置方式，直接配置业务从源网元进入，在宿网元下业务。

说明：二纤双向复用段环的业务要求配置在工作时隙上，如果配置在保护时隙上，发生倒换后将中断业务。

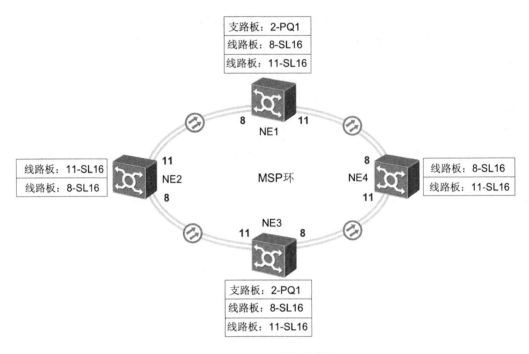

图 9-3　二纤双向复用段环组网图

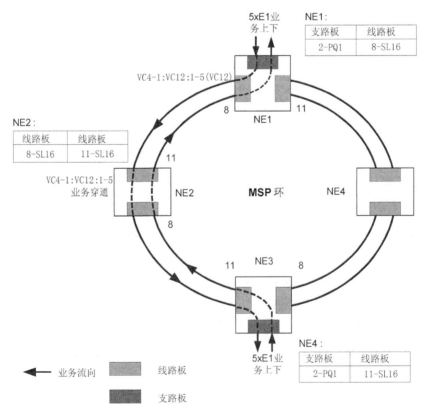

图 9-4　信号流和时隙分配图

9.1.3　配置 SNCP 业务

如图 9-5 所示，4 个 MSTP 设备组成 SNCP 环，环网上源网元 NE1 和宿网元 NE3 选用 PQ1 单板作为支路板上下业务，选用 SL16 单板作为线路板完成 SDH 业务的传输。

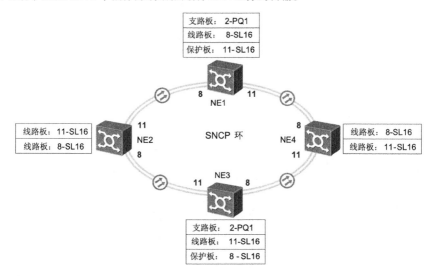

图 9-5　SNCP 环组网图

1．业务信号流和时隙分配

业务信号流和时隙分配如图 9-6 所示。在实际配置过程中，可以按照需求另行规划工作通道和保护通道，业务大小为 5 个 E1 业务。

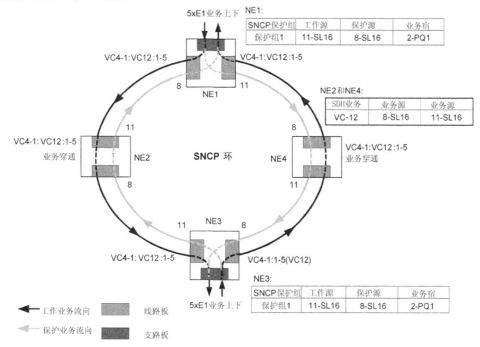

图 9-6　信号流和时隙分配图

2. 配置过程及操作步骤

步骤 1 在 NE1 配置源网元的 SDH 业务，如表 9-3 所示。

表 9-3　NE1 的 SNCP 交叉连接配置

参数项	本例中取值	取值说明
业务类型	SNCP	本例中，该参数取默认值"SNCP"
等级	VC-12	本例中，环网上业务为 E1 业务，设置对应业务等级"VC-12"
方向	双向	本例中接收和发送的业务经过相同的路由，即为双向业务。设置业务方向时选择"双向"
恢复模式	恢复	指发生故障的线路恢复正常后，采用的处理策略为恢复或不恢复。业务配置时，需要设置为"恢复"
工作业务的源板位	11-N1SL16-1（SDH-1）	如图 9-5 所示，本例规划在 11 号槽位上使用 SL16 作为工作业务的源单板，也可以根据实际情况选择不同的工作业务源单板
工作业务的源时隙范围	1~5	如图 9-6 所示，本例规划的总业务大小为 5 个 E1 业务，由于业务等级为"VC-12"，此处设置 5 个时隙范围的 VC-12
保护业务的源板位	8-N1SL16-1（SDH-1）	如图 9-5 所示，本例规划在 8 号槽位上使用 SL16 作为保护业务的源单板，可以根据实际情况选择不同的保护业务源单板
保护业务的源时隙范围	1~5	如图 9-6 所示，本例规划的总业务大小为 5 个 E1 业务，由于业务等级为"VC-12"，此处设置 5 个时隙范围的 VC-12
宿板位	2-PQ1	如图 9-5 所示，本例规划在 2 号槽位上使用 PQ1 作为宿支路单板，也可以根据实际情况选择不同的宿单板
工作业务的宿时隙范围	1~5	如图 9-6 所示，本例规划的总业务大小为 5 个 E1 业务，由于业务等级为"VC-12"，此处设置 5 个时隙范围的 VC-12

步骤 2 在 NE3 配置宿网元的 SDH 业务，配置方法和参数设置与 NE1 一致。

步骤 3 在 NE2 配置穿通业务，如表 9-4 所示。

表 9-4　NE2 穿通业务配置

参数项	本例中取值
等级	VC-12
方向	双向
源板位	11-N2SL16-1（SDH-1）
源 VC4	VC4-1
源时隙范围	1~5
宿板位	8-N2SL16-1（SDH-1）
宿 VC4	VC4-1
宿时隙范围	1~5

步骤 4 在 NE4 配置穿通业务，配置方法和参数设置与 NE2 一致。

步骤 5 进行 SDH 路径搜索，形成 SDH 路径。

9.1.4　以太网 EPL 业务配置

1．业务需求

在图 9-7 所示的网络中，业务需求如下。

（1）UserA 有两个分部位于 NE1 和 NE3，要进行以太网通信，需要 10Mbit/s 带宽。

（2）UserB 有两个分部位于 NE1 和 NE3，要进行以太网通信，需要 20Mbit/s 带宽。

（3）UserA 和 UserB 的业务需要相互隔离。

（4）UserA 与 UserB 的以太网设备提供 100Mbit/s 以太网接口，工作模式为自协商，均不支持 VLAN。

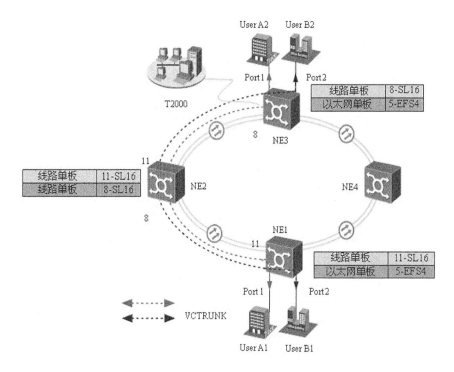

图 9-7　EPL 业务的配置组网图

2．业务信号流和时隙分配

以太网业务从外部端口接入，通过内部端口封装上到 SDH 侧网络进行透明传输，从而与远端节点实现交互。EPL 业务信号流和时隙分配如图 9-8 所示。

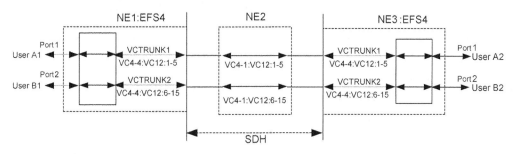

图 9-8　EPL 业务信号流和时隙分配（以太网交换单板）

UserA 的 EPL 业务占用 NE1 和 NE3 间 SDH 链路上 1 号 VC-4 的 1~5 号 VC-12 时隙（VC4-1:VC12:1-5），业务在 NE2 穿通；使用 NE1 的 N2EFS4 单板的 4 号 VC-4 的 1~5 号 VC-12 时隙（VC4-4:VC12:1-5）和 NE3 的 N2EFS4 单板的 4 号 VC-4 的 1~5 号 VC-12 时隙（VC4-4:VC12:1-5）上下业务。

UserB 的 EPL 业务占用 NE1 和 NE3 间 SDH 链路上 1 号 VC-4 的 6~15 号 VC-12 时隙（VC4-1:VC12:6-15），业务在 NE2 穿通；使用 NE1 的 N2EFS4 单板的 4 号 VC-4 的 6~15 号 VC-12 时隙(VC4-4:VC12:6-15)和 NE3 的 N2EFS4 单板的 4 号 VC-4 的 6~15 号 VC-12 时隙(VC4-4:VC12:6-15)上下业务。

分别在网元 NE1 和 NE2 的以太网单板 N2EFS4 上完成以太网业务配置，以太网单板的外部端口、内部端口和 EPL 业务配置分别如表 9-5、表 9-6 和表 9-7 所示。

表 9-5　以太网单板的外部端口参数

参数	NE1		NE3	
单板	N2EFS4		N2EFS4	
端口	Port1	Port2	Port1	Port2
端口使能	使能	使能	使能	使能
端口工作模式	自协商	自协商	自协商	自协商
最大帧长度	1522	1522	1522	1522
入口检测	禁止	禁止	禁止	禁止
端口属性	PE	PE	PE	PE

表 9-6　以太网单板的内部端口参数

参数	NE1		NE3	
单板	N2EFS4		N2EFS4	
内部端口	VCTRUNK1	VCTRUNK2	VCTRUNK1	VCTRUNK2
封装协议	GFP	GFP	GFP	GFP
绑定通道	VC4-4：VC12-1~VC12-5	VC4-4：VC12-6~VC12-15	VC4-4：VC12-1~VC12-5	VC4-4：VC12-6~VC12-15
入口检测	禁止	禁止	禁止	禁止
端口属性	PE	PE	PE	PE

表 9-7　EPL 业务参数

参数	用户 A 的 EPL 业务	用户 B 的 EPL 业务
单板	N2EFS4	
业务类型	EPL	
业务方向	双向	
源端口	Port1	Port2
源 C-VLAN（如 1，3~6）	空	空
宿端口	VCRTUNK1	VCTRUNK2
宿 C-VLAN（如 1，3~6）	空	空

9.1.5 共享 Port 的 EVPL（VLAN）配置

1．业务需求

在图 9-9 所示的网络中，业务需求介绍如下。

（1）UserC 的总部 C1 位于 NE1，两个分部 C2、C3 分别位于 NE2 和 NE4。总部 C1 与分部 C2 的业务在 VLAN ID 为 100 的 VLAN 中传输，与分部 C3 的业务在 VLAN ID 为 200 的 VLAN 中传输。

（2）两个分部的业务是相互隔离的，分别需要 20Mbit/s 带宽。

（3）总部与两个分部的以太网设备提供 100Mbit/s 以太网电接口，工作模式为自协商。总部的以太网设备支持 VLAN，但两个分部的以太网设备不支持 VLAN，总部 C1 和分部 C2 之间的以太网业务使用的 VLAN ID 为 100，总部 C1 和分部 C3 之间的以太网业务使用的 VLAN ID 为 200。

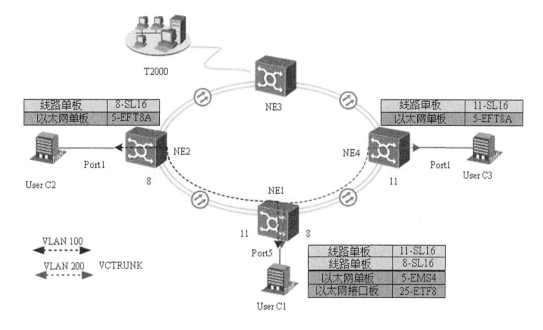

图 9-9 共享 Port 的 EVPL（VLAN）业务的配置组网图

2．业务信号流和时隙分配

使用不同 VLAN ID 实现用户数据隔离的以太网业务从 NE1 的同一个外部端口接入，通过内部端口封装上到 SDH 侧网络进行透明传输，从而与远端节点实现交互。共享 Port 的 EVPL（VLAN）业务信号流和时隙分配如图 9-10 所示。

总部 C1 到分部 C2 的 EVPL 业务占用 NE1 到 NE2 间的 SDH 链路上 1 号 VC-4 的 1~10 号 VC-12 时隙（VC4-1:VC12:1-10）；使用 NE1 的 N1EMS4 单板的 1 号 VC-4 的 1~10 号 VC-12 时隙（VC4-1:VC12:1-10）和 NE2 的 N1EFT8A 单板的 4 号 VC-4 的 1~10 号 VC-12 时隙（VC4-4:VC12:1-10）上下业务。

总部 C1 到分部 C3 的 EVPL 业务占用 NE1 到 NE4 间的 SDH 链路上 1 号 VC-4 的 1~10 号 VC-12 时隙（VC4-1:VC12:1-10）；使用 NE1 的 N1EMS4 单板的 1 号 VC-4 的 11~20 号 VC-12 时隙（VC4-1:VC12:11-20）和 NE4 的 N1EFT8A 单板的 4 号 VC-4 的 1~10 号 VC-12 时隙（VC4-4:VC12:1-10）上下业务。

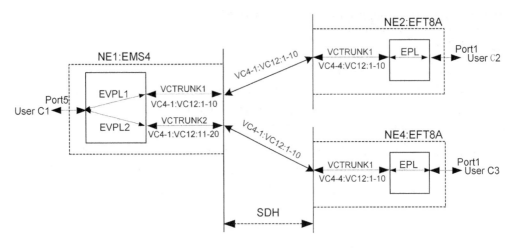

图 9-10　共享 Port 的 EVPL（VLAN）业务信号流和时隙分配

分别在网元 NE1、NE2 和 NE4 的以太网单板上完成以太网业务配置，以太网单板的外部端口、内部端口和 EVPL 业务配置分别如表 9-8、表 9-9 和表 9-10 所示。

表 9-8　以太网单板的外部端口参数

参　　数	NE1	NE2	NE4
单板	N1EMS4	N1EFT8A	N1EFT8A
端口	Port5	Port1	Port1
端口使能	使能	使能	使能
端口工作模式	自协商	自协商	自协商
最大帧长度	1522	1522	1522
TAG 标识	Tag Aware	—	—
入口检测	使能	—	—
端口属性	UNI	—	—

表 9-9　以太网单板的内部端口参数

参　　数	NE1		NE2	NE4
单板	N1EMS4		N1EFT8A	N1EFT8A
端口	VCTRUNK1	VCTRUNK2	VCTRUNK1	VCTRUNK1
封装协议	GFP	GFP	GFP	GFP
TAG 标识	Access	Access	—	—
入口检测	使能	使能	—	—
缺省 VLAN ID	100	200		
VLAN 优先级	0	0		
绑定通道	VC4-1：VC12-1～VC12-10	VC4-1：VC12-11～VC12-20	VC4-4：VC12-1～VC12-10	VC4-4：VC12-1～VC12-10
端口属性	UNI	UNI	—	—

表 9-10　共享 Port 的 EVPL（VLAN）业务参数

参　　数	NE1	
	EVPL1 （Port5←→VCTRUNK1）	EVPL2 （Port5←→VCTRUNK2）
单板	N1EMS4	
业务类型	EVPL	
业务方向	双向	
源端口	Port5	Port5
源 C-VLAN（如 1，3~6）	100	200
宿端口	VCRTUNK1	VCTRUNK2
宿 C-VLAN（如 1，3~6）	100	200

9.1.6　EVPLAN 业务（IEEE 802.1q 网桥）配置

1. 业务需求

在图 9-11 所示的网络中，业务需求介绍如下。

（1）用户 G 有 3 个分部，分别位于 NE1、NE2 和 NE4，需要组成局域网，共享带宽 10Mbit/s，分部 G2 和分部 G3 之间不需要通信。

（2）用户 H 也有 3 个分部，分别位于 NE1、NE2 和 NE4，需要组成局域网，共享带宽 20Mbit/s。

（3）用户 G 和用户 H 的业务需要相互隔离。

（4）用户 G 和用户 H 的以太网设备提供 100Mbit/s 以太网电接口，工作模式为自协商，均不支持 VLAN。

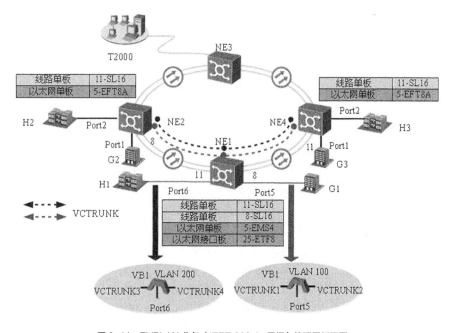

图 9-11　EVPLAN 业务（IEEE 802.1q 网桥）的配置组网图

本例中，在汇聚节点 NE1 配置一块支持 IEEE 802.1q 网桥的 N1EMS4 以太网交换单板，实现隔离用户数据的 EVPLAN 业务。

接入节点 NE2 和 NE4 分别配置一块 N1EFT8A 以太网透传单板，配置 EPL 业务，实现各自节点到汇聚节点 NE1 的透明传输。

2. 业务信号流和时隙分配

汇聚节点的以太网业务从外部端口接入，添加相应的 VLAN 标签后，通过二层交换转发到对应的内部端口，剥离 VLAN 标签后上到 SDH 侧网络进行透明传输，从而与远端节点实现交互。EVPLAN 业务（IEEE 802.1q 网桥）信号流和时隙分配如图 9-12 所示。

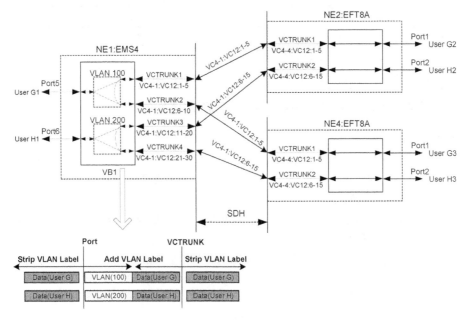

图 9-12　EVPLAN 业务（IEEE 802.1q 网桥）信号流和时隙分配

UserG 的以太网业务占用 NE1 到 NE2 间的 SDH 链路上 1 号 VC-4 的 1~5 号 VC-12 时隙（VC4-1:VC12:1-5），以及 NE1 到 NE4 间的 SDH 链路上 1 号 VC-4 的 1~5 号 VC-12 时隙（VC4-1:VC12:1-5）；在 NE1 和 NE2 之间使用 NE1 的 N1EMS4 单板的 1 号 VC-4 的 1~5 号 VC-12 时隙（VC4-1:VC12:1-5）和 NE2 的 N1EFT8A 单板的 4 号 VC-4 的 1~5 号 VC-12 时隙（VC4-4:VC12:1-5）上下业务；在 NE1 和 NE4 之间使用 NE1 的 N1EMS4 单板的 1 号 VC-4 的 6~10 号 VC-12 时隙（VC4-1:VC12:6-10）和 NE4 的 N1EFT8A 单板的 4 号 VC-4 的 1~5 号 VC-12 时隙（VC4-4:VC12:1-5）上下业务。

UserH 的以太网业务占用 NE1 到 NE2 间的 SDH 链路上 1 号 VC-4 的 6~15 号 VC-12 时隙（VC4-1:VC12:6-15），以及 NE1 到 NE4 间的 SDH 链路上 1 号 VC-4 的 6~15 号 VC-12 时隙（VC4-1:VC12:6-15）；在 NE1 和 NE2 之间使用 NE1 的 N1EMS4 单板的 1 号 VC-4 的 11~20 号 VC-12 时隙（VC4-1:VC12:11-20）和 NE2 的 N1EFT8A 单板的 4 号 VC-4 的 6~15 号 VC-12 时隙（VC4-4:VC12:6-15）上下业务；在 NE1 和 NE4 之间使用 NE1 的 N1EMS4 单板的 1 号 VC-4 的 21~30 号 VC-12 时隙（VC4-1:VC12:21-30）和 NE4 的 N1EFT8A 单板的 4 号 VC-4 的 6~15 号 VC-12 时隙（VC4-4:VC12:6-15）上下业务。

分别在网元 NE1、NE2 和 NE4 的以太网单板上完成以太网业务配置，以太网单板的外部端口、内部端口和以太网 LAN 业务配置分别如表 9-11、表 9-12 和表 9-13 所示。

表 9-11 以太网单板的外部端口参数

参 数	NE1		NE2		NE4	
单板	N1EMS4		N1EFT8A		N1EFT8A	
端口	Port5	Port6	Port1	Port2	Port1	Port2
端口使能	使能	使能	使能	使能	使能	使能
端口工作模式	自协商	自协商	自协商	自协商	自协商	自协商
最大帧长度	1522	1522	1522	1522	1522	1522
TAG 标识	Access	Access	—	—	—	—
入口检测	使能	使能	—	—	—	—
默认 VLAN ID	100	200	—	—	—	—
VLAN 优先级	0	0	—	—	—	—
端口属性	UNI	UNI	—	—	—	—

表 9-12 以太网单板的内部端口参数

参 数	NE1				NE2		NE3	
单板	N1EMS4				N1EFT8A		N1EFT8A	
端口	VCTRUNK1	VCTRUNK2	VCTRUNK3	VCTRUNK4	VCTRUNK1	VCTRUNK2	VCTRUNK1	VCTRUNK2
封装协议	GFP	GFP	GFP	GFP	GFP	GFP	GFP	GFP
TAG 标识	Access	Access	Access	Access	—	—	—	—
入口检测	使能	使能	使能	使能	—	—	—	—
默认 VLAN ID	100	100	200	200	—	—	—	—
VLAN 优先级	0	0	0	0	—	—	—	—
绑定通道	VC4-1：VC12-1～VC12-5	VC4-1：VC12-6～VC12-10	VC4-1：VC12-11～VC12-20	VC4-1：VC12-21～VC12-30	VC4-4：VC12-1～VC12-5	VC4-4：VC12-6～VC12-15	VC4-4：VC12-1～VC12-5	VC4-4：VC12-6～VC12-15
端口属性	UNI	UNI	UNI	UNI	—	—	—	—

表 9-13 EVPL 业务参数（IEEE 802.1q 网桥）

参 数		NE1 的以太网 LAN 业务	
单板		N1EMS4	
VB 名称		VB1	
网桥类型		IEEE 802.1q	
网桥交换模式		IVL/入口过滤使能	
网桥学习模式		IVL	
入口过滤		使能	
VB 挂接端口		Port5、Port6、VCTRUNK1、VCTRUNK2、VCTRUNK3、VCTRUNK4	
VLAN 过滤表	过滤表	VLAN 过滤表 1	VLAN 过滤表 2
	VLAN ID	100	200
	转发端口	Port5、VCTRUNK1、VCTRUNK2	Port6、VCTRUNK3、VCTRUNK4

9.2 OTN 配置

9.2.1 TDX 单板业务配置（10GE LAN 业务配置）

1. 业务需求

在图 9-13 所示的网络中，A、B、C 和 D 共 4 个光网元构成环形组网，各站点均是 OADM 站，业务需求介绍如下。

（1）User1 和 User2 之间进行通信，A 站点和 C 站点之间有一条双向的 10GE LAN 业务。

（2）在 A 站点，52TDX 接入 1 路 10GE LAN 业务，并将其封装到 1 路 ODU2 电信号。这 1 路 ODU2 业务接入 52NS2 单板，输出 1 路 OTU2 业务。

（3）在 B 站点，透传 OTU2 业务。

（4）在 C 站点，52NS2 单板接入 1 路 OTU2 业务，这一路 OTU2 业务转换成 ODU2 电信号后，通过背板调度到 52TDX 后输出一路 10GE LAN 业务。

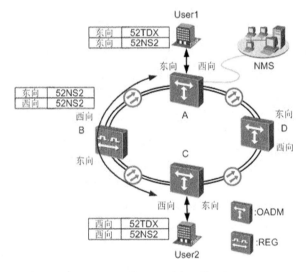

图 9-13　10GE LAN 业务配置组网图

单板配置信息：本例 A 站点和 C 站点分别配置一块 52TDX 单板和一块 52NS2 单板，B 站点配置两块 52NS2 单板。

2. 配置过程及操作步骤

步骤 1 配置站点 A 的 TN52TDX 单板客户侧所用端口的端口属性，具体如下。

（1）在网元管理器中选择需要设置的 TN52TDX 单板，在功能树中选择"配置 > WDM 接口"命令。

（2）在"按单板/端口（通道）"下拉列表中选择"通道"选项。

（3）切换到"基本属性"选项卡，选择需要设置业务类型的 ClientLP 口，双击相应参数域，设置参数如下。

● 业务模式：10GE LAN。

● 端口业务映射路径：Bit 透明映射（11.1G）。

说明：当"端口业务映射路径"取值为"Bit 透明映射（11.1G）"时，业务交叉颗粒为 ODU2e；当"端口业务映射路径"取值为"MAC 透明映射（10.7G）"时，业务交叉颗粒为 ODU2。

（4）单击"应用"按钮，在弹出的对话框中单击"确定"按钮。

（5）单击"查询"按钮，弹出"操作结果"对话框，单击"关闭"按钮，确认查询结果与配置一致。

步骤 2 配置站点 A 的 TN52NS2 单板所用端口的端口属性，具体如下。

（1）在网元管理器中选择需要设置的 TN52NS2 单板，在功能树中选择"配置 > WDM 接口"命令。

（2）在"按单板/端口（通道）"下拉列表中选择"通道"选项。

（3）切换到"基本属性"选项卡，选择 ODU2LP 口，双击"业务模式"参数域，选择"ODU2"或"自动"。

说明："业务模式"设置为"ODU2"或"自动"后，NS2 单板方可接入 ODU2 业务。

（4）切换到"高级属性"选项卡，选择 ODU2LP 口，双击"线路速率"参数域，选择"提速模式"。

注意：

● 当 TDX 单板 ClientLP 口的属性"端口业务映射路径"取值为"Bit 透明映射（11.1G）"时，TN52 NS2 单板 ODU2LP 口的"线路速率"属性必须为"提速模式"。

● 当 TDX 单板 ClientLP 口的属性"端口业务映射路径"取值为"MAC 透明映射（10.7G）"时，TN52NS2 单板 ODU2LP 口的"线路速率"属性必须为"标准模式"。

● 业务经过单板的"端口业务映射路径""线路速率"属性取值必须一致，否则会导致业务中断。

步骤 3 重复步骤 2，配置 B 站点 TN52NS2 单板的单板端口属性。

步骤 4 重复步骤 1 和步骤 2，配置 C 站点 TN52TDX 和 TN52NS2 单板的单板端口属性。

步骤 5 配置站点 A 的 TN52TDX 单板与 TN52NS2 单板之间 ODU2 交叉业务。

配置 TN52TDX 单板 ClientLP 口到 TN52NS2 单板 ODU2LP 口的 ODU2 交叉业务，参数取值如表 9-14 所示。

表 9-14　站点 A 的 ODU2 支线路板交叉连接配置

参　　　　数	取　　值
级别	ODU2
业务类型	—
方向	双向
源槽位	子架 0（subrack）- 13 - 52TDX
源光口	201（ClientLP/ClientLP）
源光通道	1
宿槽位	子架 0（subrack）- 12 - 52NS2
宿光口	71（ODU2LP/ODU2LP）
宿光通道	1
立即激活	激活

步骤 6 单击"查询"按钮，确认查询结果与设置一致。

步骤 7 配置站点 B 的 TN52NS2 单板之间 ODU2 交叉业务，参数取值如表 9-15 所示。

步骤 8 单击"查询"按钮，确认查询结果与设置一致。

步骤 9 配置站点 C 的 TN52TDX 单板与 TN52NS2 单板之间 ODU2 交叉业务，配置 TN52TDX 单板 ClientLP 口到 TN52NS2 单板 ODU2LP 口的 ODU2 交叉业务，参数取值如表 9-16 所示。

表 9-15　站点 B 的 ODU2 支线路板交叉连接配置

参　　数	取　　值
级别	ODU2
业务类型	—
方向	双向
源槽位	子架 0（subrack）- 07 - 52NS2
源光口	71（ODU2LP/ODU2LP）
源光通道	1
宿槽位	子架 0（subrack）- 12 - 52NS2
宿光口	71（ODU2LP/ODU2LP）
宿光通道	1
立即激活	激活

表 9-16　站点 C 的 ODU2 支线路板交叉连接配置

参　　数	取　　值
级别	ODU2
业务类型	—
方向	双向
源槽位	子架 0（subrack）- 13 - 52TDX
源光口	201（ClientLP1/ClientLP1）
源光通道	1
宿槽位	子架 0（subrack）- 12 - 52NS2
宿光口	71（ODU2LP/ODU2LP）
宿光通道	1
立即激活	激活

步骤 10 单击"查询"按钮，确认查询结果与设置一致。

步骤 11 进行 WDM 路径搜索，形成 10GE LAN 的 Client 路径。

说明：

如果承载 STM-64 业务，只需将 TDX 单板对应端口的业务类型修改为 STM-64 即可，配置步骤与 10GE LAN 业务相同。

9.2.2　TOA 单板业务配置

TOA 单板的每个端口都可选择不同的端口工作模式，以实现不同的业务处理路径。

TOA 单板支持 6 种端口工作模式，如表 9-17 所示，可在网管上设置。

表 9-17　TOA 单板的端口工作模式

配置场景	端口工作模式	映射路径
应用场景 1：ODU0 非汇聚模式（Any->ODU0）	ODU0 非汇聚模式	Any->ODU0
应用场景 2：ODU1 非汇聚模式（Any->ODU1）	ODU1 非汇聚模式	OTU1/Any->ODU1

续表

配置场景	端口工作模式	映射路径
应用场景 3：ODU1 汇聚模式（ n*Any->ODU1 ）	ODU1 汇聚模式	n*Any->ODU1（ $1\leqslant n\leqslant 8$ ）
应用场景 4：ODU1_ODU0 模式（OTU1->ODU1->ODU0）	ODU1_ODU0 模式	OTU1->ODU1->ODU0
应用场景 5：ODUflex 非汇聚模式（Any->ODUflex ）	ODUflex 非汇聚模式	Any->ODUflex
—	NONE 模式 （端口不使用）	—

选择 NONE 模式（端口不使用），表示该端口资源不使用，释放给其他端口配合使用。

本书只介绍 GE 和 STM-16 承载，即应用场景 1 和应用场景 2 的相关配置。其他应用场景配置请参考华为资料。

应用场景 1：ODU0 非汇聚模式（Any->ODU0），承载 GE 业务。

步骤 1 配置 TOA 单板的"端口工作模式"为"ODU0 非汇聚模式（Any->ODU0）"，如图 9-14 所示。

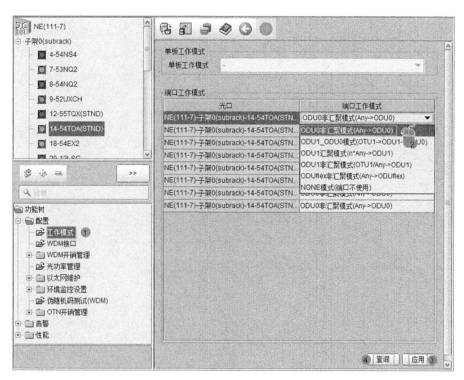

图 9-14　将 TOA 端口工作模式设置为"ODU0 非汇聚模式（Any->ODU0）"

步骤 2 根据网络规划，在"通道图"窗口中设置 TOA 单板的端口类型，如图 9-15 所示。

步骤 3 根据业务规划配置 TOA 单板的 WDM 接口"业务类型"，建议选择为 GE（GFP-T），如图 9-16 所示。

当客户侧接入 GE（GFP-T）时，支持同步以太网处理，不支持同步以太网透传。

当客户侧接入 GE（TTT-GMP）时，不支持同步以太网处理，支持同步以太网透传。

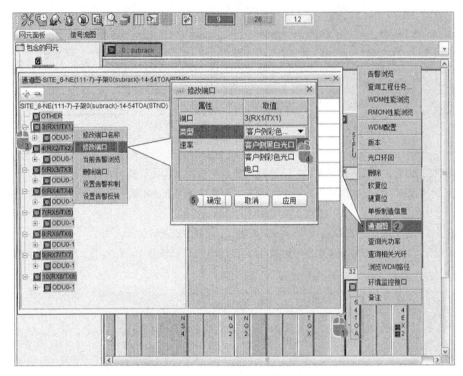

图 9-15　TOA 端口类型设置

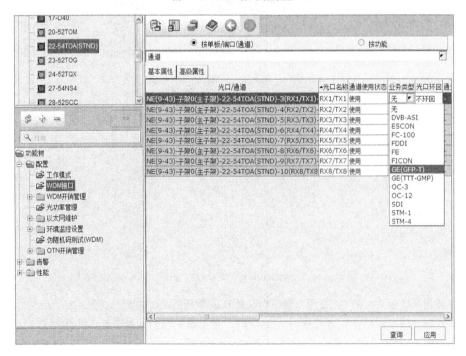

图 9-16　TOA 单板的基本属性配置

步骤 4 配置 TOA 单板与线路板之间的 ODU0 级别的业务交叉连接，如图 9-17 所示。

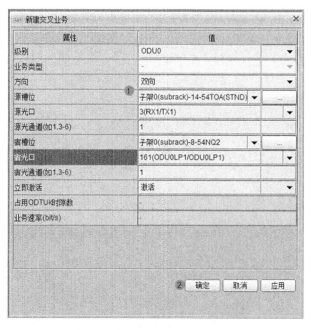

图 9-17　ODU0 支线路板交叉连接配置

步骤 5 进行 WDM 路径搜索，形成 GE 的 Client 路径。

应用场景 2：ODU1 非汇聚模式（Any->ODU1），承载 STM-16 业务。

步骤 1 配置 TOA 单板的"端口工作模式"为"ODU1 非汇聚模式（OTU1/Any->ODU1）"，如图 9-18 所示。

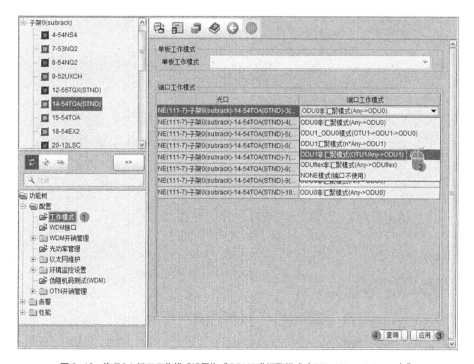

图 9-18　将 TOA 端口工作模式设置为"ODU1 非汇聚模式（OTU1/Any->ODU1）"

步骤 2 根据网络规划，在"通道图"窗口中设置 TOA 单板的端口类型，如图 9-19 所示。

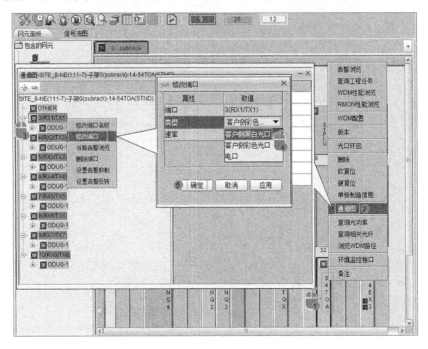

图 9-19　TOA 端口类型设置

步骤 3 根据业务规划配置 TOA 单板的 WDM 接口"业务类型"，这里选择 STM-16，如图 9-20 所示。

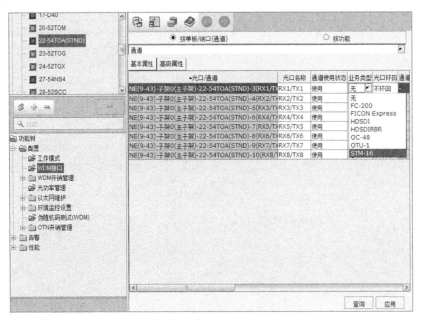

图 9-20　TOA 单板的基本属性配置

步骤 4 配置 TOA 单板与线路板之间的 ODU1 级别的业务交叉连接，如图 9-21 所示。

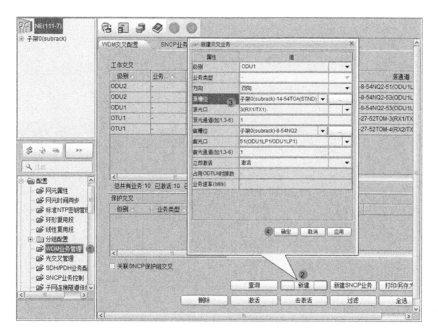

图 9-21 ODU1 支线路板交叉连接配置

步骤 5 进行 WDM 路径搜索，形成 STM-16 的 Client 路径。

9.3 练习题

1. 如何配置 SNCP 环带无保护链业务？
2. 如何配置 MSP 环带无保护链业务？
3. 使用 TQX 单板，如何配置 STM-64 业务？
4. 使用 TOA 单板，如何配置 STM-4/STM-1/FE 等业务？